国家自然科学基金（42174149，41774144，U1403191，41172130）
国家科技重大专项（2016ZX0514-01，2016ZX5050）　　　　联合资助
海洋油气勘探国家工程研究中心开放基金课题（2024）

井筒探测数据智能解释

谭茂金　石玉江　白　洋◎著

石油工业出版社

内 容 提 要

油气勘探开发井筒探测数据既包括测井、录井、地震道等连续测量数据,又包括岩心实验、试油测试等离散数据,来源丰富,类型多样,数据维度不一,探测深度也不同。利用这些数据开展地层评价与精细描述迫切需要数据挖掘与机器学习算法。本书围绕复杂油气藏与非常规油气藏,聚焦智能算法和井筒数据的融合,详细介绍了数据清洗与预处理、经典智能算法、集成学习算法与深度学习方法原理以及最优化问题演化算法,探讨了机器学习与物理模型共同驱动理论,并举例展示了上述智能算法在有机页岩、致密砂岩、碳酸盐岩测井解释与地层评价中的应用,应用场景涵盖岩性岩相识别、流体识别等分类问题,以及有机碳含量、孔隙度、渗透率、饱和度等参数回归问题。此外,本书专门安排第9章详细讨论了井筒多源数据融合理论,以碳酸盐岩缝洞储集体为例展示了测井—地震数据融合过程,实现了数据联合解释与储层分级。

本书内容完整,体系合理,在介绍新理论、新方法的同时,注重介绍应用效果,并有机融入了近年的最新科研成果。

本书适合高校本科生、研究生以及石油、地质勘探人员阅读参考。

图书在版编目(CIP)数据

井筒探测数据智能解释 / 谭茂金,石玉江,白洋著 .
北京:石油工业出版社,2024.6. -- ISBN 978-7-5183-6826-6
Ⅰ.TE34
中国国家版本馆 CIP 数据核字第 202489QB83 号

出版发行:石油工业出版社
　　　　　(北京市朝阳区安华里2区1号楼　100011)
　　　网　　址:www.petropub.com
　　　编辑部:(010)64523693
　　　图书营销中心:(010)64523633
经　　销:全国新华书店
印　　刷:北京九州迅驰传媒文化有限公司

2024年6月第1版　2024年6月第1次印刷
787毫米×1092毫米　开本:1/16　印张:13.75
字数:337千字

定价:100.00元
(如发现印装质量问题,我社图书营销中心负责调换)
版权所有,翻印必究

序
PREFACE

　　井筒探测技术是油气藏勘探与开发的重要手段。传统的测井解释、储层评价和地震储层预测理论与方法大多基于知识模型和机理模型，面对复杂的常规油气藏和特殊的非常规油气藏，现有理论方法受到越来越大的挑战，迫切需要发展新的理论和技术。近年来，人工智能横空出世，是各行各业的重要利器，方兴未艾。在测井解释和井筒数据科学领域，发表人工智能的论文很多，但是缺少系统的教材和专著。谭茂金教授等在国家自然科学基金和国家科技重大专项资助下孜孜探索，凝练成果，著成此书，迎合了当前的迫切需求。

　　油气工业需求和勘探技术瓶颈是人工智能的发展动力。作者团队紧跟人工智能和数据科学的前沿，聚焦复杂油气藏和非常规油气藏勘探需求和评价难点，凝练人工智能科学技术问题，进行了切切实实的探索，取得了一系列成果。全书系统梳理了人工智能的研究进展，详细介绍了经典机器学习、集成学习、深度学习的算法原理，尤其是提出了分类委员会机器、回归委员会机器，提高了测井流体识别、岩性识别等分类问题与孔隙度、渗透率、饱和度等回归问题的精度，而且把反演算法和演化理论也归并进来，与机器学习一起，使人工智能理论体系更加完整。针对单纯数据驱动机器学习的不足，本书创新性地提出了物理模型和机器学习双轮驱动智能模式，提升了预测结果的可解释性。针对井筒多元测井数据以及录井、地震等探测数据，本书发展了数据融合理论，为点—线—面—体的油藏精细表征提供了智能方法。翻阅全书，细细读来，发现全书特点突出，特色鲜明：

　　（1）力求理论体系完整、有机。智能流程包括数据清洗、核心算法、应用场景，前后呼应、链条完整，能对初学者进行指引。应用场景涵盖地层评价和储层预测多个方面，为科研人员提供借鉴。

　　（2）力求智能范式全面、科学。物理模型、知识图谱是传统知识体系，机器学习、数据驱动是新潮理论算法，两者联合，优势互补，双轮驱动，相得益彰，这是人工智能发展的必然趋势和未来常态。

　　（3）力求数据融合多源、智能。岩心分析和测试数据是离散的"点"；测井是多元物理探测数据，录井是多元化学探测数据，是连续的"线"；地震是地面声学探测数据，是大区域的"面"。点—线—面三"维"数据相互融合，依靠人工智能抓手，最终实现油气藏立"体"刻画。

总之，本书论述系统全面，深入浅出，理论阐述和实例分析相得益彰。所以，我很高兴为这部新书作序。

人工智能的发展日新月异、突飞猛进，智能算法琳琅满目，如雨后春笋。加强新算法对测井解释、井筒数据融合的适用性分析，可以推动先进、高效智能算法的应用，提升储层预测和地层评价的精度。希望本书的出版能够助力我国人工智能测井解释和井震数据融合的发展；同时，井筒勘探与储层预测场景及其难题也必然会推动数据科学和人工智能的发展。当然，井筒数据科学和井震智能融合的理论及应用还任重道远，我希望本书作者认准这一方向，秉承这一信念，坚持不懈，与时俱进，取得更好的成果。

中国工程院院士 李宁

2024 年 1 月

前言

FOREWORD

目前，油气勘探开发聚焦致密砂岩、碳酸盐岩等复杂油气藏以及有机页岩等非常规油气藏，这些储层具有物性差、孔隙结构复杂、非均质性强等特征，勘探难度大。井筒探测方法多，数据类型复杂，数据量大，传统储层预测、测井解释与地层评价的理论和方法面临严峻挑战。大数据分析、机器学习、人工智能技术日渐兴起，优势明显，为油气高效勘探开发提供了利器。因此，亟需对井筒数据开展数据挖掘与智能解释的理论与方法研究。

在利用井筒数据开展储层预测与地层评价中，数据挖掘是手段和过程，智能解释是归宿和目标。本书围绕复杂油气藏、非常规油气藏的测井解释、地层评价与井震结合方面的难题，系统研究数据清洗与预处理、经典智能算法、集成学习和深度学习、多源数据融合方法，每个方面均提供了具体的应用实例。本书共分9章，第1章为"绪论"，主要介绍智能地层评价的必要性和研究进展；第2章为"数据准备与数据治理"，主要介绍勘探数据类型和数据预处理方法，这是智能解释的基本前提；第3章为"智能算法理论基础"，主要介绍了、经典智能算法的基础理论；第4章为"经典智能算法应用"，以有机页岩和致密砂岩储层评价为目标，介绍了RBF神经网络、支持向量机等经典智能算法在分类和回归问题的应用；第5章为"集成学习算法及应用"，主要介绍同质集成和异质集成学习方法在储层流体识别和储层参数预测中的应用；第6章为"深度学习算法及应用"，介绍了3种深度学习算法，开展了适用性分析和应用探讨；第7章为"最优化问题演化算法及应用"，主要介绍了线性和非线性反演方法及应用案例；第8章为"物理模型与机器学习联合驱动范式及应用"，主要介绍了物理模型与机器学习共同驱动的范式，并举例进行了效果分析；第9章为"多源数据融合理论及应用"，从数据级、模型级和决策级融合的角度来讨论多源数据融合问题，介绍了不同探测深度测井数据以及地震数据的融合方法，实现了碳酸盐岩储层有效性分级。第5~9章为本书的亮点。

本书的出版是国家自然科学基金"有机页岩测井岩石物理与解释模型""有机页岩多尺度电学特性多尺度分析与测井解释""井旁声波远探测成

像与智能解释"以及国家科技重大专项的主要研究成果。由于人工智能发展迅速，迫切需要为在校学生提供一本针对测井以及井筒多源数据分析的教学和研究的参考书。

感谢中国工程院院士李宁教授为本书作序，他高屋建瓴地指明了测井及井筒探测人工智能的发展方向。感谢中国石油大学（北京）肖立志教授和中国科学院大学张怀教授推荐本书申请国家科学技术学术著作出版基金。感谢中国地质大学（北京）地球物理与信息技术学院创办智能地球探测专业给本书出版提供了契机。

感谢中国石油勘探开发研究院及中国石油测井院士工作站武宏亮教授、王才志教授、肖承文教授、李潮流教授、王克文博士、郭玉庆高工、和志明高工等在应用场景设计方面提供指导。中国石化石油物探技术研究院曲寿利首席、王世星专家、曹辉兰博士、孙振涛教授等，中国石油长庆油田勘探开发研究院张海涛专家、周金昱教授、李高仁高工、王长胜高工等，中国海洋石油深圳分公司关利军教授、冯进教授、王清辉高工、周开金高工、管耀高工等，中国石化上海海洋分公司赵天沛总工、李久娣主任、阴国峰主任、王安龙等，以及中国石油塔里木油田分公司郭清滨教授、信毅教授、韩闯高工等提供了热情的指导。

在课题研究和本书编撰过程中，笔者指导研究生开展了大量研究工作。研究生邹友龙、王谦开展了 RBF 神经网络理论研究；白洋、吴静、王黎雪、张博栋开展了集成学习理论与智能测井解释研究工作，尤其是白洋在动态委员会机器、数据融合、数模双驱等方面做了大量创新探索，张博栋、白洋开展了迁移学习方面的研究。白泽开展了致密砂岩综合图版智能判别方法研究；李博、王思宇开展了基于深度学习的 FZI 和渗透率计算；李成林、李博、杨沁润、徐晶晶、邹友龙在最优化问题与反演算法中开展了大量研究。在此，对研究生们的辛勤付出表示衷心的感谢！

本书着眼于井筒数据与机器学习理论，又强调储层预测与地层评价的应用，适合石油、地质院校师生以及石油、地质研究人员阅读参考。

基于机器学习与知识图谱联合驱动的智能解释方法还处于不断攻关中，认识还有待于进一步深化，希望本书的出版能起到抛砖引玉的作用。同时，由于笔者水平有限，书中不妥之处恳请读者批评指正。

目录

第1章 绪论 ... 1
- 1.1 井筒数据解释面临的挑战 ... 1
- 1.2 数据挖掘与机器学习研究进展 ... 2
- 1.3 井筒数据智能解释研究进展 ... 4
- 1.4 井筒数据智能解释基本思路 ... 7
- 1.5 问题与对策 ... 10

第2章 井筒数据与数据治理 ... 12
- 2.1 井筒多源数据 ... 12
- 2.2 数据治理 ... 18
- 2.3 数据降维 ... 21
- 2.4 数据敏感性与标签构建 ... 24

第3章 智能算法理论基础 ... 27
- 3.1 聚类分析算法 ... 27
- 3.2 经典机器学习算法 ... 30
- 3.3 算法适应性 ... 38

第4章 经典智能算法应用 ... 41
- 4.1 有机页岩储层测井智能解释 ... 41
- 4.2 致密砂岩储层测井智能评价 ... 50

第5章 集成学习算法及应用 ... 62
- 5.1 同质集成 ... 62
- 5.2 异质集成——委员会机器 ... 71
- 5.3 动态委员会机器 ... 85

第6章 深度学习算法及应用 ... 102
- 6.1 全连接神经网络算法及应用 ... 102
- 6.2 卷积神经网络算法及应用 ... 106
- 6.3 循环神经网络算法及应用 ... 112

第 7 章　最优化问题演化算法及应用 ········· 121
7.1　线性反演算法 ········· 121
7.2　线性反演应用实例 ········· 125
7.3　非线性反演算法 ········· 135
7.4　非线性反演应用实例 ········· 137

第 8 章　物理模型与机器学习联合驱动范式及应用 ········· 152
8.1　物理模型与专家知识 ········· 152
8.2　模型—数据联合驱动范式 ········· 156
8.3　应用案例 ········· 160

第 9 章　多源数据融合理论及应用 ········· 175
9.1　信息融合理论 ········· 175
9.2　井筒数据融合方法 ········· 177
9.3　井震多源信息融合与储层智能评价 ········· 181

参考文献 ········· 207

第1章 绪 论

1.1 井筒数据解释面临的挑战

油气领域已经进入数字油田与智能勘探时代。目前，油气勘探聚焦致密砂岩、碳酸盐岩等复杂油气藏，以及有机页岩等非常规油气藏，这些储层具有物性差、孔隙结构复杂、非均质性强等特征，储层预测与精细评价难度越来越大。石油勘探开发中，井筒既是勘探通道，更是开发通道。钻井过程中要开展录井或者随钻测井，钻井后要及时进行电缆测井，这些勘探技术和测量手段为油气解释与地层评价提供了大量数据。地球物理测井作为深入地层的"眼睛"，具有方法多、分辨率高、信息量大等优点，能够为油气藏评价提供连续、准确的电、声、核、核磁共振等原位物理参数。但是，针对复杂油气藏、非常规油气藏，现有井筒数据解释与地层评价技术面临挑战。例如，对于页岩油气藏来说，由于岩性矿物成分复杂、油气赋存方式多样、非均质性强、物性差等特征，构建的交会图、岩石物理模型均不适用，而且，测井与测试数据、岩心实验数据间常为非线性关系，建立的经验公式精度较差，推广能力不佳。井壁成像测井、核磁共振测井、阵列声波测井等现代成像测井技术能够从各自的角度解决测井解释和储层评价中的一些难题，但是这些测井技术相对昂贵，应用范围较小，难以在油气藏勘探开发中进行大规模应用。如何利用这些新兴技术与方法，从多元化的测井数据中提取复杂的油气藏信息，是当今测井解释的主要挑战。

近年来，数据科学和人工智能技术蓬勃发展，效果显著。数据科学是通过数据挖掘技术发现数据隐含的模式、趋势、关联或异常，并应用于后续预测、决策等过程。数据挖掘技术通常包括统计、关联规则、机器学习等方法。其中，机器学习是目前最受关注的人工智能技术领域，可以通过分析和处理大量数据来学习隐含模式或规律，构建能够自主学习和改进的模型或系统，并利用学习的知识对未知情况做出预测或决策。与构建因果关联的传统方法不同，数据科学和人工智能技术尝试通过"数据驱动"方式解决问题，更注重实践效果而非严谨理论。

在井筒数据解释与地层评价中，前人一直在不停探索数据科学和人工智能技术的适用性与切入角度，力求既发挥智能算法的统计学优势，又保留传统、可靠的模型优势。通过引入数据挖掘和机器学习技术解决井筒数据解释问题，意味着无须事先完全理解岩石物理机理，仅需少量背景知识，即可直接根据数据隐含模式建立模型。通过设置期望条件或专家经验，不断调整、优化数据挖掘模型，达到提高解释成功率的目的。

1.2 数据挖掘与机器学习研究进展

数据挖掘和机器学习是两个紧密相关的领域，都涉及从数据中提取有用信息和知识的过程。其中，数据挖掘是一种数据处理的具体过程，机器学习是一种数据挖掘的具体手段。常用的数据挖掘和机器学习技术包括决策树、聚类分析、关联规则挖掘、支持向量机、神经网络等。这些技术可以用于分类、预测、聚类、异常检测等任务，以帮助人们更好地理解和处理数据。

目前，数据挖掘和机器学习均可被囊括于人工智能技术领域。人工智能概念起源于19世纪50年代的达特茅斯会议，众多数学家、计算机学家、认知科学家参与并讨论了包括机器学习和神经网络在内的七个议题，提出采用"人工智能"这一名词来描述机器模仿人类思考、学习的过程。一般而言，人工智能既包含硬件开发（集成电路、传感器等），也涉及软件算法（机器学习、自然语言处理等）。数据挖掘聚焦于从庞大的流动数据中发现有用的模式、关系和趋势，而机器学习则聚焦于更迭改进不同的智能算法来应对不同的学习任务。两者相辅相成，共同帮助科学家和研究人员更好地理解和探索数据，发现数据中的隐藏信息和知识，构建更加智能和高效的任务系统。

根据学习方式划分，机器学习通常可分为有监督学习、无监督学习、半监督学习和强化学习。在有监督学习中，需提供某个数据样本在特定情形下的正确输出结果（标签）；在无监督学习中，它只对样本的特征和模式进行挖掘，无需标签样本；在半监督学习中，训练对象一般包含少量有标记数据和大量未标记数据，可以通过标记样本来对未标记样本的模式进行推理，并反过来优化初始模型；强化学习无需标签数据，只提供算法优化的方向和奖励机制，使模型自动朝回报最大方向收敛。上述方法中，无监督学习、有监督学习的发展和应用最为成熟，应用也更加广泛。

1.2.1 无监督学习发展历程

无监督学习包含降维、聚类、关联分析、图分析等多种方法，主要用来对数据进行特征提取和模式分析。其中，降维和聚类在地球科学领域中的应用最为广泛。

在降维方法中，主成分分析（PCA）是最通用的算法。PCA源于Karl Pearson在1901年提出的非随机变量多元转化分析方法，并由Holtelling推广到随机变量的情形。1986年，Rumelhart等基于神经网络提出了一种新的降维方法：自动编码器。这种方法将神经网络分为两部分：编码器和解码器。训练时，编码器的输入值和解码器的目标值相同。由于隐含层神经元数量一般小于输入和输出层，将迫使神经网络学习数据的压缩表示。与PCA等线性降维方法相比，自动编码器可进一步实现高维数据的非线性变换。2000年，Roweis等提出了一种经典的流形学习降维方法：局部线性嵌入（LLE）。与关注样本方差的PCA方法相比，LLE更关注样本局部线性特征的不变性，通过保持原始高维数据的拓扑结构（样本间的领接关系）来实现非线性降维。随着深度学习技术的发展，进一步发展了采用卷积层代替全连接层的卷积自编码器，引入了 L1 正则项的稀疏自动编码器，由两个递归神经网络构建的 RNN 编码—解码器，引入了概率图模型的变分自编码器等。

在聚类方法中，Ward 于 1963 年提出了层次聚类算法。该算法通过计算点与点、簇与簇间的距离来构建聚类树，然后通过树枝的合并或分裂来得到最优聚类结果。该方法能够表达数据间的层次关系，无须预设聚类梳理。但当数据量大时，计算的时间复杂度会很高。1967 年，MacQueen 提出了经典的 K 均值算法，通过寻找数据点与质心的最小距离得到聚类结果。该算法可在非确定性多项式问题（NP 难问题）中找到可行解（启发式算法），但对噪声和异常值非常敏感。1973 年至 1981 年，Dunn 和 Bezdek 进一步提出并完善了模糊 C 均值聚类（FCM）算法，引入了模糊理论中的隶属度函数来判断数据点属于某一个类别的程度。1977 年，Dempster 提出了最大期望（EM）算法，在概率模型中通过迭代进行极大似然估计或极大后验概率估计，适用于包含隐变量或缺失数据的问题。1981 年，Kohonen 在神经网络基础上提出了自组织特征映射网络（SOM），该网络由输入层和隐含层构成，能够实现高维数据的压缩、编码和聚类。1996 年，Ester 提出了基于密度的 DBSCAN 算法，通过领域约束将数据点划分为核心点、边界点和噪声点，并依据距离进行合并。该方法无须预设聚类簇数量，可克服噪声影响，但对距离公式、领域半径和领域最小点数非常敏感。1998 年，Perona 在图谱理论的基础上提出了 PF 谱聚类方法，将聚类问题转化为图的最优划分问题。后来，在此基础上，又发展了 SM、SLH、NJW 等改进方法，能够在任意形状的样本空间中得到全局最优的聚类结果。1999 年，Mihael 在 DBSCAN 算法基础上发展了 OPTICS 算法，使聚类结果对领域半径不敏感，提高了预测精度。

1.2.2 有监督学习发展历程

有监督学习主要包括 BP 神经网络、决策树、支持向量机等经典机器学习算法、集成学习算法及深度学习算法，其发展历程分为三个阶段，如图 1.1 所示。

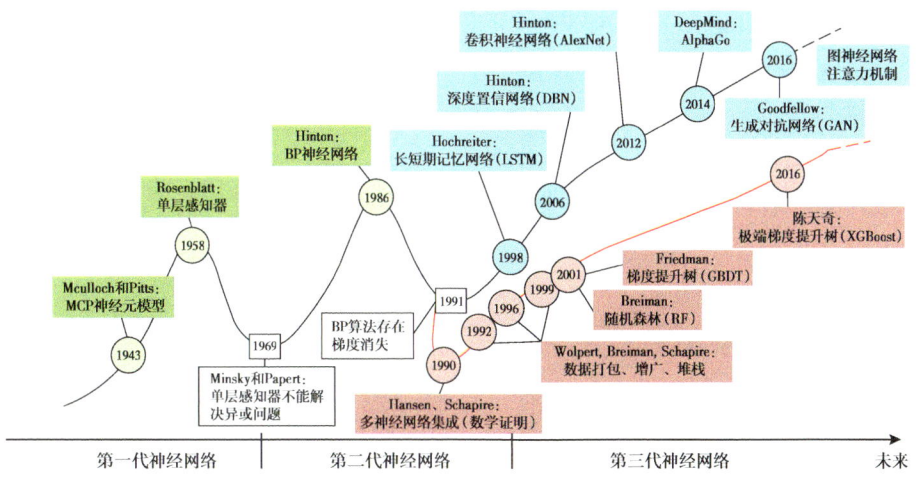

图 1.1 有监督学习发展历程：从经典机器学习、集成学习到深度学习

有监督学习发展历程的第一个阶段是1943—1969年间，Mculloch和Pitts建立了MCP神经元模型。该模型初步具备了现代人工神经网络算法的基本结构，即输入线性加权求和、非线性激活函数等。1958年，Rosenblatt在此神经元模型的基础上引入了梯度下降法，建立了针对二分类问题的单层感知器。但是，1969年，Minsky和Papert通过数学推理证明单层感知器是一种线性模型，无法处理异或问题。1986年，Hinton在多层感知器模型（MLP）的基础上，创造性地引入误差反向传播算法和Sigmoid激活函数，构建了反向前馈神经网络（BPNN）。BP神经网络具备良好的非线性映射和自学习能力，在此基础上还发展出一大批广义回归神经网络、极限学习机等衍生算法。然而，受易过拟合、易陷入局部极小、多层网络梯度易消失、硬件计算能力不足等问题的影响，BP算法的发展陷入了瓶颈期。为此，前人基于其他数学理论对机器学习算法进行了一系列开放探索和研究，发展出了决策树（DT）、支持向量机（SVM）等算法。这些算法在部分问题上的性能接近甚至超过了BP算法，而且，进一步联合多个学习器的提升（Boosting）、聚合（Bagging）、堆叠（Stacking）等集成方法被提出，由此发展了一系列同质（随机森林、XGBoost）或异质（委员会机器）集成学习模型。与单个学习器相比，集成学习能够提供更大的假设空间，训练更稳健的集成模型，得到更可靠的预测输出。特别是集成多种不同类型学习器的异质集成委员会机器，它由多个具有独立分类或预测功能的专家构成，这些专家包含不同类型的人工神经网络、SVM、模糊推理系统，也可包含一些专家知识和理论模型，进一步提高了集成学习解空间的搜索范围，增加了小样本井筒数据解释结果的可靠性。

后来，在前人大量探索性研究的基础上，Hinton于2006年为多层神经网络的梯度消失问题提出了一个行之有效的解决方案：深度置信网络（DBN）。2012年，Hinton课题组构建的卷积神经网络（CNN）AlexNet在ImageNet图像识别比赛上击败SVM方法夺得冠军，为深度学习的广泛流行打下了坚实基础。CNN模型创新了传统BP神经网络结构，以ReLU作为激活函数，解决了梯度消失的问题；添加了Dropout算法，在信号前向传播的过程中，通过让某个神经元以一定的概率停止工作，增强了模型的泛化性能；通过BatchGradientDescent优化算法避免了深层网络易陷入局部极值的风险；采用GPU加速来应对计算机计算能力的不足。2016年，DeepMind公司开发的AlphaGo围棋程序引发了机器学习的热潮。至今，ResNet、U-Net、生成对抗网络、Transformer等网络结构和算法在图像及语音识别、对话机器人、无人驾驶、医疗、金融、艺术等领域获得了长足的发展。

1.3 井筒数据智能解释研究进展

在油气勘探与开发中，地球物理测井能够探测沿井筒的原位地球物理参数，分析井筒周围地层的岩性岩相、储层参数以及储层类别等。与其他地球物理探测方法相比，地球物理测井具有纵向分辨率高、可靠性强、信息量大等优势。随着油气储层勘探开发难度的不断增大，测井技术对准确认识地层、评价地层具有更加重要的作用。然而，在致密砂岩、有机页岩、碳酸盐岩等储层中，低孔低渗、异常地层压力、复杂油水关系、流体裂缝运移、流体测井响应贡献小等特征导致测井解释难度大，常规测井解释方法效果不理想。

从储层评价的目标来看，井筒数据智能解释主要分为以下3类：模式识别与类型划分、储层参数预测、图像识别与处理。其中，模式识别与类型划分主要采用聚类或分类方法，将测井数据中的隐含模式与实际地层岩性岩相、流体类型、储层类别等特征定性关联起来。储层参数预测主要通过回归、逼近、插值、概率统计等方法构建测井数据与各项储层参数间的线性或非线性映射关系，利用最优化算法实现地层孔隙度、渗透率、饱和度、总有机碳含量、横波速度等参数的定量预测。图像识别与处理是针对测井数据中的二维、三维图像，采用特征提取、数据降维、信息融合等方法，对图像中潜在的储层特征进行定性或定量化描述，得到直观、可靠的地层评价结果。

从智能算法的类型来看，在测井解释与地层评价中引入无监督算法，开展测井数据的降维和聚类分析，可解决岩性、储层类型识别或储层有效性分级等问题；引入有监督算法，可解决储层岩性和流体识别等分类问题及储层参数预测等回归问题。

总体来看，智能算法在测井解释与地层评价中的优势可归纳为以下3点：

（1）算法的自适应优化机制能够加速机械的解释模型构建工作，提高工作效率；

（2）算法的非线性映射能力能够提高复杂的解释模型构建精度，提升模型质量；

（3）算法的多数据驱动特征能够提取多元的井筒数据共性特征，提供新颖思路。

1.3.1 无监督学习智能测井解释研究进展

在测井解释过程中，由于岩心采集困难，生产测试资料匮乏，标签数据很少，部分有监督学习算法不适用。而且，测井解释前也需要对测井数据特征和模式进行分析，为后续储层评价提供信噪比更低、可视化程度更高的数据支撑。因此，以降维和聚类分析为代表的无监督智能算法在测井解释中同样应用广泛。

对于测井数据的降维分析，广泛应用于数据降维、特征提取、异常检测等方面，能够有效地处理高维井筒数据，提高算法效率和准确性。例如，1998年，孙建孟等利用主成分分析方法提取了反映含油性的主成分，建立了测井相判别模型，符合率为94.6%；2004年，吉余等依据主成分分析法、层次分析法和灰色系统理论构建了常规储层定量评价体系，并对致密砂岩储层进行应用；张莹等（2009）结合主成分分析和SOM神经网络对火山岩岩性进行判别，识别正确率为87.38%；王磊等（2020）通过降维处理简化复杂三维地层模型，结合Levenberg-Marquardt最优化方法实现随钻方位电磁波测井快速反演，极大提高了随钻资料处理速度，确保了实时地质导向的需求。此外，降维算法还可用于对其他算法进行改进和优化，以提高算法的适应性和稳健性（鲁棒性）。张鹏云等（2022）通过主成分分析算法结合聚类和回归算法，建立了测井产能等级指示模型，以井震结合的方式对滩坝砂储层的产能等级进行了预测，简化了测井产能等级划分流程，预测结果与实际产能吻合程度较好。2022年，Ullah 采用主成分分析和线性判别分析将汶川地震断裂带科学钻探项目测井数据维数压缩到合适大小，利用压缩的测井数据集对 BPNN、RBF 和 SVM 分类器进行岩性分类模型训练，与不使用降维技术的岩石矿物识别方法相比，降维分类的方法准确度更高。

对于测井数据的聚类分析，一般对无标签测井数据进行分析。1996年，毛宁波等从测井资料中提取与储层含油性有关的参数来进行灰色聚类分析，以预测储层含油性。2014年，刘王鹏提出基于离散 Hopflield 网络对流体信息编码，利用聚类分析实现了致密砂岩储层流体识别。2019年，仲鸿儒提出一种基于自组织映射和模糊识别相结合的岩性识别方法，准确率为 87.9%，以无监督形式挖掘测井参数的关系信息和拓扑结构，并采用模糊识别方法对自组织映射模型进行局部校正，比单纯使用模糊识别方法提高了 7.3%。毛永强等（2019）采用图论多分辨率聚类方法，深度学习每种岩性在多条测井曲线上的正态分布范围，进一步通过神经网络算法将具有相似分布特征的层段进行聚类确定岩性类别，提出的方法对中基性火山岩岩性划分起到了良好效果，与实际地质认识及取心认识符合率高。武宏亮等（2020）基于图论多分辨率聚类方法，提出了一种自适应多分辨率图聚类分析方法，具有更高的运行效率和稳定性，在没有数据先验知识的条件下，效果明显优于自组织映射、动态聚类和自底向上的层次聚类等其他常用聚类方法。2021年，王宗俊结合主成分分析和贝叶斯概率的聚类模型对油砂储层进行岩相判别，解释结果与取心数据吻合度达到 97%。何贤宏等（2023）利用小波变换方法，综合层次聚类、K 均值聚类方法分析了测井曲线形态特征，实现了碳酸盐岩不同岩相地层界线的准确划分，验证结果与取心认识吻合度可达 92%。曹志民等（2023）开展了基于集成聚类的均质度与储层地质边界度联合测井曲线自动分层方法研究，相对于传统分层方法更加准确高效，特别是在工区内的薄层和薄互层上取得较好的应用效果。

1.3.2　有监督学习智能测井解释研究进展

有监督学习能够利用岩心、试油、测试等先验知识，构建带标注的训练数据集开展有监督的训练，通过损失函数调整模型参数来优化模型性能，可有效地保证智能测井解释模型的准确性和泛化能力。20 世纪 90 年代初，许建华、汪炳柱、邹长春等将反向传播神经网络引入测井岩相识别、测井曲线对比、火成岩孔隙度/渗透率/饱和度储层参数预测及油水层识别等领域中，初步探索了智能测井解释方法的可行性。后来，针对非常规储层，又发展了基于径向基神经网络、支持向量机、决策树等其他智能算法的测井解释，取得了较好的应用效果（王晓畅等，2017）。而且，针对智能算法参数优化难题，引入遗传算法、模拟退火法、粒子群算法等对智能算法初始参数和超参数进行最优化分析，加快了算法收敛速度，提高了预测精度（陈钢花等，2011）。然而，早期的 BP 神经网络、SVM、决策树等智能算法均属于浅层学习模型，容易过拟合或陷入局部极小，应用中很难收敛到最优，推广能力也不强。在实际油气勘探和商业软件中，这些经典的智能算法推广难度较大。

为了克服经典智能算法的缺点，联合多个学习器的同质集成学习方法被引入测井砂砾岩岩屑成分判别、致密砂岩渗透率预测等领域（柴明锐等，2017；谷宇峰等，2021）。同时，异质集成学习方法，如委员会机器也被引入测井解释中。2006年，Chen等通过建立委员会机器进行储层渗透率的预测，计算结果比经验公式计算具有更好的效果。2012年，Amin等提出了模糊遗传委员会机器算法，在渗透率预测中的多组预测结果均优于单一BP神经网络。2020年，谭茂金等针对致密砂岩流体识别问题，首次利用BP神经网络、概率神经网络和决策树构建了分类委员会机器，利用投票机制将不同专家系统的输出进行组合，在鄂尔多斯盆地环江地区油、气、水、干层判别中展现出显著的优势。2021年，Bai等在委员会机器的基础上，引入门网络构建了动态委员会机器，实现了自适应的子模型训练和优选，提高了小样本、复杂数据模式的算法收敛能力，在库车坳陷深层致密砂岩流体判别和九门冲组页岩TOC预测中均具有很好的应用效果。此外，Bai等（2021）进一步探讨了不同组合策略的优劣，将测井岩石物理模型引入到委员会机器训练过程中，通过端约束的方式实现了物理模型与数据的"联合驱动"，提高了鄂尔多斯盆地环江地区孔隙度、渗透率和饱和度的预测精度。

除集成学习外，基于深度学习的测井智能解释相关研究也正广泛开展。深度置信网络、循环神经网络、卷积神经网络等深度学习算法已广泛应用于测井岩性识别、储层预测等领域，有效解决了浅层智能算法非线性映射能力不足的问题。另外，在数字岩心、岩石薄片、成像测井图像自动处理等领域，卷积神经网络、U-Net网络等算法发展迅速，有效解决了传统算法图像特征提取和高维数据自动化处理困难的问题（李琼等，2020；程国建等，2021；敖代钦等，2023）。基于深度学习的测井解释应用研究，展现出了深度学习在逼近能力和高维数据处理中的显著优势和应用推广潜力。

尽管井筒数据挖掘与智能解释研究已取得长足的进步，但仍面临诸多挑战。

从数据质量和完整性的角度来看，受实际测量环境、条件以及测量成本等影响，有些地球物理测量项目没有测量成功，数据的缺失、噪声和错误均会影响数据挖掘和智能解释的准确性。从数据标注的角度来看，受岩心、测试、试油难度和成本的限制，可用的标注数据数量和质量均影响了智能模型的有效训练。从领域知识融合的角度来看，井筒数据多源异构，智能算法需要结合地质、地球物理、工程等多领域知识，融合难度大。从模型泛化能力的角度来看，由于井筒环境的复杂性和多样性，基于局部地区训练的智能解释模型可能在某些情况下表现出较差的泛化能力。从模型可解释性的角度来看，智能算法的黑箱特性使得智能模型预测结果的合理区间和纠错机制难以控制，地质学家和工程师无法信任和应用智能模型结果。

可以看出，这些挑战覆盖了智能测井解释的全部流程，如何利用多源异构的小样本数据构建泛化性能强、可解释性好的智能测井解释模型，将是未来主要的攻关方向。

1.4 井筒数据智能解释基本思路

采用智能算法进行测井解释与地层评价过程中，直接嵌套智能算法是不足取的，必须将智能算法与测井解释两个学科进行有效结合,既要发挥智能算法的优势,又要保留传统的地球物理数据处理方法。地球物理测井能从不同角度反映储层的物性特征,根据测井理论与实践可知,它与储层岩性、流体性质、储层参数之间的关系如下:

$$y_i = f_i(x_1, x_2, x_3, \cdots) \tag{1.1}$$

式中,y_i 表示声波时差、自然伽马、补偿中子、密度、自然电位、井径、深侧向电阻率、浅侧向电阻率、微电极电阻率、自然伽马能谱、感应等测井信息;f_i 表示第 i 个非线性映射关系,具体说来,就是不同解释目标与测井系列选择的问题,针对不同的地质目标,应选择与目标敏感的有效测井数据组合。

因为 y_i 是已知测井信息,期望能从式(1.1)中由多元函数理论来求出岩性、流体性质、储层参数等储层信息:

$$x_i = g_i(y_1, y_2, y_3, \cdots) \tag{1.2}$$

从形式上看,可由式(1.2)求出岩性、流体性质、储层参数等储层信息。当地下地质情况比较简单时,可凭经验选择几种测井属性进行线性计算;当地下地质情况复杂时,需要采用数理统计、模糊数学、神经网络等数据驱动方法,优选多种测井属性进行非线性计算,以更好地应对地下地质情况的复杂性和不确定性,更准确地对储层进行评价。

通常情况下,通过数据驱动方法建立智能模型来解决地质储层评价问题——井筒智能解释方法主要包括三个基本环节,即建模信息治理、智能算法优选与构建、模型训练与优化。每个环节的具体内容如下:

(1)建模信息治理。井筒数据既包括地球物理测井、录井、井旁地震道数据及其成果数据,还包括用于检验和验证的岩心地质化验、岩石物理实验数据以及测试与生产数据。这些数据有的是离散的,有的是连续的,有的是一维的,有的是二维、三维的,具有多源异构特征。

围绕不同的井筒数据,开展数据清洗、数据校正、标签数据构建等数据治理工作是智能解释的基础。这些步骤能够有效消除环境因素影响,去除数据冗余,修正异常信息,补充空缺数据,为后续构建智能模型提供高质量的数据集。针对特定的预测任务和目标,应根据测井响应机理,选择敏感测井数据构建智能模型。同时,考虑到数据的存储与运算,选取有限的、有效的特征参数作为输入信息,删除与预测目标无关的冗余属性。而且,考虑不同层位、井段以及测量仪器、测量方式等差异,对原始测井数据进行标准化和归一化处理,使得全井段及全区数据具有较好的一致性。此外,还可以利用数据增强技术,对原始数据进行随机变换等操作对输入信息进行增广。例如,对图像数据进行翻转、旋转、缩放等操作,或者对数值数据进行插值、增加噪声等操作。

(2)智能算法优选与构建。智能算法是井筒数据智能分析与解释的核心。该环节需要根据建模信息规模、待解决的问题和目标(模式识别、分类、回归、可视化分析等),分析不同算法的优缺点、适用场景来优选或改进合适的智能算法。

如果是模式识别问题或缺少标签的情景，可选择 K 均值聚类、层次聚类、SOM 网络等无监督算法。这些算法可以在没有标签的情况下对数据进行分组或聚类，发现数据中隐含的模式或规律。如果是分类问题，可选择逻辑回归、支持向量机、决策树等有监督的分类算法。这些算法可以根据已有标签数据对新数据进行分类。如果是回归问题，可选择线性回归、多项式回归、支持向量机回归等有监督的回归算法。这些算法可以根据已有标签数据对新数据进行回归。如果是图像识别、分割等问题，可选择卷积神经网络、U-Net、VGG 等计算机视觉算法。这些算法专门用于端到端的处理图像数据，自动提取图像中的特征并进行分类或分割。此外，还可根据建模任务特征选择长短期记忆神经网络、Transformer 等序列算法或生成对抗网络、变分自编码器等生成式算法。值得一提的是，算法选定后，还需要确定用于评估模型性能的指标，如准确率、召回率、F1 分数、均方误差等。这些指标可以用来评估模型在不同任务上的性能，并监督建模进程。

（3）模型训练与优化。该环节利用构建的智能学习架构对建模信息进行学习和分析，自适应优化模型参数，使其在数据和目标之间建立映射关联，以满足模式识别、分类、回归、可视化分析等任务需求。

在此过程中，需要结合模型性能指标进行超参数调优，如网络结构、学习率、正则化参数、核函数参数等。通过随机搜索、网格搜索、贝叶斯优化、启发式算法等方法试验不同的超参数组合，可以找到最适合当前数据集和任务的超参数设置。为了减少模型大小和计算量，可以采用剪枝、量化、知识蒸馏等模型压缩技术，在不损失太多性能的情况下，对模型进行压缩。如果需要进一步提高算法性能，可考虑使用集成学习或深度学习策略。集成学习通过将多个模型组合在一起来提高性能，而深度学习可以增加网络层数来提取更复杂的特征，从而提高模型性能。此外，在模型训练和优化过程中，可以采用可视化、特征重要性分析、SHAP 值等模型解释技术，帮助理解模型优势和局限，为进一步优化提供指导。最后，将训练得到的最佳模型进行部署，该过程涉及可执行代码优化、算法加速、系统集成等。这一步骤确保模型可以在实际应用中高效运行。

近年来，随着数据来源与种类持续增多，为了提高预测质量与精度，在上述三个环节的基础上，又增加了数据融合和物理模型约束环节。具体如下：

（1）数据融合。传统的智能数据处理流程一般是对常规测井、成像测井等不同数据分别进行分析，在决策端将各自结论加以综合，缺乏挖掘隐藏信息的能力。多源数据融合是综合多种数据、实现信息互补的工具。通过融合多种数据，可以获得更全面、更准确的信息，从而提高决策的质量和效率。

数据融合和智能算法具有很好的相互依存关系。数据融合可以为智能算法提供更丰富、更全面的数据，提高算法的性能和准确性；智能算法可以帮助多源数据更好地融合和处理，从而提高数据融合的效果和质量。针对不同的融合阶段，数据融合可分为数据级融合、模型级融合和决策级融合。数据级融合对不同数据源的井筒数据直接进行融合和分析，可以深入挖掘隐含的储层信息。模型级融合可以将不同的储层评价信息或参数（如地质参数、工程参数等）进行融合，以获得更有指示性的储层综合信息。决策级融合将不同的储层评价决策信息（如钻井决策、完井决策、生产决策等）进行融合，以获得更优化的决策方案。通过不同任务需求和性质，可以在井筒数据挖掘与智能解释中适时采用不同的数据融合策略，挖掘易忽略信息，综合多种指标，制定有效决策。

（2）物理模型与数据联合驱动。物理模型是地球物理的灵魂，是客观物理规律的因果关系准则。物理模型与数据联合驱动是将领域知识和专家经验融入井筒数据分析和解释的过程中，以提高储层智能评价结果的准确性和可靠性。在智能算法中引入物理模型，既能够降低智能算法的局限性，也能够提高预测结果的可靠性。

在本书中，在智能数据处理流程的不同阶段中加入地球物理规则，可以有效提高测井解释模型对小样本、差样本的学习能力，提高解释模型的精度、稳健性和泛化能力。而且，在井筒小样本和地质环境复杂的情况下，开展物理模型与多源数据联合驱动理论与算法研究是更加必要。

1.5　问题与对策

相对其他地球物理方法而言，井筒数据具有多源、异构、小样本特征。利用智能算法进行储层评价时，除了考虑前沿的优化算法外，还需要考虑智能算法与井筒数据的适用性。与其他领域相比，井筒数据挖掘与智能解释在输入数据、建模思路和研究问题上存在明显差异（图1.2），现有智能数据处理流程和方法的问题与对策如下：

（1）从输入数据的角度来看，由于岩心、测试、试油难度和成本的限制，可用标注数据数量少，而且受实际测量环境、条件及测量成本的影响，有些测量项目没有测量成功，数据的缺失、噪声和错误均会影响数据挖掘和智能解释的准确性。再加上不同维度、不同类型的地质、地球物理、钻井等多源异构数据，均影响了智能模型的有效训练。因此，构建高质量的数据治理方法，结合多源信息融合技术是井筒数据智能解释的基础。

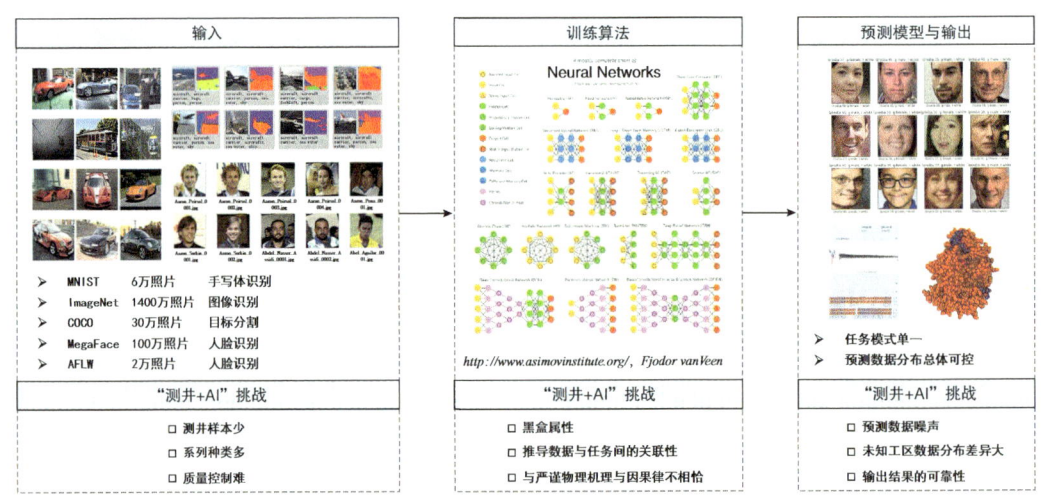

图1.2　机器学习处理问题通用流程及井筒数据挖掘与智能解释挑战

（2）从训练算法的角度来看，井筒数据小样本特征导致一些基于大数据分析的深度学习及优化算法适用性较差，不能直接套用现有智能算法。而且，数据科学和人工智能技术多种多样，但大多通过"数据驱动"的方式解决问题。该驱动方式忽略了背后隐藏的关联性与因果关系，这与地球科学严谨的物理机理与因果率不相匹配。再加上完全基于数据驱动虽有利于方法在不同建模任务中的迁移，但不利于训练模型在不同研究工区的迁移，缺乏增广学习和模型重构能力。因此，井筒数据挖掘和智能解释的发展趋势是多元智能模型集成与机理模型—智能模型双驱，从而提高智能解释模型的精度、泛化能力、稳健性和可解释能力。

（3）从实际应用的角度来看，由于不同区块岩性、埋藏深度、地质环境等因素不同，基于局部地区训练的智能解释模型可能在其他地区表现出较差的泛化能力。而且，智能算法的黑箱特性使得智能模型预测结果的合理区间和纠错机制难以控制，地质学家和工程师难以信任和应用智能模型输出结果，也无法根据预测模型错误反馈来修正算法。因此，无论是从训练算法的角度还是实际应用的角度，机理模型与智能模型双驱均是井筒数据融合与智能解释必须攻克的难题。

第 2 章　井筒数据与数据治理

在井筒数据解释与地层评价中，涉及测井数据、地质录井、地震数据以及岩心地质化验与岩石物理实验数据、生产测试数据等。不同种类的探测数据还有多个分支，例如测井数据还包括电、声、核（核磁共振）等多种物理属性数据，地震数据包括井中地震道及其属性分析数据等。这些数据对地质问题敏感性不同，探测深度各异，数据维度与结构多样。

在智能预测中，数据治理是非常重要的环节，可为人工智能数据分析提供结构化的优质数据。数据治理贯穿数据流全链条，一般包括数据质量控制（数据清洗）、数据管理与存储、数据隐私与安全、数据共享与访问等。在井筒数据解释与地层评价研究中，最重要的数据治理环节是数据质量控制，该环节通常利用数据清洗方法，对数据进行规格化、测井环境校正、数据规约（删除冗余、异常数据，补全空缺数据等）、测井数据标准化与归一化等处理。另外，为了提高输入模型数据的质量，还包括数据降维、敏感性分析与标签构建。

2.1　井筒多源数据

在油气勘探井筒探测中，地球物理测井与地质录井是两种最主要的勘探方法。测井数据包括声、电、核等多种物理手段探测得到的数据，主要包括自然伽马测井、自然电位测井、声波测井、密度测井、中子测井等常规测井与井壁电阻率成像、声波成像测井、核磁共振测井等以及相应的解释成果数据，这些探测方法的数据类别、结构、探测范围各不相同。地质录井是通过岩屑和钻井液的直接检测，对地下地质信息进行直接采集，能够获得地层压力、岩性、构造、荧光和全烃、甲烷、重烃等地球化学参数。此外，井旁地震勘探能够接收到不同位置的反射波信号幅度、到达时间等数据，主要反映地层的弹性性质，横向探测范围大。对地震道数据进一步数学处理后可以得到蚂蚁体、相干体、最大似然体等地震属性数据，能够描述地下流体、岩性、缝洞分布等特征。此外，井筒多源数据还包括用于检验和验证的岩心地质化验、岩石物理实验数据以及测试与生产数据。这些数据是储层智能预测与评价的主要数据来源，对多种类型数据进行特征分析与有效融合是后续数据智能化分析的基础。

2.1.1　测井数据

从探测深度和范围上说，可以把测井数据划分为三类：井壁测井数据、井周测井数据以及井旁测井数据。

2.1.1.1 井壁测井数据

井壁电成像和声波成像测井能够探测井壁的电阻率、声波特性，覆盖井眼范围大，但探测深度较浅。电阻率成像测井，如 FMI 仪器，采用装在极板上的纽扣电极测量井壁电阻率或电导率，处理后能够得到反映井壁电阻率变化的静态及动态图像。通过解释可以进行构造、裂缝、孔洞与沉积学分析等。其中，裂缝分析一般包括裂缝长度、裂缝密度、平均水动力宽度和裂缝孔隙度。孔洞分析一般包括最大及最小粒径、最大及最小圆度、孔洞密度、等效孔径、面孔率等。通过统计学方法还可以提取成像图像二维缝洞信息，包括反映不同方向上粒度大小和圆度大小的频率分布，即粒度谱和圆度谱。另外，还可以通过反演孔隙度谱、电阻率谱等对储层非均质性、流体性质和物性进行更为精细的评价。因此，我们把井壁电阻率成像、声波成像测井图像数据及其解释成果数据统称为井壁测井数据。

2.1.1.2 井周测井数据

按照物理方法来分，常规测井数据分为电法测井、声波测井以及放射性测井。电法测井包括普通电阻率测井、双侧向电阻率（双感应）测井等；声波测井包括声波速度测井、声波幅度测井等；放射性测井包括自然伽马（能谱）测井、密度测井、中子测井等。一般而言，自然伽马测井用来识别岩性，划分储层与非储层，计算地层泥质含量，进行地层对比等；声波测井、密度测井、中子测井用来识别岩性，判别气层，以及计算地层孔隙度。阵列声波测井还可提供纵波、横波和斯通利波时差；双侧向电阻率测井和双感应测井主要通过深、浅电阻率幅度差判断储层流体类型，并结合孔隙度计算储层饱和度。高分辨率感应测井还可提供不同分辨率和探测深度的电阻率。上述测井技术的探测深度均在几厘米到 2m 左右，比井壁成像测井探测深度大，因此，把上述测井数据及其解释成果数据统称为井周测井数据。

2.1.1.3 井旁测井数据

近年来，通过提取阵列声波或偶极横波测井中的反射波并实现成像，研发了声波远探测成像测井。该测井技术径向探测半径约 4~70m，能够弥补常规测井和地震勘探在探测尺度上的空白。对于偶极横波远探测成像测井，首先通过坐标系转化、最小平方反褶积、反 Q 滤波、中值滤波等方法将交叉偶极横波中的反射波增强并提取出来，然后采用动校正叠加、逆时偏移等方法实现反射界面的成像，最终得到能够反映井旁几十米范围内的裂缝、孔洞等构造信息。

图 2.1 显示了部分声波远探测成像处理流程和结果，可根据相对幅度数值来判断反射体形态和分布，这些反射体一般包括中—高倾角的地层界面、裂缝和溶蚀孔洞。

综上所述，地球物理测井数据能够提供井筒周围数毫米、数十厘米至数十米范围内的储层信息。只有综合利用、挖掘这些探测数据中互补的储层信息，才能实现完整地层的精细解释与评价。

表 2.1 包含了常见的测井探测信息。

表 2.1　地球物理测井多源探测信息

数据类型	维度	地球物理探测项目与储层参数
常规测井数据	一维	常规测井及其解释成果	自然伽马、深浅电阻率、声波、密度、中子等测井数据，泥质含量、孔隙度、渗透率、饱和度等储层参数解释数据
井壁成像测井数据	一维	井壁成像缝洞参数	最大及最小粒径、最大及最小圆度、Feret 半径、平均圆度、孔洞密度、等效孔径、面孔率、裂缝长度、裂缝密度、平均水动力宽度、裂缝孔隙度等
	二维	成像孔径谱
	二维	成像圆度谱
井旁测井数据	二维	声波远探测成像

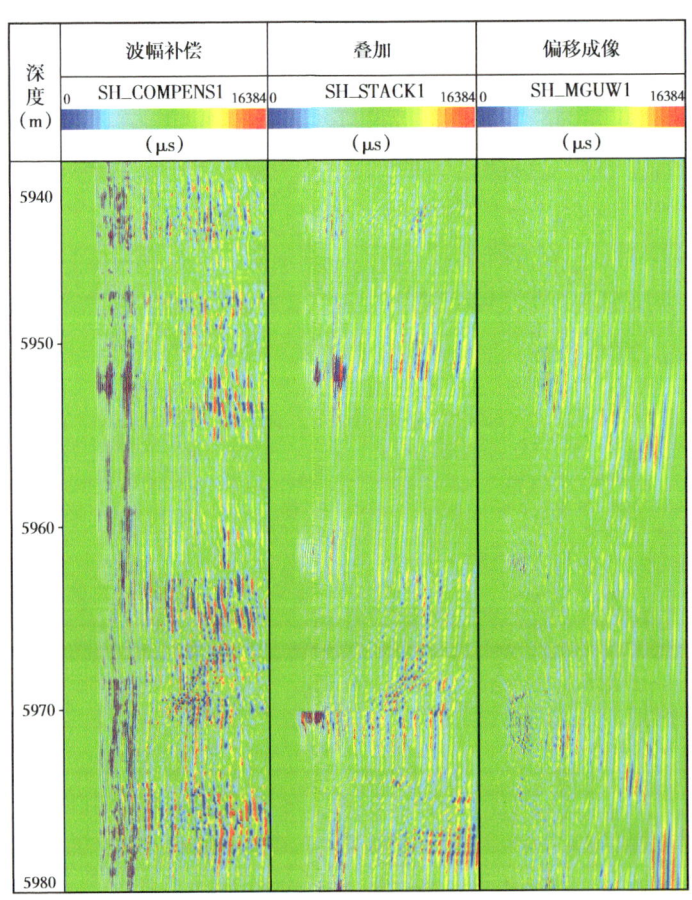

图 2.1　声波远探测成像处理流程和结果

2.1.2 录井数据

常规地质录井技术包括钻时录井、岩心录井、岩屑录井、气测录井、钻井液录井、荧光录井等项目。其中，钻时录井通过钻时变化可以判断岩性、划分地层。岩心录井通过取心可以确定岩性岩相、地层年代，进行地层对比，研究"四性"（岩性、物性、含油性、电性）关系，了解构造和断裂特征等。此外，还可以通过密闭取心技术分析储层含油、含水情况，为储层饱和度计算提供可靠依据。岩屑录井通过录井剖面可以初步了解地层含油气水情况，掌握井下地层层序和岩性特征。气测录井可以直接测定钻井液中可燃气体含量，及时发现油气显示，得到甲烷、重烃、全烃等含量，也可以通过色谱气测将天然气中的各种组分（一般为甲烷至戊烷）分开，划分油、气、水层。钻井液录井资料可用于推断井下是否钻遇油、气、水层及特殊岩性。荧光录井可以通过直照、湿照、干照等方法鉴别油气显示，区分油质好坏。

地质录井可以为油气勘探与开发提供最为直接、准确的资料，是优化储层评价技术的重要手段。在智能井筒数据解释中，地质录井资料一般作为标签数据或约束信息来监督模型训练，是智能模型性能好坏的关键。图 2.2 为典型地质录井图。

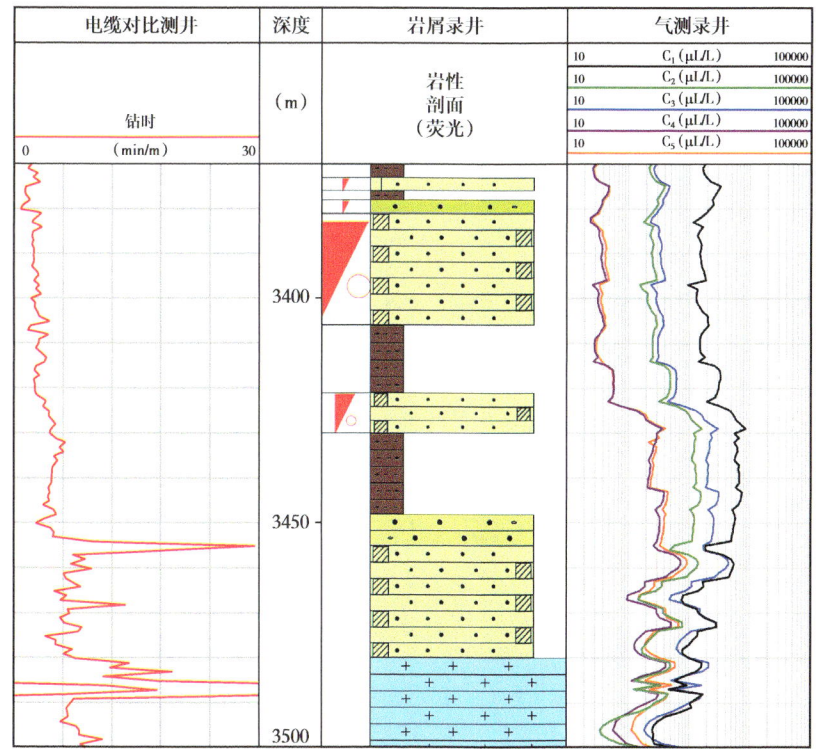

图 2.2 典型地质录井图

2.1.3 井旁地震数据

地震勘探是一种通过人工激发地震波,并对地震波在地下传播过程中反射回地面的信息进行接收和分析,以确定地下岩层结构和物理性质的地球物理勘探方法。通过地震数据采集、数据处理(去噪、反褶积、偏移等)、数据解释等流程,可以获得地震波形、频谱、波阻抗等信息。相比于测井数据,井旁地震数据能够提供更大范围、更大尺度储层信息(图2.3),但分辨率较低,无法精细描述储层中—小尺度结构和构造。

另外,井旁地震数据还包括形形色色的地震属性分析数据。地震属性分析作为一种重要的地质、岩性、物性特征度量手段,可以从地震数据中提取出更多的关键特征参数。从运动学与动力学的角度,地震属性可分为振幅、频率、相位、能量、波形、相关、衰减、比率等类型。这些属性能够反映地震波在地下传播过程中的几何学、运动学、动力学、统计学习等特征。通过对这些地震数据特征进行描述和量化,地质学家和工程师可以获得更多关于地下岩层结构、物性参数和流体分布等信息,为地震构造解释、地层分析和油藏特征描述提供依据和支持。

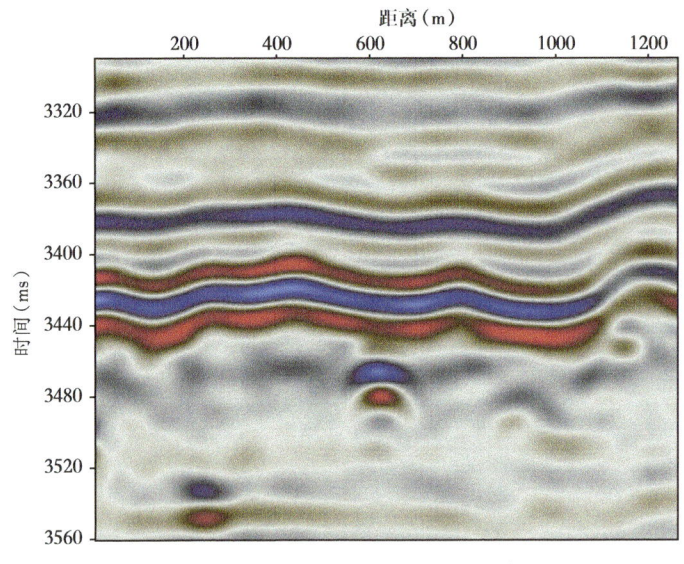

图 2.3 描述储层结构和构造的叠后地震剖面

表2.2为井旁地震探测信息,主要包括地震道数据和数学处理得到的蚂蚁体、相干体、最大似然等地震属性数据。

表2.2 井旁地震多源探测信息

数据类型	维度	地球物理探测项目
地震数据	二、三维	地震道数据
	二、三维	蚂蚁体、相干体、最大似然等地震属性数据

测井与井旁地震数据是主要的地球物理储层评价对象。井壁成像测井、常规测井和声波远探测成像测井能够反映井轴径向数毫米—数厘米—数十米范围的岩性、流体、缝洞等信息。井旁地震数据能够反映储层大尺度的岩性、结构、构造等信息。它们的维度和探测深度关系如图 2.4 所示。

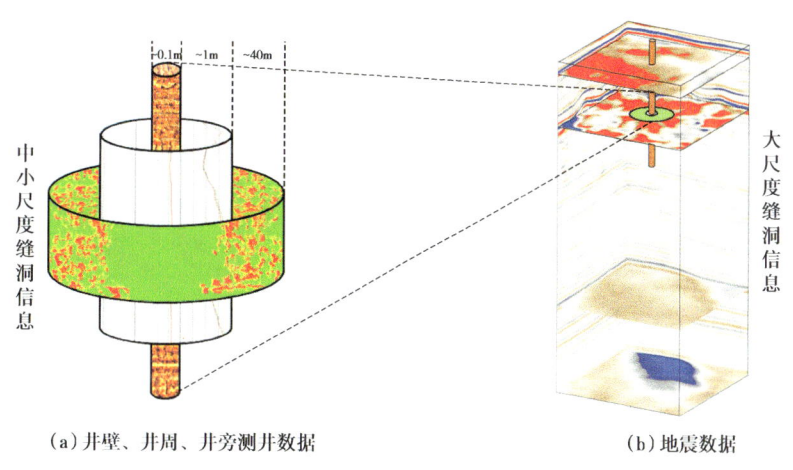

(a)井壁、井周、井旁测井数据　　　　(b)地震数据

图 2.4　井筒多源探测数据维度与探测深度关系

2.1.4　岩心实验数据

岩心实验数据来源包含两类，一类是通过化学手段对岩心有机碳含量、岩石热解参数、镜质组反射率等地球化学参数进行测量，获得地质化验分析数据；另一类是通过岩石物理实验测量岩心孔隙度、渗透率、饱和度等各项物理参数，获得岩石物理实验数据。

具体来说，岩石物理实验主要通过 X 射线衍射实验、声波实验等岩石物理实验技术对各类岩石及赋存矿物、流体的物理性质（包括力学、热学、电学、声学、核物理学、核磁共振等）进行定性或定量分析，得到泥质含量、孔隙度、渗透率、饱和度、弹性参数、矿物含量等参数。地质化验分析主要利用化学实验确定岩心中的烃源岩发育特征、有机质丰度、有机质成熟度、有机质类型、烃源岩生排烃能力及矿物组成，进而对储层物性特征、影响因素等进行分析，分析对象主要针对有机页岩等非常规储层。

智能井筒数据解释中，岩心实验数据能够用来构建标签数据，建立智能的孔隙度、渗透率、饱和度等地层参数预测模型。利用未参与训练的岩心实验数据，还可以对智能模型性能进行检验。

2.1.5　测试与生产数据

在油气勘探开发中，测试与生产数据是直接判断部署井、井层位产油气能力的重要资料。测试数据一般是通过地层测试（DST）技术对油气层进行开关井测试获得的地层各种参数和流体性质。测试数据一般包括产层液体性质、日产液量（油、水产量）、温度、地层压力、高压物性等数据，也可以计算得到有效渗透率、地层系数等储层参数。这些数据有助于早期的油藏评价，指导油层改造选层，提高勘探成功率。生产数据一般指油气生产过程中的各项记录，包括生产日期、大地坐标、排量、日注入量、主产层、关井时间、关前注入量等。这些数据对生产井的产能动态监测、油藏开发规律分析具有重要作用。

在智能测井解释中，测试与生产数据提供的层位流体信息可以作为测井智能流体识别模型的标签数据。另外，利用生产数据作为标签，还可以建立生产井动态监测智能模型，为未来油气开发提供参考与帮助。

2.2 数据治理

2000年，Galhardas在第16届IEEE国际数据工程会议上介绍了美国社会保险号错误的纠正研究，将数据清洗方法应用到英文信息数据处理中，这是数据清洗最早的系统性研究。目前，Trillium、Bohn、AJAX等成熟的数据清洗与治理框架及软件已被广泛应用。

数据治理是建立在数据清洗上的一个更广泛的概念。在井筒数据挖掘中，通常含义的数据治理可被认为是数据清洗操作，而对数据管理与存储、数据隐私与安全、数据共享与访问等方面讨论较少。因此，数据治理或数据清洗均可视为一种数据预处理过程或数据重新审查和校验的过程。虽然数据治理在不同领域具有不同的概念和任务，但共同目的均是解决数据质量问题，使数据更适合数据挖掘，包括删除重复信息，纠正错误，提供数据一致性。一般而言，数据治理对象包括不完整的数据、错误的数据、近似重复的数据，这些数据均称为"脏数据"。治理或清洗这些脏数据的过程，包括需求分析、预处理、确定清洗规则、清洗与修正、检验。清洗方式一般在人工建立清洗规则的前提下，由计算机自动完成。最后，利用准确率（被分类器判断为正类的实例中正确分类的比例）、召回率（将正类判断为正类的比例）、F1值（准确率和召回率的调和平均值）等评价指标进行清洗质量评估。除了消除冗余数据、异常数据、空缺数据的干扰外，在智能测井解释中，数据治理还包括规格化、测井环境校正和测井数据标准化及归一化等进一步提高数据质量的操作。

2.2.1 数据规格化

数据规格化是对探测数据进行深度校正与匹配、数据一致化检验的过程，使其能够真实地反映实际地质情况。在测井数据中，由于不同深度井环境的差异，在不同井段常采用不同测井仪器、分多次测量。这导致原始测井曲线不完整，相同深度处甚至存在明显差异。因此，一般通过曲线对比、曲线配接、地震记录标定等方法来保持测井曲线的完整性与准确性。除此之外，在地震解释与井震结合中，测井数据常采用深度刻度，而地震数据采用时间刻度。为了方便两者的对比和综合分析，必须利用密度和声波测井建立人工合成地震记录或速度模型进行井震时深匹配。

2.2.2 测井环境校正

测井环境校正是为了消除或减少环境因素对测井数据的影响，提高数据质量和解释精度。测井环境校正通常包括环境影响因素分析、环境校正模型构建、数据校正及质量评估。具体来说，测井环境校正需要根据不同的测井系列和地质、工程情况进行针对性研究。对于电法测井环境校正，可通过原状地层电阻率、冲洗带地层电阻率和侵入半径三参数反演实现电法测井井眼、围岩和侵入校正。对于声波测井环境校正，可以逐点查询声波由发射器发出经井内液体—地层—井内液体最后回到不同接收器的各自路径和时间，根据查询的实际路径和时间来校正声波时差。对于中子和密度测井井眼校正，通常采用数字模拟方法或者图版来对井眼垮塌井段进行校正。

2.2.3 测井数据标准化

测井数据标准化是以关键井标准层（平面分布稳定、具有一定厚度、岩性较纯、不受油气影响、电性特征相似）为基础，求取各测井项目测井响应的标准值，来消除同一测井项目、不同井次的多种测井仪器不一致造成的误差和井眼环境引起的误差。标准化方法包括直方图法、趋势面分析、均值—方差法等。

在直方图法中，利用关键井标准层、经环境影响校正后的测井数据（如中子、声波时差等）作频率直方图，作为测井数据标准化的刻度标准模式。通过分析各井标准层测井数据的频率分布，逐一与油田关键井标准模式进行相关性对比，确定校正值。

在趋势面分析中，以多个关键井坐标(x, y)和标准层测井参数z为三维数组，采用拟合最佳趋势面（一般为二次多项式方程）的方法，以趋势值与标准层实际值的差作为校正值。

在均值—方差法中，以关键井标准层为先验信息，以测井数据服从正态分布为假设，使标准层测井数据x的均值和方差与标准化后的测井数据z的均值和方差相等。

2.2.4 数据规约

在探测数据中，井筒数据中的"脏数据"主要指冗余数据、异常数据和空缺数据。数据规约的目的是提升数据质量，为后续数据分析与挖掘减少偶然因素影响。

2.2.4.1 冗余数据

测井通过电、声、核等不同途径对地层进行探测，是为了从多个物理角度来得到互补的信息，对地层开展较为全面的分析。但是，这些探测数据还包含大量冗余数据，比如声波测井、密度测井和中子测井均包含地层孔隙信息。如果分析数据中同时包含上述三种测井数据，会增大地层孔隙信息在全体信息中所占比重。因此，去除冗余数据是非常必要的。一般而言，通常采用主成分分析、小波分析等方法来去除数据中的冗余数据。

2.2.4.2 异常数据

观测数据通常由真实数据与噪声组成。其中，异常数据包括真实数据的异常值和噪声。异常值往往是由于井眼扩径、岩性突变、断层等探测环境突变造成，包含着重要的地层信息。但是，在智能算法和统计分析中，异常值往往会干扰正常井段或区域的数据处理。因此，在智能分析中，必须评估异常值的影响，必要时可提取单独处理。噪声一般来自地面工厂、测井仪器等与目标信号无关的记录，包括阵列声波远探测数据中的直达波、地震勘探中的多次反射波等。数据去噪通常采用中值滤波、频率域滤波、f-k 域滤波等方法。

2.2.4.3 空缺数据

空缺数据一般常见于测井数据中。由于井眼垮塌，部分层段会缺失部分测井曲线。而且，还可能由于一些未知因素，部分井中未开展某系列的测井工作。由于空缺数据影响，已构建的图版、模型、经验公式等均无法正常使用，严重影响了储层勘探进度和评价效果。因此，通常采用岩石物理模型反演等物理学方法或经验公式、神经网络等统计学方法对这些空缺数据进行重构。

2.2.5 数据归一化

在智能测井解释方法中，对测井数据进行归一化（Normalization）能够消除量纲差异，提高算法收敛速度。归一化方法主要有两类：最大最小归一化（Min-max normalization）和 Z-Score 归一化（Zero-mean normalization）。归一化后的数据消除了量纲差异，为回归模型、依托距离计算的主成分分析、K 均值聚类等算法提供权重一致的数据，而且还可以加快以梯度下降法作为优化算法的智能算法收敛速度。

最大最小归一化将数据等比例约束在固定大小范围内，广义上来讲，这一范围可以是任意范围，计算公式为

$$x' = \frac{x - a}{x_{\max} - x_{\min}} \tag{2.1}$$

式中，a 为常数。

当需要归一化到 0~1 时，a 为最小值 $x_{\min}$；当需要归一化到 -1~1 时，a 为均值 x_{mean}。最大最小归一化一般用于对数据范围有严格限制的应用场景，如图像融合方法。但是，最大最小归一化受数据中极值的影响大，必须提前将数据中的异常值剔除掉。

Z-Score 归一化是将数据转换为均值为 0、方差为 1 的分布状态，变换后的数据没有固定范围，计算公式为

$$x' = \frac{x - \mu}{\sigma} \tag{2.2}$$

相较于最大最小归一化方法，Z-Score 归一化方法更为广泛，适用于存在大量异常

值的情况，在依托距离相似性的聚类、主成分分析等算法中表现一般更好。特别需要指出的是，当模型算法中不涉及距离公式时，通常无须对数据特征进行缩放，如最小二乘法、决策树算法、概率模型等。

2.3 数据降维

在井筒探测数据中，数据维度分为2种。对于常规测井，数据维度一般指独立参数的维度。对于成像测井或井旁地震数据，数据维度一般指独立时空坐标的数目。因此，n个测井系列为n维数据，成像测井为二维数据，井旁地震数据为二维或三维数据。

数据降维是通过某种映射方法，将一组高维空间的数据映射到低维空间中。降维后的数据，具有更紧凑的数据结构、更少的冗余信息和噪声信息，便于可视化。降维方法包括奇异值分解、主成分分析、流形学习、自动编码器等。

2.3.1 奇异值分解

奇异值分解（SVD）是数据降维的一个有效方法，其原理如下。

对一个$n \times m$的矩阵X，可以通过特征值分解：

$$X = U\Sigma V^{\mathrm{T}} \tag{2.3}$$

式中，U为左奇异矩阵（$n \times n$）；V为右奇异矩阵（$m \times m$）；Σ为$n \times m$的对角矩阵，对角线上的非零元素即奇异值。

对于右奇异矩阵V，可以通过求解对称矩阵$X^{\mathrm{T}}X$的m个特征值λ_i^v和m个单位特征向量v_i。分别将特征值从大到小进行排序，特征向量也按特征值大小进行排序，可得右奇异矩阵$V=[v_1, v_2, \cdots, v_r, \cdots, v_m]$。其中，非零特征值的特征向量$V'=[v_1, v_2, \cdots, v_r]$。

对于左奇异矩阵U，可以通过求解对称矩阵XX^{T}的n个特征值λ_i^u和n个单位特征向量u_i。分别将特征值从大到小进行排序，特征向量也按特征值大小进行排序，可得左奇异矩阵$U=[u_1, u_2, \cdots, u_r, \cdots, u_m]$。其中，非零特征值的特征向量$U'=[u_1, u_2, \cdots, u_r]$。

由此，可以通过式（2.4）计算X的奇异值σ_i（$i=1, \cdots, r$）：

$$\sigma_i = \frac{Av_i}{u_i} \tag{2.4}$$

此外，还可以通过右奇异矩阵V的特征值λ_i^v直接求解X的奇异值：

$$\sigma_i = \sqrt{\lambda_i^v} \tag{2.5}$$

对于对称矩阵Σ，其由奇异值和0元素构成，可表示为

$$\boldsymbol{\Sigma} = \begin{bmatrix} \boldsymbol{S} & 0 \\ 0 & 0 \end{bmatrix} \quad (2.6)$$

式中，$\boldsymbol{S}=\mathrm{diag}(\sigma_1, \sigma_2, \cdots, \sigma_r)$。

在矩阵 $\boldsymbol{S}$ 中，奇异值大小从大到小进行排列。一般情况下，前几个奇异值能够占全部奇异值和的大部分。因此，可以通过前 k 个奇异值和对应的左右奇异矩阵来近似描述初始矩阵：

$$\boldsymbol{X}_{n \times m} = \boldsymbol{U}_{n \times n} \boldsymbol{\Sigma}_{n \times m} \boldsymbol{V}^{\mathrm{T}}_{m \times m} \approx \boldsymbol{U}_{n \times k} \boldsymbol{\Sigma}_{k \times k} \boldsymbol{V}^{\mathrm{T}}_{k \times m} \quad (2.7)$$

由此，可以通过 SVD 来对数据维度进行压缩。压缩为 k 维的矩阵所保留的信息的比例可以通过右奇异矩阵的特征值 λ_i^v 进行定量分析：

$$c_{\mathrm{SVD}} = \frac{\sum_{i=1}^{k} \lambda_i^v}{\sum_{i=1}^{r} \lambda_i^v} \times 100\% \quad (2.8)$$

2.3.2 主成分分析

主成分分析（PCA）是一种随机变量多元转化分析方法。假设原始数据 $\boldsymbol{X}$ 是由 m 组数据、n 个属性构成的矩阵，则每个元素可表示为 x_{ij}，i 为组号，j 为属性号。首先，对原始数据进行 Z-Score 归一化：

$$z_{ij} = \frac{x_{ij} - \mu_j}{\sigma_j} \quad (2.9)$$

式中，μ_j 为第 j 个属性的均值；σ_j 为第 j 个属性的标准差；z_{ij} 为标准化后的数据，其每个属性的均值为 0，方差为 1。

然后，利用输入数据标准化后的结果，计算协方差矩阵 $\boldsymbol{R}$：

$$\boldsymbol{R} = [r_{ij}]_{n \times n} = \frac{\sum_{k=1}^{m} x_{ki} x_{kj}}{m-1} \quad (2.10)$$

最后，计算并重新排列相关系数矩阵 $\boldsymbol{R}$ 的特征值，使得 $\lambda_1 \geq \lambda_2 \geq \cdots \geq \lambda_j \geq \cdots \geq \lambda_n \geq 0$。对应的特征向量为 $[\xi_1, \xi_2, \cdots, \xi_j, \cdots, \xi_n]$，其中 $\xi_j = [\xi_{1j}, \xi_{2j}, \cdots, \xi_{mj}]^{\mathrm{T}}$。通过特征向量组成 n 个新的变量，即主成分 $\boldsymbol{y}_j = [y_{1j}, y_{2j}, \cdots, y_{mj}]^{\mathrm{T}}$：

$$\begin{cases} \boldsymbol{y}_1 = \xi_{11}\boldsymbol{x}_1 + \xi_{21}\boldsymbol{x}_2 + \cdots + \xi_{m1}\boldsymbol{x}_n \\ \boldsymbol{y}_2 = \xi_{12}\boldsymbol{x}_1 + \xi_{22}\boldsymbol{x}_2 + \cdots + \xi_{m2}\boldsymbol{x}_n \\ \cdots \\ \boldsymbol{y}_n = \xi_{1n}\boldsymbol{x}_1 + \xi_{2n}\boldsymbol{x}_2 + \cdots + \xi_{mn}\boldsymbol{x}_n \end{cases} \quad (2.11)$$

式中，$\boldsymbol{x}_j = [x_{1j}, x_{2j}, \cdots, x_{mj}]^T$。

对于主成分 y_j，λ_j 指示其方差大小。大方差对总方差的贡献越大，包含的信息越多。因此可以通过特征值 λ_j 占全体特征值的比重来判断第 j 个主成分的重要程度：

$$c_j = \frac{\lambda_j}{\sum_{j=1}^{n} \lambda_j} \times 100\% \tag{2.12}$$

而且，由于 λ_j 已经按照降序排列，主成分 $[y_1, y_2, \cdots, y_n]$ 贡献率的大小满足 $c_1 \geq c_2 \geq \cdots \geq c_n$。

2.3.3 流形学习

奇异值分解、主成分分析等均属于线性降维方法，即通过线性函数将高维数据映射到低维。但是，当数据以非线性流形的方式位于高维空间中时，主成分分析等方法的降维效果很差。因此，能够在保持流形局部几何特征的情况下，将高维流形空间中的数据在低维平面上展开的流形学习被提出。它不仅考虑线性降维方法中的距离特征，还考虑了数据的拓扑结构。流形学习方法包括等距映射（Isomap）、局部线性嵌入（LLE）、拉普拉斯特征映射（LE）等方法。

Isomap 在多维尺度变换的基础上发展而来，其核心思想是尽可能使低维空间中的样本距离与高维空间一致，且使用测地距离来代替欧几里得距离。其中，测地距离仍以欧几里得距离来估算，但它是经过所有样本点的最短距离，而非首尾两点的直线距离。Isomap 是一种全局算法，当数据量大或维度很高时，计算量将会很大。由此，2000 年 Roweis 提出了一种应用广泛、计算复杂度小的 LLE 算法。该方法仅聚焦于局部样本特征的线性关系不变，即在领域内保证计算得到的低维空间样本特征与初始高维空间样本一致。但是，该方法的降维结果对领域距离非常敏感。LE 降维方法的核心思想仍是寻找与高维空间样本特征相似的低维空间表示，但它利用拉普拉斯矩阵将降维问题转化为矩阵特征值的求解，无需大量迭代计算。

2.3.4 自动编码器

自动编码器一般由编码框架和解码框架构成。前者将输入数据或图像压缩为潜在空间的特征表达，后者则通过重构将这种隐空间特征重新恢复出来：

$$\boldsymbol{H} = \sigma[\boldsymbol{W}_1(\boldsymbol{X} + \xi) + \boldsymbol{b}_1] \tag{2.13}$$

$$\boldsymbol{X}' = \sigma(\boldsymbol{W}_2 \boldsymbol{H} + \boldsymbol{b}_2) \tag{2.14}$$

式中，$\boldsymbol{X}$ 表示输入数据或图像；ξ 为添加在输入数据中的随机白噪声；$\boldsymbol{H}$ 为编码器压缩特征表达；$\boldsymbol{X}'$ 为解码器重构特征表达；$\boldsymbol{W}_1$、$\boldsymbol{b}_1$、$\boldsymbol{W}_2$、$\boldsymbol{b}_2$ 分别为输入与隐含层间的权重与偏置和隐含层与输出间的权重与偏置。

自编码器的训练与优化，实际上就是通过梯度下降等方法自适应调整网络权值与偏置，使得损失函数最小化的过程：

$$\{W_1, b_1, W_2, b_2\} = \arg\min \text{loss}(X, X') = \|X - X'\|^2 \tag{2.15}$$

利用自编码器对称的网络结构和特定的网络参数实现含噪输入数据的特征转换与重构，并将噪声信息尽可能丢弃掉，从而达到噪声压制的目的（图 2.5）。

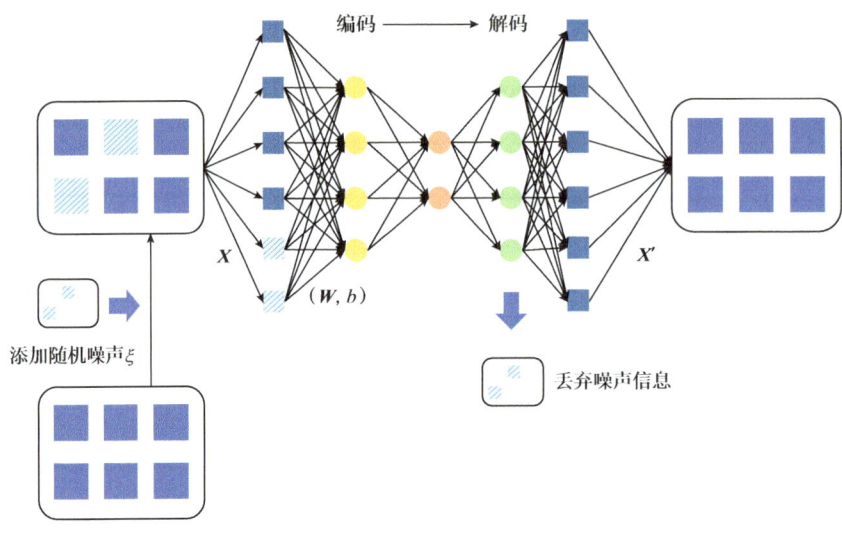

图 2.5　一种去噪自编码器工作机制

2.4　数据敏感性与标签构建

数据敏感性的内涵包含事物间的因果关系，也需要考虑关联关系和统计学关系。因此，对数据进行敏感性分析需要从以下三个方面入手。

2.4.1　基于专家知识的数据敏感性分析

在测井解释中，基于专家知识的数据敏感性分析是利用已有专家经验，如测井响应、物理模型对数据敏感性进行评价的过程。表 2.3 展示了不同测井数据对有机页岩的测井响应，结合专家知识对数据敏感性进行定性分析。

表 2.3　有机页岩测井响应

测井系列	测井响应
GR U Th K	页岩中的干酪根具有放射性，可通过测井仪器接收。因此，GR、U、Th 和 K 测井值与页岩含量和有机质含量成正比。其中，U 测井是有机页岩中有机质含量的重要指标（Tan et al.，2015）

续表

测井系列	测井响应
DT CNL DEN PE	在干酪根或天然气中，声波速度较低，声波时差较大； 干酪根含氢量高，约为水的2/3； 束缚水使孔隙中的中子孔隙度较高，气体使孔隙中的中子孔隙度较低； 干酪根密度低（约 1.0g/cm³），低于黏土矿物骨架（约 2.7g/cm³）
RD/RS	页岩骨架和地层水均具有良好的导电性，页岩储层电阻率普遍较低； 页岩储层中干酪根和油气的电阻率高且变化大

2.4.2 基于统计关系的数据敏感性分析

专家知识描述了事物间的因果关系。但随着探测水平的快速提高、数据量的迅速增加，对每份数据进行专家评价非常困难，一些潜在信息也难以获取。统计学方法可以描述事物间的相关性与关联性，在科学、商业等领域应用广泛。结合统计关系，如相关性对数据进行敏感性筛选是一个常用方法。

相关系数最早由 Pearson 提出，描述了变量间的线性相关程度，一般通过式（2.16）来定义相关系数：

$$r(X,Y) = \frac{\text{Cov}(X,Y)}{\sqrt{\text{Var}[X]\text{Var}[Y]}} \tag{2.16}$$

式中，$\text{Cov}(X,Y)$ 为变量 X 与 Y 的协方差；$\text{Var}[X]$ 为 X 的方差；$\text{Var}[Y]$ 为 Y 的方差；r 为相关系数，介于 −1~1 之间，绝对值越大，相关性越强。

利用 Pearson 相关系数对测井数据与标签数据进行敏感性分析分为两部分：（1）测井数据与标签数据间的相关性；（2）测井数据间的相关性。一般而言，测井数据与标签数据相关性强，表示该测井数据更敏感。而两类测井数据间相关性强，表示两者存在大量冗余特征，只需保留与标签相关性最强的一个特征。

然而，高维数据中存在非线性特征已是目前的广泛认知，在非线性模型输入中只考虑线性相关性是不准确的。因此，除 Pearson 相关系数外，Spearman 和 Kendall 相关系数应用更为广泛，它们能够用来衡量数据秩序的非线性相关关系。该方法只与序列中元素的排序有关，对 X 与 Y 进行对数、指数等非线性变换对相关性指标没有任何影响。

2.4.3 平均影响值法

平均影响值（MIV）法是一种基于学习器的敏感性分析方法。它可以直观地获得输入对输出的影响，也适用于大多数情况下的数据预分析，尤其是当数据相关性较差时。

该方法假设输入数据 X 的组数为 i，维数为 j，则每个元素可表示为 x_{ij}。首先利用该数据集作为输入，训练得到一个初始预测模型 M。然后对数据集 X 中的第 j 维数据进行一定比例的正扰动和负扰动,得到训练样本 D_1 和 D_2,将两个训练样本作为模型 M 的输入,得到预测输出 Y_1 和 Y_2。最后根据下式计算对应 j 维度的平均影响值:

$$\text{MIV}=(Y_1-Y_2)/N \tag{2.17}$$

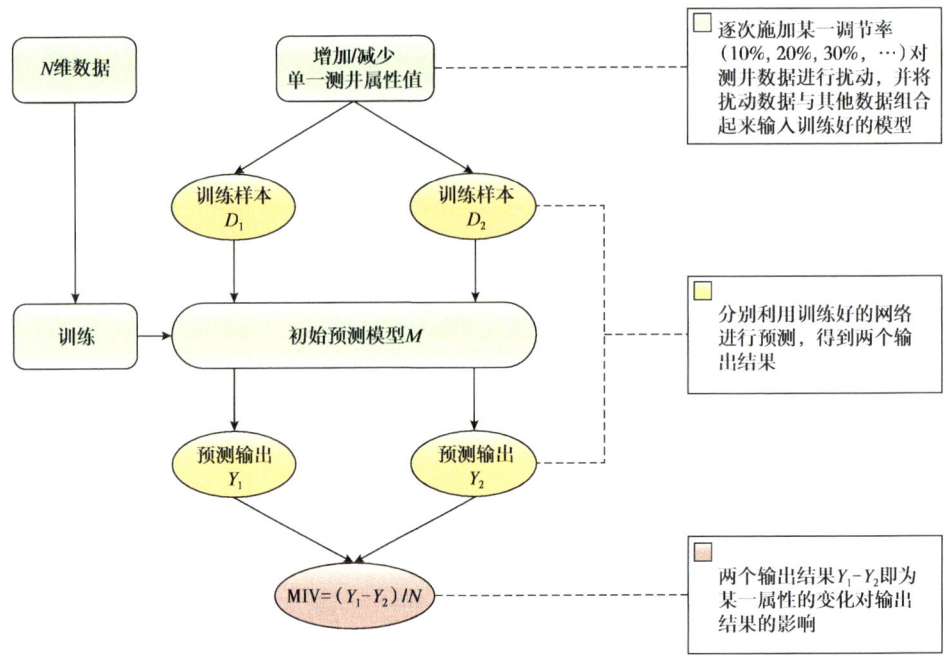

图 2.6　平均影响值法通过数据扰动评估输入数据的灵敏度

MIV 是一个相对值,其大小指示学习器输入更改时对输出的影响。MIV 值越大,数据敏感性越强;MIV 值越小,数据敏感性越弱。

本章小结

井筒数据为数据挖掘提供资源。准确、完整、足量、结构化的数据是井筒数据挖掘与智能解释的基本条件。本章首先讨论了油气勘探中井筒数据的来源、种类和特征,然后针对这些特征分别讨论了数据治理的步骤和内容,有些是通用的,如数据归一化;有些专属的,如测井环境校正。

数据治理是随着大数据分析和机器学习发展提出的一个新词,此外还有数据清洗、数据生态等叫法,概念大同小异,均为后期利用先进智能算法进行机器学习的必要预处理步骤,起着非常重要的作用。

第3章 智能算法理论基础

智能算法是一种利用数据和模型进行自动决策和优化的算法，具有自学习、自适应、自组织等特点，在不同的领域和任务中具有较好的算法迁移和泛用能力。

根据学习方式，智能算法可分为有监督学习、半监督学习、非监督学习和强化学习。其中，在井筒数据智能解释中，有监督学习和无监督学习是最常用的两种学习策略。在有监督学习中，需告诉计算机某个数据样本期望输出结果，通过训练得到最佳预测模型。在无监督学习中，事先不知道输入样本对应的分析结果，而是通过具体算法自动挖掘数据潜在的有用信息。从功能上说，有监督学习主要解决分类问题和回归问题，无监督学习可解决模式识别与降维问题。

根据功能和形式，智能算法可分为聚类算法（K均值聚类、层次聚类、模糊C均值聚类等）以及人工神经网络（多层感知器、BP神经网络等）、基于核的算法（支持向量机、径向基神经网络）、决策树算法、贝叶斯算法等。这些算法在不同的应用场景中具有不同的特点和优势，可以根据具体需求选择合适的算法进行数据分析和处理。本章按照这种分类进行介绍。

3.1 聚类分析算法

聚类分析是一种无监督的数据分析技术，用于将数据对象划分为不同的群组或类别，使得同一类中的对象具有相似的特征或行为。聚类方法包括经典的K均值聚类、结合聚类树进行划分的层次聚类、引入模糊理论的模糊C均值聚类以及基于图谱分析的谱聚类方法等。

3.1.1 K均值聚类

K均值聚类（K-Means）是最典型的聚类方法，它通常利用数据点间的欧几里得距离来度量样本间的相似性。

首先，随机设置K个聚类中心，通过距离公式（3.1）分别将其他数据点划分到其距离最近的聚类中心作为一类：

$$D(X,C) = \sqrt{\sum_{i=1}^{m}(X_i - C_i)^2} \tag{3.1}$$

式中，X 和 C 分别为样本点和聚类中心；m 为样本属性的数量。

然后，计算每簇包含样本属性的均值作为新的聚类中心，重新对样本点进行分配。重复执行以上步骤，直到聚类中心稳定。需要提及的是，由于 K 均值聚类依赖样本间的距离特征，聚类前必须将数据进行归一化处理。

K 均值聚类算法的原理简单，可以灵活地调整聚类的数量和簇的大小。在适当的初始化条件下，可以快速收敛得到最优解，适合井筒数据的探索性分析。但是 K 均值聚类结果依赖于初始聚类中心的选择，是一种局部最优的聚类方法。

3.1.2 层次聚类

层次聚类是一种通过计算数据点间的相似度来构建聚类树的方法。该方法对预设聚类簇数量不敏感，适合处理待划分储层类型数量不确定等模式识别问题。在层次聚类方法中，凝聚层次聚类算法应用最为广泛，是一种基于样本点空间距离的自下而上的分层聚类方法。

首先，该方法将每个样本点视为一类，逐点计算样本间的欧几里得距离：

$$D_{\text{plot}} = \sqrt{\sum_{j=1}^{M}(x_i - y_i)^2} \tag{3.2}$$

式中，M 表示样本数量；x、y 分别代表两个样本点的空间位置。

然后，搜索样本距离矩阵，以距离最短为原则将样本点两两合并为一簇。采用 Average Linkage 方法计算簇与簇间的距离，即两个簇内所有数据点两两间欧几里得距离的期望，合并最短距离的簇。

最后，重复这一步骤，直到达到要求聚类簇数量，或所有聚类簇合并为一类。

凝聚层次聚类算法通过逐步合并相似的对象来形成聚类簇，整个过程可以通过树状图或层次结构表示，非常有助于井筒数据的探索性分析和挖掘，对数据中潜在的噪声和异常值也相对稳健。

3.1.3 模糊 C 均值聚类

模糊 C 均值聚类（FCM）是在硬 C 均值聚类的基础上引入模糊集合理论发展而来。它引入了隶属度的概念来表示样本点属于某个簇的程度，特别对两簇边界的样本点归属的不确定性提供了定量表述，为聚类错误风险和进一步分析提供了可靠指示。该方法仍通过距离公式来描述样本相似性，不同之处在于通过式（3.3）反复迭代聚类中心 V 和隶属度矩阵 U 来优化目标函数 J，得到最优化的聚类结果：

$$J(U,V:X) = \sum_{i=1}^{M}\sum_{k=1}^{C} u_{ik}^q \|x_i - v_k\|^2 \tag{3.3}$$

式中，M 为数据集大小；C 为聚类类别；q 为模糊指数；u_{ik} 为第 i 组数据属于 k 类的隶属度；

x_i 为第 i 组数据；v_k 为第 k 类聚类簇的质心；$\|\cdot\|^2$ 为 2 范数。

利用式（3.4）和式（3.5）循环迭代 U 和 V 可以使 J 达到极小值或满足终止条件停止迭代：

$$u_{ik} = \frac{1}{\sum_{m=1}^{C}\left(\dfrac{\|x_i - v_k\|}{\|x_i - v_m\|}\right)^{\frac{2}{q-1}}} \tag{3.4}$$

$$v_k = \frac{\sum_{k=1}^{M} u_{ik}^q x_k}{\sum_{k=1}^{M} u_{ik}^q} \tag{3.5}$$

模糊 C 均值聚类结果即为目标函数最优状态下的隶属度矩阵 U 和聚类中心 V。

该方法的模糊计算规则能够更好地处理井筒数据解释和储层评价中的不确定性问题，在具有噪声和异常值的数据中也表现出一定的稳健性。与层次聚类算法相比，模糊 C 均值聚类在大规模数据中的计算效率也相对更高。

3.1.4 谱聚类

谱聚类是一种基于图论的聚类方法，与其他聚类算法相比，对不同的数据分布具有更好的适应性。谱聚类算法流程分为构图和切图。假设样本 $X = [x_1, x_2, \cdots, x_n]$，一般通过基于多项式核函数或高斯核函数 [式（3.6）] 的全连接法计算相似矩阵 S。

$$w_{ij} = e^{-\dfrac{\|x_i - x_j\|_2^2}{2\sigma^2}} \tag{3.6}$$

当利用全连接法计算 S 时，邻接矩阵 W 与 S 等价。然后，通过 W 构建度矩阵 D：

$$D_{i,j} = \begin{cases} 0, & i \neq j \\ \sum w_{i,j}, & i = j \end{cases} \tag{3.7}$$

通过度矩阵和邻接矩阵可以得到拉普拉斯矩阵 $L = D - W$，实现谱聚类构图。

谱聚类切图中，一种典型的方法是通过标准化的拉普拉斯矩阵计算最小的 k 个特征值对应的特征向量，组成 $n \times k$ 维的特征矩阵 F。最后，利用 K 均值等聚类算法对特征矩阵进行聚类，输出结果。

谱聚类基于输入数据的相似矩阵进行聚类，适合处理井筒稀疏数据。而且，利用相似矩阵计算特征矩阵的过程是一个维度降低的过程，适合处理成像测井数据、地震数据等高维数据。但是，该方法对相似矩阵和聚类参数非常敏感，且只适合处理样本均衡的问题。

3.2 经典机器学习算法

经典机器学习算法包括多层感知器、BP 神经网络、径向基神经网络、支持向量机、决策树、贝叶斯方法、K 近邻等。这些算法是基于传统或基于规则、逻辑和统计方法来解决问题和做出决策的机器学习技术，具有简单、易于理解和实现的特点，适用于小规模数据和相对简单的任务。

需要注意的是，对应于经典机器学习算法的，是现代机器学习算法，包括一系列集成学习、深度学习等新的学习方法和新的网络结构。虽然现代机器学习算法是目前研究的热点，但经典机器学习算法仍有着重要的应用价值，并且与现代智能算法相结合，可提供更全面和有效的解决方案。

3.2.1 神经元模型与感知器

很多机器学习算法源于"仿生学"或"生物启发式方法"。研究者们通过观察和研究自然界中的生物系统和行为模式，将自然思考和自然行为的规律应用于机器学习算法的设计和开发中。例如，人类大脑经元的数量达到了 10^{11} 数量级，是一个非常高效的模式识别系统，能够在瞬间完成复杂的感知、思考和决策过程。神经元作为人脑的基本结构，可以通过后天的学习和训练，不断改变神经元相互关系，使得人脑具有动态、高效、精准的复杂任务处理能力。

因此，McCulloch 和 Pitts 在 1943 年根据人类大脑神经元的构造提出了 MP 神经元计算模型。1958 年，Rosenblatt 进一步提出了单层感知器算法，可以自动调整神经元权重，使得算法具备初步的自学习能力。单层感知器结构如图 3.1 所示。

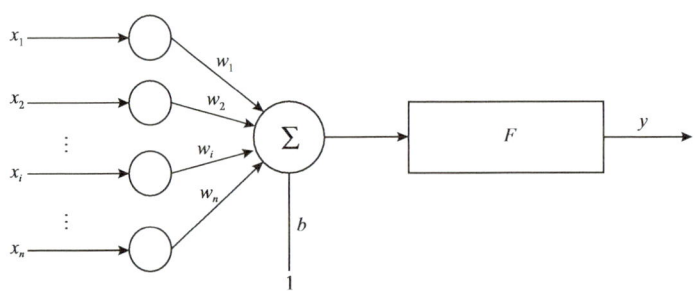

图 3.1　单层感知器结构图

单层感知器是神经网络的雏形。图 3.1 中，$x_1 \sim x_n$ 是输入信号；$w_1 \sim w_n$ 是输入信号权重；b 为偏置；F 为感知器的激活函数，作用是在信号传播过程中引入非线性因素。感知器最终输出可表示为

$$y = F\left(\sum_{i=1}^{N} x_i w_i + b\right) \quad (3.8)$$

式中，常见的激活函数 $F(\cdot)$ 有 Sigmoid、tanh、ReLU、Leaky-ReLU 等。

3.2.2 人工神经网络

为了提高复杂非线性问题的处理能力，在单层感知器的基础上，引入更多的隐含层构建了多层感知器。多层感知器的每一层可看作是一个单层感知器，它们通过组合不同的特征向量来提取更高级别的特征，从而提高模型的准确性和泛化能力。根据不同任务的需求，在多层感知器的基础上发展了BP神经网络、径向基神经网络、概率神经网络、小波神经网络、极限学习机等形形色色的人工神经网络算法。

3.2.2.1 BP神经网络

BP神经网络是一种基于误差反向传播算法（Back propagation，BP）进行训练的多层前馈神经网络，由输入层、隐含层和输出层构成。隐含层中的神经元通过权重与输入层和输出层的神经元相连，相同层间的神经元没有连接（图3.2）。

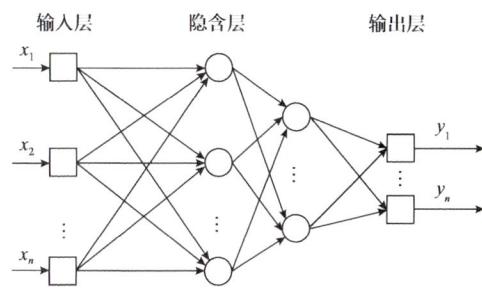

图 3.2　2 层隐含层的 BP 神经网络结构

BP神经网络的最大特点是采用反向传播算法来控制网络自身参数和结构的自动优化。该算法由信号的正向传递与误差的反向传播两个阶段交替进行。信号的正向传递通过输入数据和权重参数得到输出结果。误差的反向传播通过导数链式法则计算损失函数对各参数的梯度，根据梯度进行网络参数的更新。其中，为了提高算法收敛速度或稳健性，发展了随机梯度下降、自适应学习率、拟牛顿法等梯度计算和参数更新算法。不断重复信号的正向传递与误差的反向传播，直到网络输出误差达到要求或迭代次数达到上限。

以反向传播算法为核心的BP神经网络的提出，为其他神经网络的研究提供了一个重要的参考框架，使得神经网络的训练变得更加高效和准确，引发了对神经网络研究的热潮，促进了神经网络在各个领域的应用。但是，BP算法也具有明显的局限性。一是需要较多的参数，通常认为这些参数的选择无规律可循，只能反复进行大量的训练实验得到效果较好的组合。二是容易陷入局部最优，BP算法只能根据当前的误差来调整权重，而不能全局地考虑整个网络在不同收敛方向上的性能，只能在局部最小误差处停滞（图3.3）。三是对初始权值非常敏感，随机给定的初始参数易使BP网络训练模型不稳定，也易使网络难以收敛到全局最优解。四是易过拟合，BP算法容易在小样本数据、低信噪比信号、大迭代次数情况下，过度调整权重，导致模型对训练数据的拟合程度过高，但对新数据的预测能力较差。

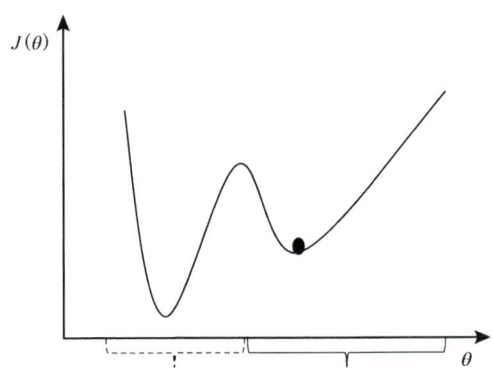

图 3.3 梯度下降陷入局部极小

3.2.2.2 径向基神经网络

1985 年，Powell 提出了一种多变量插值的径向基函数（RBF）。1988 年，Moody 和 Darken 结合径向基函数提出了径向基神经网络。该神经网络由输入层、隐含层和输出层构成（图 3.4）。其中，网络输入层和输出层与常规网络结构类似，隐含层采用径向基函数作为基函数，式（3.9）为通常用作基函数的高斯基函数表达式。当输入信号靠近基函数的中央范围时，隐含层节点将产生较大的输出。

$$G_i(x) = \exp\left(-\|x - c_i\|^2 / 2\sigma_i^2\right), \quad i = 1, 2, \cdots, m \tag{3.9}$$

式中，x 是 n 维输入向量；c_i 是第 i 个基函数的中心；σ_i 是第 i 个感知的变量，m 是隐含层节点数。

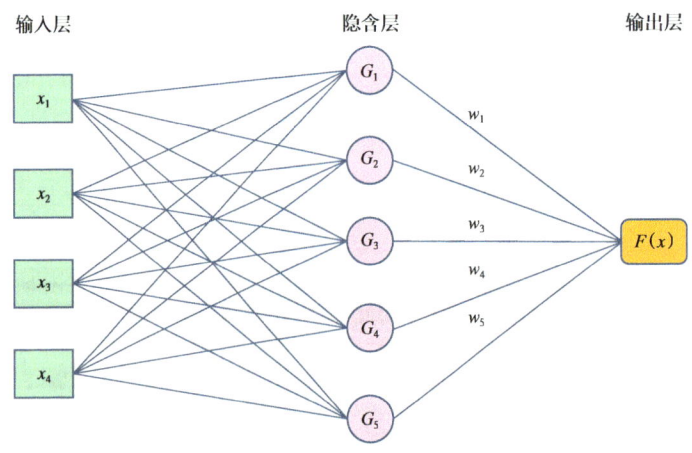

图 3.4 径向基（RBF）神经网络结构与原理示意图

在 RBF 网络中，从输入到隐含层的映射 $x \rightarrow G_i(x)$ 是非线性的，从隐含层到输出层映射 $G_i(x) \rightarrow y^k$ 是线性的［式（3.10）］。隐含层到输出层的权重可由线性方程组直接求解，大大加快了学习速度，并避免了局部极小问题。

$$y_k = \sum_{i=1}^{m} w_{i,k} \boldsymbol{G}_i(x), \quad k=1,2,\cdots,m \tag{3.10}$$

式中，y_k 是输出节点数；$w_{i,k}$ 是 RBF 网络的输出权值；m 是隐含层节点数。

另外，RBF 网络训练过程中，需要求解的参数有 3 个，分别是基函数的中心、方差以及隐含层到输出层的权值。RBF 网络计算这些参数的方法包括随机算法、自组织学习算法和最近邻聚类学习算法。随机算法和自组织学习算法适用于静态模式的离线学习，事先必须获得所有可能的样本数据。最近邻聚类学习算法是一种动态的在线学习方法，不需要事先确定隐含层单元的个数。

相比于传统的 BP 神经网络，虽然 RBF 网络也采用了反向传播算法，但两者原理存在较大差异。首先，RBF 网络结构更加简单，一般仅包括一个隐含层；其次，RBF 输入项经过高斯转换映射到了高维空间，而 BP 网络就是输入项与权值之间的线性组合；最后，RBF 网络的局部逼近策略可以简化计算量，函数逼近能力和收敛速度一般优于 BP 网络。

3.2.2.3 概率神经网络

概率神经网络（PNN）是在径向基神经网络的基础上，融合了密度函数估计和贝叶斯决策理论，可通过线性学习算法实现非线性学习的功能，在模式分类问题中有很好的应用效果，经常被用来解决分类问题。

PNN 包含输入层、隐含层、求和层和输出层。其中，隐含层为径向基层，用来计算输入向量和每一层中心的距离；求和层对相同类别的隐含层神经元输出进行加权平均；输出层将最大的求和层输出作为输出的类别（图 3.5）。

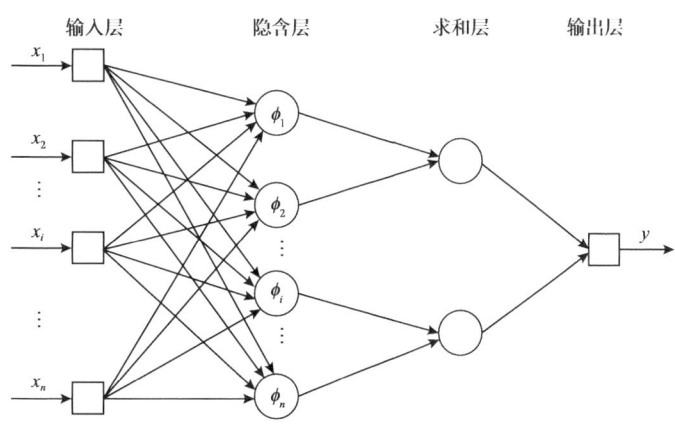

图 3.5 PNN 网络结构

PNN 隐含层采用了径向基非线性映射函数，具有较强的容错性，在处理不确定性任务和噪声数据方面具有显著优势。而且，PNN 可选用各种用来估计概率密度的基函数，且分类结果对基函数的形式不敏感。由于 PNN 网络结构简单，训练速度快，非常适用于对实时处理速度有要求的应用场景。

3.2.2.4 小波神经网络

小波神经网络（WNN）是以 BP 神经网络为基础发展起来的。该网络将 BP 神经网络的激活函数替换为小波函数，将权值和阈值替换为小波函数的尺度伸缩因子和时间平移因子，其权值修正算法利用梯度修正法对网络的权值和小波基函数参数进行修正，使得预测输出不断逼近期望输出（图 3.6）。

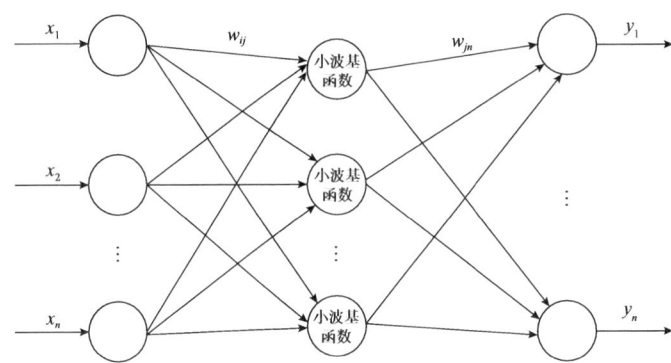

图 3.6　WNN 网络结构

当输入信号为 x_i（$i=1, 2, \cdots, n$）时，WNN 隐含层输出可表示为

$$h(j) = h_j \left(\frac{\sum_{i=1}^{n} x_i w_{ij} - b_j}{a_j} \right), \; j=1, 2, \cdots \quad (3.11)$$

式中，h_j 为小波基函数；a_j 为小波基函数的伸缩因子；b_j 为小波基函数的平移因子。

式（3.11）中，h_j 可使用 Morlet 母小波基函数，可表示为

$$y = \cos(1.75x) e^{-\frac{x^2}{2}} \quad (3.12)$$

小波变换可以对数据进行多尺度分解，从而提取不同尺度下的特征，而神经网络则可以对这些特征进行学习和分类。通过将小波变换和神经网络相结合，WNN 能够更好地处理复杂的数据，提高模型的泛化能力和预测准确性。但是 WNN 隐含层的节点数以及各层之间的权值、尺度因子的初始化参数难以确定，会影响网络的收敛速度。

3.2.2.5 极限学习机

极限学习机（ELM）为一种典型的单隐含层前馈神经网络，它随机对输入层与隐含层的权值和隐含层神经元的阈值进行取值，训练过程中仅仅选出最佳的隐含层神经元个数而无须对其他值进行调整就可以得到最优解（图 3.7）。所以，极限学习机训练速度快，可以弥补传统前馈神经网络易于陷入局部最优解的缺点。

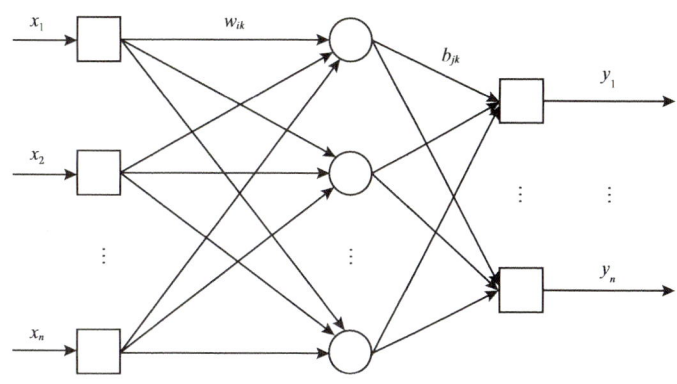

图 3.7 极限学习机网络结构

极限学习机在训练过程中的学习算法有 3 个步骤：(1) 随机产生权值 w 和阈值 b，确定隐含层神经元的个数；(2) 选择隐含层神经元激活函数，对隐含层的输出矩阵 H 进行计算；(3) 计算隐含层和输出层之间的连接权值 β。该过程将传统权重优化问题转化为求计算矩阵 H 的 Moore–Penrose 广义逆矩阵的问题，大大提高了算法训练效率。

ELM 的主要特点是隐含层节点参数可以是随机或人为给定的，网络学习过程仅需计算输出权重，具有更轻量的网络架构和很小的部署代价。但是，在训练效率方面获得极大提升的代价是，ELM 直接计算最小二乘解，用户无法根据数据集的特征对网络进行微调操作，算法在复杂任务上进行优化的潜力不足。

3.2.3 支持向量机

支持向量机（SVM）是一种基于统计学习理论中的结构风险最小化原则和 VC 维（Vapnik–Chervonenkis dimension）的机器学习方法 SVM。结构风险最小化同时关注模型在训练数据和新数据上的表现，VC 维则用来描述学习模型的复杂度。基于这两个概念，SVM 通过找到一个最优的分类超平面，使得该超平面在训练数据上的分类误差最小，同时具有较低的 VC 维，保证了模型具有较好的泛化能力（图 3.8）。

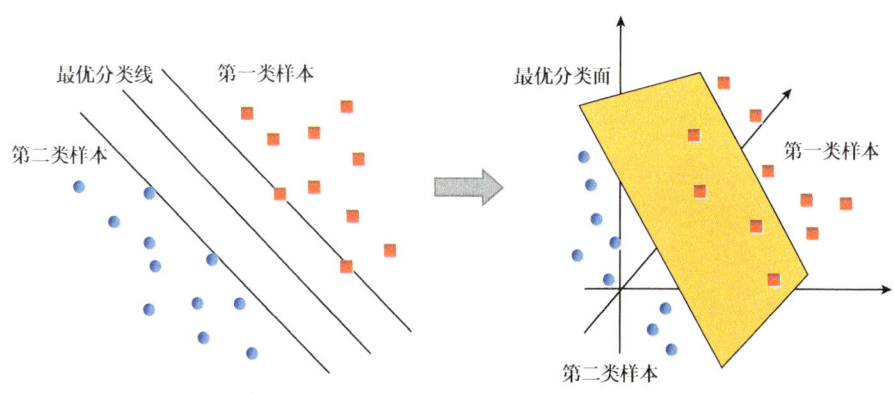

图 3.8 SVM 的基本原理示意图

SVM最优分离超平面不仅可以正确划分两类样本，而且可以使每一类数据与超平面距离最近的点与超平面之间的距离最大，即分类间隔最大。在简单的线性条件下，SVM可以很容易地找到最佳分类超平面。在复杂非线性问题中，SVM则采用不同的核函数映射，用线性函数取代非线性函数，简化运算，寻找高维空间的最优超平面。

在SVM构建过程中，常用的核函数有五种，见表3.1。

表3.1 支持向量机核函数

名称	表达式
线性核函数	$\kappa(\boldsymbol{x}_i, \boldsymbol{x}_j) = \boldsymbol{x}_i^\mathrm{T} \boldsymbol{x}_j$
多项式核函数	$\kappa(\boldsymbol{x}_i, \boldsymbol{x}_j) = (\boldsymbol{x}_i^\mathrm{T} \boldsymbol{x}_j)^d, d \geqslant 1$
高斯核函数	$\kappa(\boldsymbol{x}_i, \boldsymbol{x}_j) = \exp\left(-\dfrac{\|\boldsymbol{x}_i - \boldsymbol{x}_j\|^2}{2\sigma^2}\right), \sigma > 0$
拉普拉斯核函数	$\kappa(\boldsymbol{x}_i, \boldsymbol{x}_j) = \exp\left(-\dfrac{\|\boldsymbol{x}_i - \boldsymbol{x}_j\|}{2\sigma}\right), \sigma > 0$
Sigmoid核函数	$\kappa(\boldsymbol{x}_i, \boldsymbol{x}_j) = \tanh(\beta \boldsymbol{x}_i^\mathrm{T} \boldsymbol{x}_j + \theta), \beta > 0, \theta < 0$

需要提及的是，SVM方法最初只能解决两分类问题。目前，构建SVM多分类器的方法主要有四种：一对一（one-against-one）、一对多（one-against-rest）、SVM决策树法和一次性求解法。

另外，在SVM的基础上，通过最小化预测结果与实际结果之间的ε不敏感损失函数，同时考虑支持向量与超平面之间的最大间隔，可以构建用于回归任务的支持向量回归（Support Vector Regression，SVR）算法，实现对样本的回归预测。

SVM具有严格的理论依据和简便的数学表示，在小样本、非线性问题中应用优势明显，无局部极小和维数灾难问题，泛化能力强。但是，SVM需要选择合适的核函数和惩罚系数，对模型的设计和实现有一定的要求。而且，SVM对核函数的高维映射解释能力不强，在大规模数据、高维度空间的情况下，核函数计算时间复杂度较高。

3.2.4 决策树

决策树是一种基于信息熵的机器学习算法，通过构建树形结构为表示形式的分类或回归规则，不断地选择最优决策节点，使得数据集的信息熵不断减小，从而达到数据分类或回归的目的。现有决策树生成算法包括ID3、C4.5、CART和条件推断树等。其中，ID3和C4.5算法通过计算每个特征的信息增益来选择最优的特征进行分裂，只适用于处理分类任务；CART可分别针对分类和回归任务，采用不同的节点不纯度度量方法和节点分裂评价标准；条件推断树根据统计检验确定自变量和分割点的选择，通过计算特征的条件概率或条件期望来处理分类或回归任务。

决策树的结构包括根节点、非叶子节点和叶子节点（图 3.9）。根节点是树的最高层节点，用来存放需要学习的数据。非叶子节点表示训练集中的输入属性，用来存放分类或回归的判断条件。叶子节点代表数据的分类或回归结果。决策树训练的过程就是按照实例的属性值确定分枝，在决策树的叶子节点得到结论，不断循环达到分类或回归的目标。

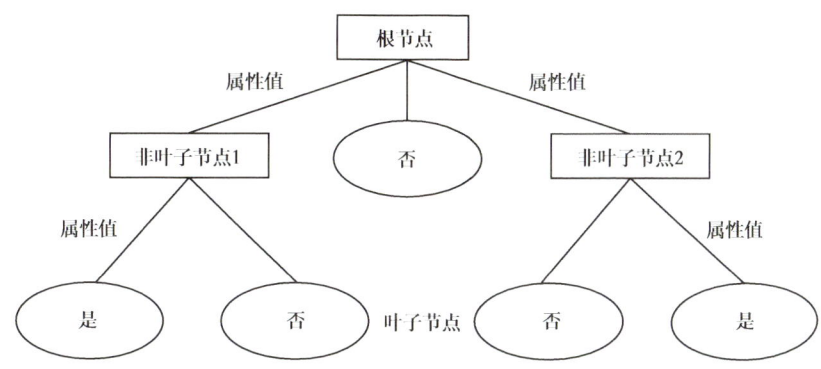

图 3.9　决策树结构

与神经网络等机器学习算法相比，决策树是一个白盒模型，可以通过构建好的模型推导出表达式，直观地展示数据的分类或回归过程。而且，决策树可以通过调整树的深度和叶子节点的数量来适应不同的数据集和任务，具有更高的灵活性。但是，决策树在大规模数据集中，具有更高的时间复杂度；为了防止过拟合，也需要通过剪枝等方法来控制树的复杂度。在某些学习任务中，决策树容易受数据微小扰动影响，需要通过集成等手段提高预测模型的稳健性。

3.2.5　朴素贝叶斯理论

贝叶斯方法利用贝叶斯原理计算某个样本属于某一类的概率，最后选择概率最大的类作为预测结果。朴素贝叶斯分类算法是最常用的一种贝叶斯分类器，"朴素"体现在各属性相互独立的假设条件中。具体来说，假设输入数据类别为 C_j，属性为 A_i。当计算一组样本属于某一类的概率时，就是计算在 $A_1 \sim A_i$ 情况下，属于 C_j 的概率，即 $P(C_j|A_i)$。如式（3.13）所示的贝叶斯公式可以对 $P(C_j|A_i)$ 进行计算。

$$P(C|A) = \frac{P(A|C)P(C)}{P(A)} \tag{3.13}$$

式中，输入数据中每个类别的概率 $P(C_j)$ 和每个属性的条件概率 $P(A_i|C_j)$ 均已知。

由于假设属性相互独立，可以得到：

$$P(A|C_j)P(C_j) = P(A_1|C_j)P(A_2|C_j)\cdots P(A_n|C_j)P(C_j) = P(C_j)\prod_i^n P(A_i|C_j) \tag{3.14}$$

最后，只要比较在给定每个 A_i 时 C_j 的大小，即可判断该组样本所属类别。

朴素贝叶斯分类算法在分布独立假设成立时具有显著的预测效果；然而，当属性较多或相关性较大时，分类的效果不好。因此，在此基础上发展了半朴素贝叶斯分类器、贝叶斯网等方法。

3.2.6 K 近临算法

Cover 和 Hart 于 1986 年提出了基于距离度量的 KNN（K-Nearest Neighbor）分类算法。KNN 算法通过计算测试数据与训练数据集合中每个样本的距离，找到前 K 个距离最近的样本点，根据这些样本点中占比多数的样本类别对测试数据进行类别划分（图 3.10）。KNN 算法通常采用曼哈顿距离、闵可夫斯基距离以及欧几里得距离计算样本距离，其中欧几里得距离最为常用：

$$L_p(x_i, x_j) = \left(\sum_{k}^{n} \left| x_i^k - x_j^k \right|^2 \right)^{1/2} \tag{3.15}$$

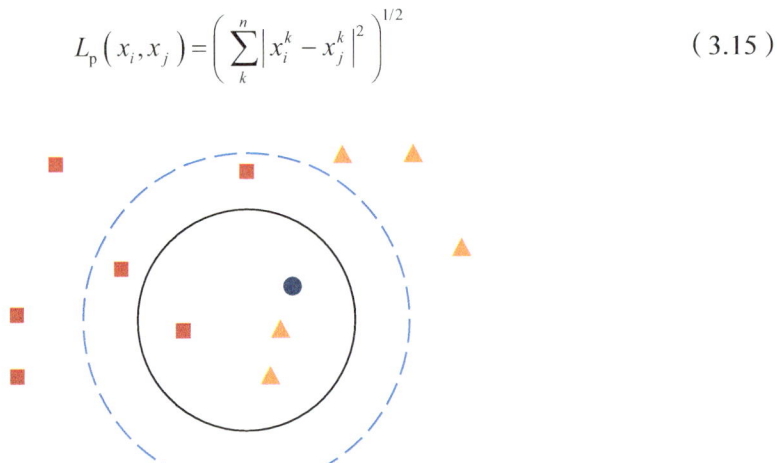

图 3.10　KNN 基本原理示意图

由于 KNN 算法依靠周围有限的邻近样本，而不依靠判别类域的方法确定所属类别，所以它非常适合处理类域交叉或重叠较多的分类问题。另外，基于 KNN 分类算法，通过找到训练集中距离当前样本最近的 K 个样本，对这些样本的目标变量取值求平均，可实现对样本的回归预测。

KNN 算法简单易用，不需要进行特征工程和参数调整，可直接使用数据集进行训练或预测。但是，对于大规模数据集，KNN 需要逐个计算输入样本与训练样本间的相似程度，计算的时间复杂度高。当训练数据不均衡时，K 值选择难度大，预测精度差。

3.3　算法适应性

根据前述各种经典智能算法原理的介绍，在表 3.2 中对它们的优缺点进行对比，分析其适用性。

表 3.2 部分无监督算法优缺点对比

类型	算法	优点	缺点
无监督算法	K 均值聚类	• 计算复杂度低； • 易于理解和实现； • 算法扩展性好	• 初始值敏感（K 值、聚类中心）； • 不适合处理非凸数据； • 对噪声和异常值敏感； • 局部最优
	层次聚类	• 无须事先确定聚类数量； • 对噪声和异常值相对不敏感	• 计算复杂度较高，不适合大规模数据； • 可能产生过分割或欠分割
	模糊 C 均值聚类	• 对初始聚类中心不敏感； • 可处理模糊或不确定性问题； • 更好地处理噪声和异常值	• 计算复杂度较高； • 需要选择合适的模糊参数
	谱聚类	• 对数据分布和规模不敏感，适合处理稀疏数据； • 可以处理大规模数据集和高维数据； • 可探索数据潜在的低维度结构	• 计算复杂度较高（相似矩阵、特征值分解）； • 对参数选择敏感； • 易受噪声和异常值影响
有监督算法	人工神经网络	• 预测准确度高，学习能力强； • 对噪声数据稳健性和容错性较强； • 有联想能力，能逼近任意非线性关系； • 对未经训练的数据也具有较好的预测分类能力； • 可以处理大规模数据	• 超参数较多； • 可解释性差； • 易过拟合； • 训练时间较长，易陷入局部极小
	支持向量机	• 无局部极小值和维数灾难问题； • 适合解决小样本、非线性问题； • 可很好地处理高维数据； • 泛化能力强	• 核函数计算的时间复杂度高，大规模数据处理效率低； • 对核函数的高维映射解释能力不强； • 核函数的选择对结果影响较大； • 对缺失数据敏感； • 多分类问题易过拟合
	决策树	• 易于理解，便于实现； • 灵活性高，可多模型集成； • 可解释性强； • 模型简单，计算量较小	• 抗噪能力差，易过拟合； • 稳健性低，决策树生成对输入数据敏感； • 预测类别较多时，模型复杂度高
	贝叶斯	• 能够利用先验知识； • 对小样本数据具有良好的性能； • 可以处理不确定性问题	• 计算复杂度较高； • 需要先验知识和假设
	K 最近邻	• 原理简单，易于实现； • 对异常值不敏感； • 对数据的分布无要求	• K 值不易选择； • 预测阶段需要逐个计算与训练样本的相似程度，计算量大且速度慢； • 数据不均衡时，预测偏差比较大

本章小结

本章对常见的经典智能算法理论和原理进行了介绍，比较了不同算法的异同和适应性。在测井解释与地层评价中，通过有监督学习技术，解决储层流体识别等分类问题及参数预测等回归问题；通过无监督学习方法，可以实现井筒数据的聚类分析，例如岩性、岩相聚类或储层有效性分级等。

第4章 经典智能算法应用

近年来，在复杂油气藏和非常规油气藏测井解释中，很多学者利用经典智能算法开展研究工作，例如流体识别、岩性识别等分类问题，以及总有机碳含量、孔隙度预测等回归问题。本章将以非常规油气中的总有机碳含量、矿物含量预测以及复杂致密砂岩的水淹层测井重构与智能识别、相对渗透率预测与含水率计算、流体识别等为例介绍经典智能算法的应用。

4.1 有机页岩储层测井智能解释

页岩油与页岩气是一类非常重要的油气资源。不同于常规油气储层，有机页岩既是储层又是烃源岩。在有机页岩储层测井解释中，生烃潜力和矿物含量分别是页岩储层品质评价和流体识别的重要依据。利用测井数据和岩心岩石物理实验数据对两者进行准确计算，对有机页岩"甜点"评价具有重要意义。

4.1.1 总有机碳含量智能预测与生烃潜力评价

生烃潜力是评价页岩气烃源岩的重要指标，总有机碳含量（TOC）是生烃潜力评价的重要参数。在实际生产中，一般利用岩心实验得到某一深度处的TOC。但是，取心和岩石物理实验成本高，不能满足储层连续解释的需求。在测井解释中，通常采用$\Delta \log R$或线性拟合的方法来建立TOC预测模型，但推广性不好。因此，本例分别采用SVM和RBF神经网络对有机页岩TOC进行评价。

4.1.1.1 敏感测井数据筛选

在数据准备中，通过构建岩心TOC与测井数据交会图，优选敏感的测井数据。图4.1为岩心TOC与不同测井数据交会图，可以看出，TOC与密度（DEN）、铀（U）、钍铀比（Th/U）、无铀伽马（KTh）、自然伽马（GR）等测井数据相关性较好，而与铀钾比（Th/K）、光电吸收截面指数（PE）、钾（K）、钍钾比（Th/K）等测井数据相关性较差。

由于智能算法可以建议输入数据与预测目标间的非线性关系，岩心TOC与测井数据间的线性相关性并不能完全反映数据的敏感关系。因此，基于RBF神经网络，分别设置9输入变量、8输入变量、7输入变量等对比实验，以考察不同测井系列组合对TOC预测精度的影响。另外，为了更准确地验证不同算法、不同输入、不同参数对预测结果的影响，本例采用交叉验证法计算模型误差。

表4.1列出了不同输入组合的最佳网络参数（高斯宽度、隐含层神经元数量）及其

预测结果的均方误差、平均绝对误差、平均相对误差和相关系数。从预测结果的均方误差、平均绝对误差、平均相对误差和相关系数来看，当选择 6 输入变量（U/Th/GR/RT/DEN/AC）时，训练模型性能最好，其平均绝对误差约为 0.310%。

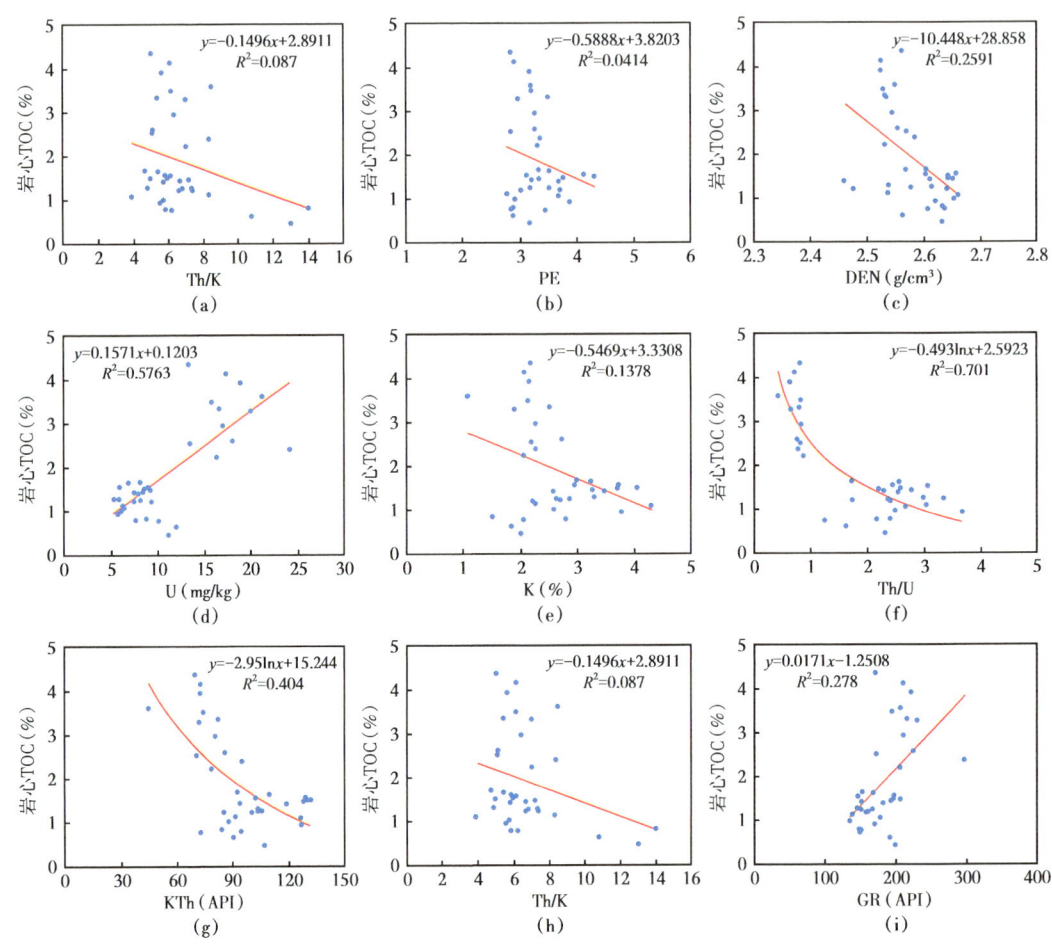

图 4.1 岩心 TOC 与测井数据交会图

表 4.1 不同测井输入组合的最佳网络参数和预测误差对比

序号	不同输入变量	高斯宽度	隐含层神经元数目	MSE	MAE（%）	MRE（%）	相关系数	标准差（%）
1	9 变量（U/Th/GR/RT/DEN/AC/K/PE/CNL）	0.22	30	0.331	0.415	28.133	0.848	0.570
2	8 变量（U/Th/GR/RT/DEN/AC/K/PE）	0.21	29	0.338	0.412	28.002	0.841	0.581
3	7 变量（U/Th/GR/RT/DEN/AC/K）	0.19	28	0.323	0.404	27.064	0.850	0.566
4	6 变量（U/Th/GR/RT/DEN/AC）	0.19	26	0.310	0.394	26.572	0.856	0.556

续表

序号	不同输入变量	高斯宽度	隐含层神经元数目	MSE	MAE（%）	MRE（%）	相关系数	标准差（%）
5	5变量（U/Th/GR/RT/DEN）	0.13	29	0.329	0.398	26.186	0.846	0.573
6	4变量（U/Th/GR/RT）	0.16	23	0.319	0.400	26.514	0.851	0.565
7	3变量（U/Th/GR）	0.23	10	0.387	0.461	33.22	0.816	0.622
8	2变量（U/Th）	0.90	8	0.390	0.452	38.756	0.839	0.611
9	1变量（U）	0.06	10	0.402	0.465	28.999	0.821	0.633

另外，不同输入变量的对比实验显示，不论哪种组合的输入变量，通过优选合适的网络参数，均可获得较好的训练模型。这表明，智能算法在测井解释中具有显著的自组织和自适应能力，能够根据不同情况自动调整自身结构和参数，得到符合要求的训练模型。而且，进一步在大量的训练模型集合中优选最佳模型，能够在得到最优的预测输出。

4.1.1.2 支持向量机 TOC 智能预测

SVM 是建立在统计学习理论基础上的机器学习方法，可以用来解决测井解释中的回归问题。在 SVM 构建过程中，需要对不同回归算法、不同核函数、不同 Gamma 参数进行优选。

（1）回归算法优选。分别选择 epsilon-SVR、nu-SVR、SMO-SVR 回归算法进行对比实验，惩罚系数 C 设置为 100，不敏感损失参数 ε 设置为 0.24，kernel 参数 Gamma 设置为 0.0052。不同回归算法预测结果误差见表 4.2，可以看出，epsilon-SVR 回归算法的预测结果误差最小。因此，以 epsilon-SVR 作为 SVM 最优的回归算法。

表 4.2 SVM 不同回归算法预测误差对比

不同回归算法	TOC 预测精度		
	相关系数	MAE	RMSE
epsilon-SVR	0.7882	0.7603	0.9792
nu-SVR	0.7428	0.8322	1.0447
SMO-SVR	0.6864	1.0431	1.2432

（2）核函数优选。分别以线性、多项式、径向基、多层感知器作为核函数，以 epsilon-SVR 作为 SVM 回归算法，惩罚系数 C 设置为 100，不敏感损失参数 ε 设置为 0.24，核函数参数 Gamma 设置为 0.0052。不同核函数预测误差见表 4.3，可以看出，以径向基函数作为核函数的预测结果误差最小。因此，以径向基函数作为 SVM 最优的核函数。

表 4.3　SVM 不同核函数预测误差对比

不同核函数	TOC 预测精度		
	相关系数	MAE	RMSE
线性	0.6833	0.9885	1.1723
多项式	0.6279	1.0427	1.5930
径向基	0.7882	0.7603	0.9792
多层感知器	0.6765	0.893	1.1795

（3）Gamma 参数优选。分别选取不同的 Gamma 值，以 epsilon-SVR 作为 SVM 回归算法，以径向基函数作为核函数，惩罚系数 C 设置为 100，不敏感损失参数 ε 设置为 0.24。不同 Gamma 参数的预测误差如图 4.2 所示，可以看出，Gamma 值为 0.0052 时预测结果误差最小。

综合以上得出，以 epsilon-SVR 作为 SVM 回归算法，以径向基函数作为核函数，惩罚系数 C 设置为 100，不敏感损失参数 ε 设置为 0.24，核函数中的 Gamma 参数设置为 0.0052 时，预测结果与岩心实验结果误差最小。最小的平均绝对误差为 0.7775，均方根误差为 0.9868。在最优参数情况下，SVM 预测结果与岩心实验对比如图 4.3 所示，两者 R^2 为 0.8284。

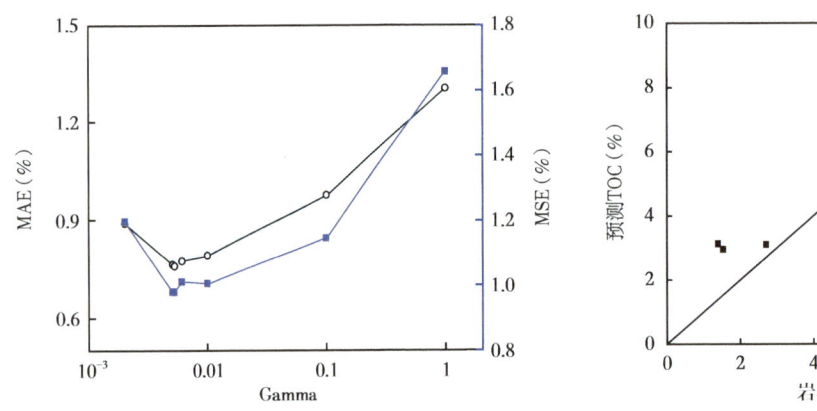

图 4.2　SVM 不同 Gamma 参数的预测误差

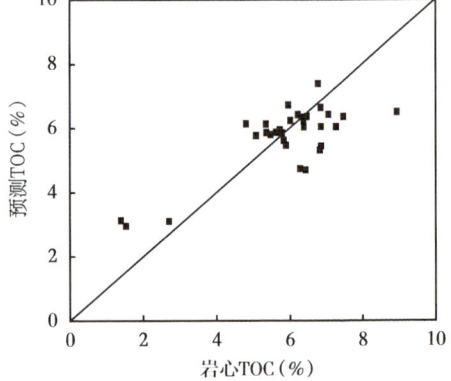

图 4.3　最优参数 SVM 预测 TOC 结果与岩心 TOC 对比

图 4.4 为基于 SVM 的 TOC 智能测井解释成果图。3 输入变量、4 输入变量、5 输入变量、6 输入变量的预测结果最优，分别为图中最后两道的 SVM TOC3、SVM TOC4、SVM TOC5、SVM TOC6。此外，还利用相关性较高的铀（U）和补偿中子测井（CNL）的经验公式进行了 TOC 的计算。可以看出，相较于经验公式法，SVM 预测的 TOC 与岩心数据更为一致。但是，对于一些少量的离群样本，传统经验公式法计算的 TOC 更为准确。

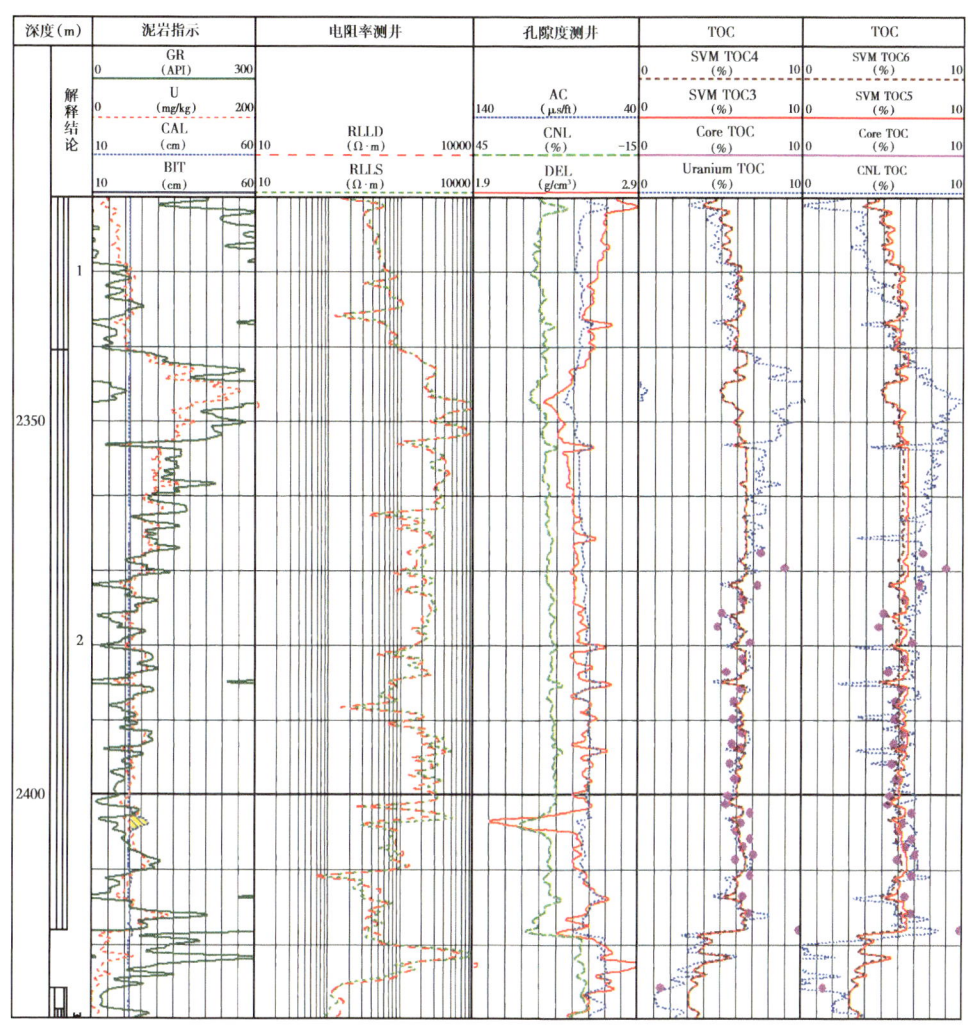

图 4.4 基于 SVM 的 TOC 智能测井解释成果图

4.1.1.3 RBF 神经网络 TOC 智能预测

与 SVM 相比，RBF 神经网络具有更少的超参数。本例仅对不同高斯宽度（Gassian spread）的 RBF 预测误差进行了对比，确定得到最佳高斯宽度。图 4.5 为 RBF 神经网络不同高斯宽度预测误差对比，当高斯宽度设置为 0.2 时，RBF 网络的预测精度最高，预测结果与岩心 TOC 的相关系数 R^2 约为 0.91。

图 4.6 为基于 RBF 神经网络的 TOC 智能测井解释成果图。4 输入变量、6 输入变量、7 输入变量、9 输入变量的预测结果最优，预测结果分别为图中最后两道的 RBF TOC4、RBF TOC6、RBF TOC7、RBF TOC9。可以看出，RBF 方法的预测结果与岩心实验结果吻合程度均比基于铀（U）和钍铀比（Th/U）测井的经验公式计算结果好。同时，根据计算的 TOC 数值大小，对目的层段进行了分层。1 号层段有机碳含量较低，平均约为 1.0%（质量分数），生烃潜力较差。2 号层段有机碳含量较高，约为 3%~4%（质量分数），生烃潜力较好。

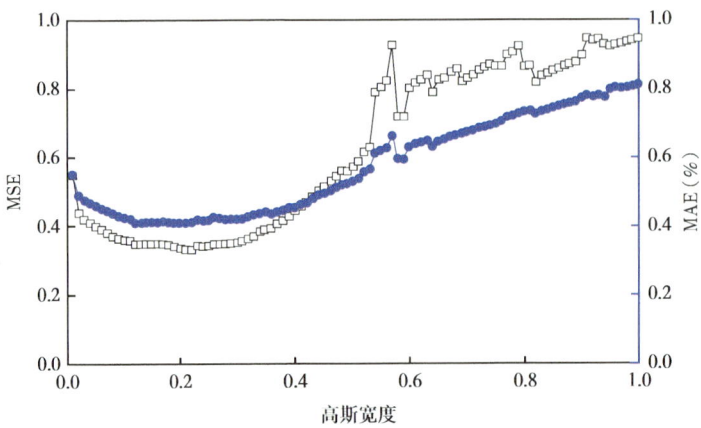

图 4.5 RBF 网络不同高斯宽度预测误差

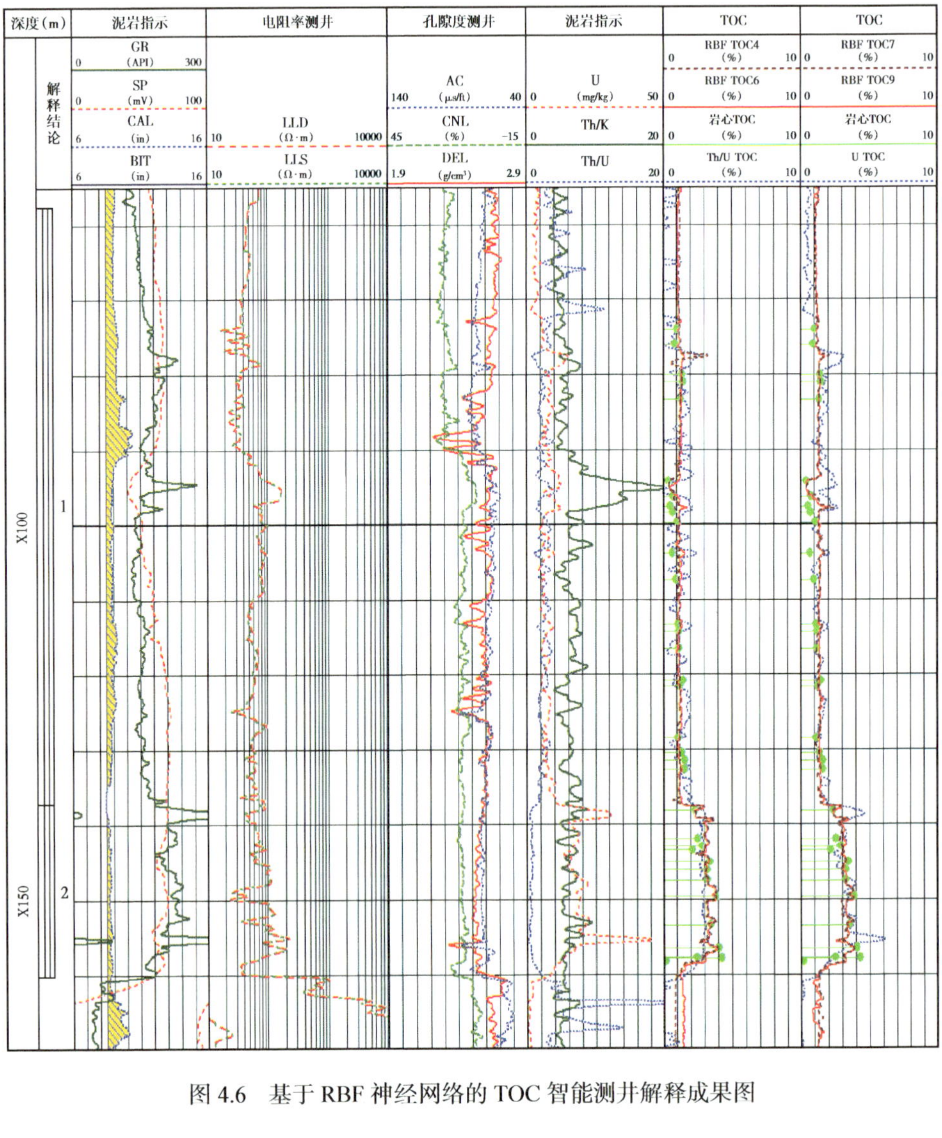

图 4.6 基于 RBF 神经网络的 TOC 智能测井解释成果图

对比 SVM 和 RBF 神经网络 TOC 预测结果，SVM 预测结果与岩心 TOC 的 R^2 为 0.8284，RBF 预测结果与岩心 TOC 的 R^2 为 0.91。两种机器学习算法的预测精度均高于传统经验公式法，且 RBF 神经网络的误差更低。

通过上述不同智能算法 TOC 预测的对比研究可以发现，不同智能算法在同一类型的学习任务中具有相似的性能表现，但在一定程度上存在细微差异。这需要开展大量的对比研究，优选最合适的智能算法，才能得到最佳的智能模型。

4.1.2 多映射 RBF 插值法矿物含量智能预测

在页岩油气和非均质储层中，矿物成分复杂，待求矿物组分包括黏土、石英、长石、方解石、黄铁矿等（Tan 等，2015），这些储层矿物和流体对多种测井响应都有贡献，如何利用测井数据进行矿物含量预测是一个棘手的问题。

为此，本例选择对矿物含量敏感的测井数据作为输入，待求矿物成分作为标签，构建了多映射 RBF 插值法进行储层矿物含量预测（图 4.7）。图 4.8 为二维 RBF 插值的示意图。RBF 插值函数就像一张柔软的薄膜穿过样本点。通过拟合所有高维空间中的样本点，可以大致确定薄膜形状，即插值函数的表达式。只要输入样本足够丰富，且在高维空间中均匀分布，就能使得构造的插值函数趋近于待求的理论表达式。

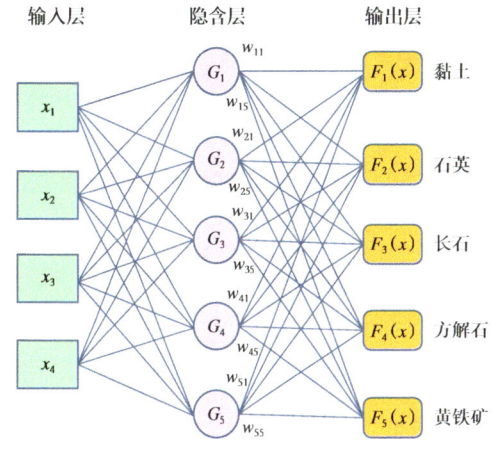

图 4.7　多映射 RBF 页岩矿物含量预测原理示意图

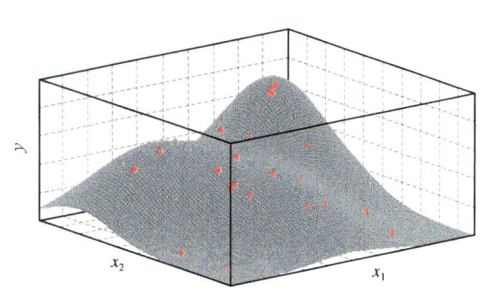

图 4.8　二维 RBF 插值示意图

首先，选择 5 种敏感测井数据（CNL、U、GR、AC、DEN、RT）作为输入，选择不同的高斯宽度进行实验，计算得到平均绝对误差（MAE）和平均相对误差（MRE），如图 4.9 所示。可以看出，随着高斯宽度变大，训练集的 MAE 和 MRE 逐渐增大，测试集的 MAE 和 MRE 先降低后增大。因此，选择"拐点"处对应的高斯宽度作为最佳参数，即 $\sigma=0.45$。利用最优的多映射 RBF 网络预测结果见表 4.4，此时训练集的 MAE 平均值为 0.026，MRE 平均值为 16.7%，测试集的 MAE 平均值是 0.011，MRE 平均值为 9.8%。

黏土、石英、长石、方解石、铁矿 5 种矿物组分多映射 RBF 部分训练、测试集预测结果与误差见表4.4。

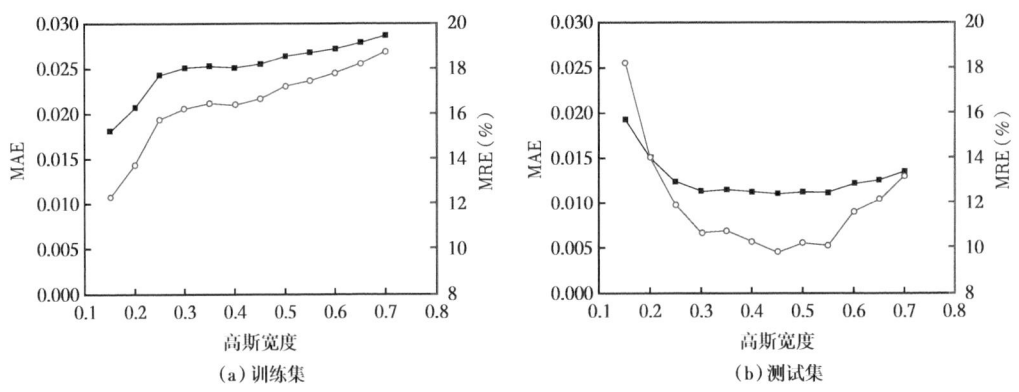

图4.9 不同高斯宽度对多映射RBF网络训练和测试精度的影响

表4.4 部分RBF训练集、测试集预测结果与误差

		矿物含量标签（%）					矿物含量RBF预测结果（%）					MRE（%）
		黏土	石英	长石	方解石	黄铁矿	黏土	石英	长石	方解石	黄铁矿	
1	训练集	23.80	43.20	11.70	14.40	6.90	23.42	48.83	14.03	6.16	7.55	14.25
2		23.40	50.80	14.80	5.30	5.70	23.75	48.90	14.27	5.49	7.54	3.64
3		24.30	51.10	13.70	5.10	5.80	23.33	48.86	13.89	6.42	7.50	4.55
4		21.80	37.60	10.80	12.90	16.90	23.50	48.85	13.96	6.17	7.51	30.09
5		23.70	51.30	12.60	4.60	7.80	23.19	48.74	13.92	6.57	7.58	4.96
6		22.70	48.20	15.40	4.70	9.00	23.63	48.35	14.27	5.96	7.75	1.98
7		25.10	47.50	14.30	5.90	7.20	23.50	48.77	14.16	5.96	7.60	3.30
8		22.60	51.90	13.60	4.70	7.20	23.36	48.97	14.01	6.16	7.50	5.30
9		23.80	50.20	13.70	4.20	8.10	23.46	48.83	13.98	6.19	7.52	2.78
10		24.10	53.10	16.10	0.00	6.70	23.97	50.12	14.81	3.71	7.21	5.00
11		25.80	50.50	13.40	4.50	5.80	23.65	49.36	14.30	5.25	7.43	4.00
12		24.30	45.50	15.00	7.50	7.70	23.74	49.32	14.32	5.17	7.43	7.23
13	测试集	23.20	53.40	14.00	3.40	6.00	23.60	48.26	14.38	5.92	7.84	3.08
14		22.90	47.20	16.20	5.90	7.80	23.31	48.56	13.67	6.92	7.54	4.41
15		25.00	50.30	13.40	4.70	6.60	23.27	48.56	13.83	6.75	7.60	3.14
16		25.30	47.90	13.40	7.20	6.20	23.41	48.56	13.98	6.41	7.63	2.41
17		24.30	49.30	14.60	5.00	6.80	23.33	48.58	13.89	6.60	7.60	3.75
18		24.00	50.30	14.40	5.70	5.60	23.22	48.75	13.91	6.55	7.56	3.88
19		26.10	49.40	14.20	4.60	5.70	23.06	48.85	13.77	6.81	7.51	3.46

图 4.10 为多映射 RBF 插值法矿物含量测井解释成果图。可以看出，多映射 RBF 插值法计算结果与岩心数据一致性较好。矿物含量预测结果显示，目标地层黏土含量约 20%，黄铁矿含量约 6%，长石含量约 13%，石英含量约 50%，方解石含量约 10%。由于石英是影响页岩可压裂性和诱导裂缝形态的重要因素，该区块较高的石英含量表明压裂生产诱发裂缝的可能性较大。

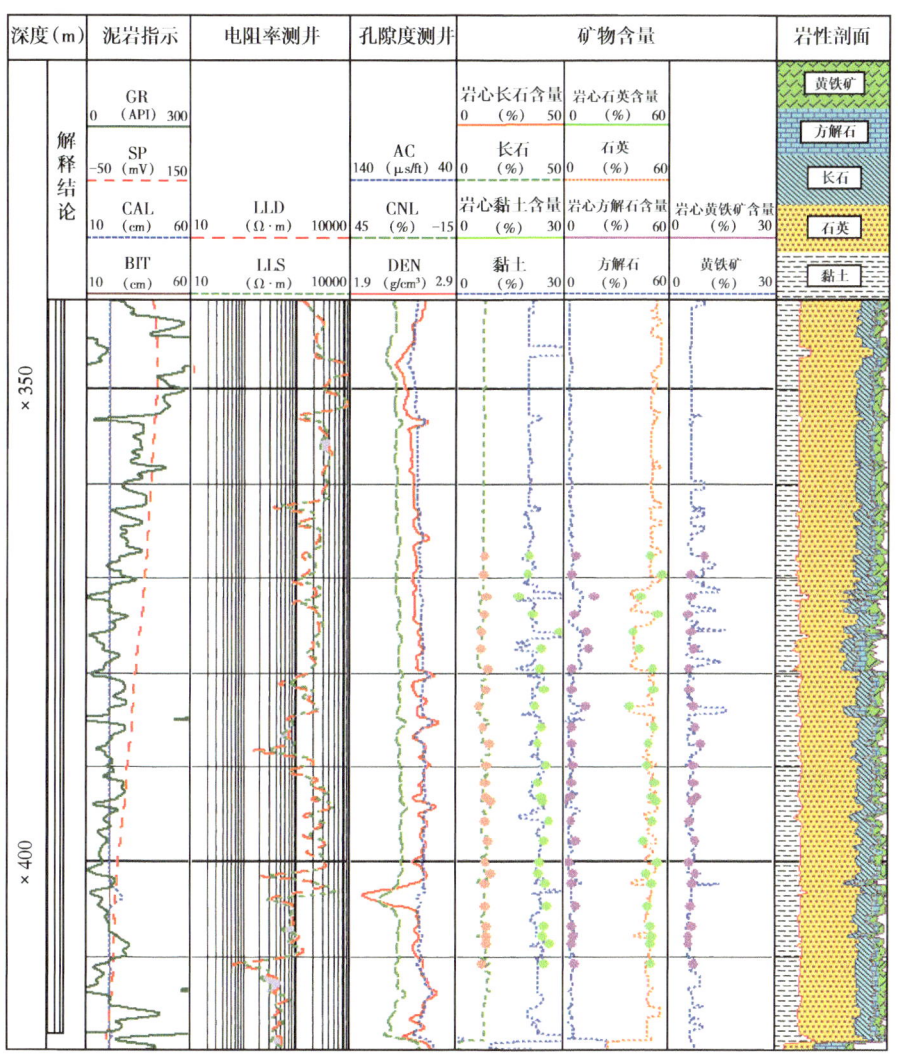

图 4.10　多映射 RBF 插值法矿物含量测井解释成果图

通过上述实验和分析，在页岩气等非常规油气储层中，利用 RBF 方法可以有效实现 TOC 和矿物含量评价，指导页岩地质和工程"甜点"预测。相较于经验公式，RBF 方法具有更高的准确性和适用性，可以综合考虑多种测井数据的综合贡献。其不足之处是，RBF 方法依赖岩心实验结果，训练得到的模型只适用于样本所在区域和地层，具有一定的地区局限性。

4.2 致密砂岩储层测井智能评价

4.2.1 基于神经网络的水淹层测井重构与智能识别

超低渗透油藏储层非均质性强，水淹程度差异大，剩余油分布不清。而且，注水前后的储层测井响应特征变化大，测井曲线无法准确反映某些微观的物理性质变化，水淹层识别困难。为此，本例利用神经网络重构油层水淹前的电阻率曲线，通过和实测电阻率曲线之间的差异，结合地区经验，识别储层是否水淹并评价水淹程度。

4.2.1.1 输入参数变化特征及预处理

本例研究区域主要为淡水水淹，水淹后储层电阻率绝对值变大，需要重构水淹之前油层的电阻率曲线作为参考曲线。因此选择开发初期试油获纯油的储层作为学习样本，训练的测井数据包括自然伽马、自然电位、声波时差、补偿密度、补偿中子五条曲线。

在输入的测井数据中，为使自然电位数据能够参与定量计算，需要将泥岩基线校正到0刻度线，这时自然电位绝对值则可视为自然电位幅度值。另外，对电阻率数据取对数，将其变换为等效线性刻度参与定量计算，可提高不同区间电阻率数据的表达能力。

4.2.1.2 神经网络结构优选

对于神经网络结构设计，输入参数决定网络结构的复杂程度。当自然伽马、自然电位、声波时差、补偿密度、补偿中子五个属性作为输入时，则将网络结构设置为5-10-10-1型。当没有补偿中子或补偿密度数据时，设置为4-8-8-1型或3-6-6-1型。

利用不同输入和不同结构的神经网络对电阻率进行重构，重构结果如图4.11所示。随着输入参数减少，重构电阻率曲线分辨率有所降低，如图4.11最后三道所示。当输入曲线只有自然伽马、声波时差和自然电位时，重构电阻率曲线（AT90_3-6-6-1，蓝色曲线）分辨率最低，但仍能大致反应电阻率的整体变化。这表明，虽然输入参数不同，但神经网络总是可以自动调整各神经元权值，正确重构出目标曲线，满足水淹层定性识别需求。

4.2.1.3 水淹层识别及分类评价

分析对比重构曲线（RTC）与实测电阻率曲线（RT）形态可以发现，重构电阻率曲线可以真实反映地层电阻率曲线变化。因此，当 RT＞RTC 时，可以定性判断为水淹层。RT 比 RTC 大得越多，储层中注入淡水量占流体总量比例越大，水淹程度越高。

构建水淹指数 I_{wf}（$I_{wf}=(RT-RTC)/RT$）定量表征储层水淹程度：

（1）当 $I_{wf} \leq 0.1$ 时，为未水淹的油层；

（2）当 $0.1 < I_{wf} \leq 0.4$ 时，为低水淹层；

（3）当 $0.4 < I_{wf} \leq 0.7$ 时，为中水淹层；

（4）当 $I_{wf} > 0.7$ 时，为高水淹层。

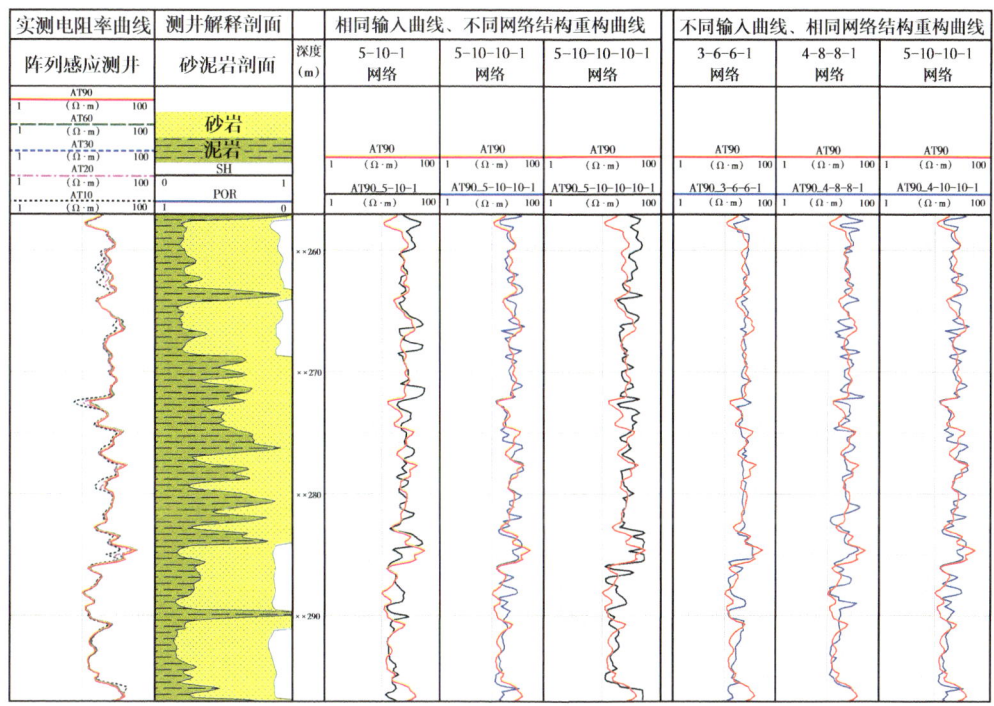

图 4.11　不同输入、不同结构神经网络重构电阻率曲线质量控制对比图

进一步构建水淹级别划分标准，见表 4.5。

表 4.5　水淹级别划分标准

水淹级别	未水淹	低水淹	中水淹	高水淹
产水率范围(%)	≤ 10	10~40	40~80	≥ 80
I_{wf} 范围	≤ 0.1	0.1~0.4	0.4~0.7	≥ 0.7

利用上述方法和水淹层划分标准开展案例研究。A 井为鄂尔多斯盆地地区一口普通开发井，测井系列简单，仅有自然伽马、自然电位和声波时差三条非电阻率曲线，依据常规"四性"关系分析几乎无法判断是否水淹。

采用 3-6-6-1 型神经网络重构油层电阻率曲线。如图 4.12 在储层段中的 ××92~××03m 段，RT 明显大于 RTC，可判断为中水淹层；××86~××89m 段、××03m~××11m 段、××12~××20m 段 RT 约等于 RTC，表明这些层段几乎没有被水淹，解释为低水淹层；在 ××92~××96m 中水淹和 ××02~××05m 低水淹两处射孔并试油，获工业油流 7.65t/d、水 9.3m³/d，投产后日产油 2.48t，产水率为 39.7%。水分析总矿化度为 27510mg/L，与该区原生地层水矿化度（40000~70000mg/L）相比较明显淡化。虽然该油层被水淹，但投产效果依然较好。因此"中水淹层＋低水淹层"组合是水淹层试油投产的主要目的层。

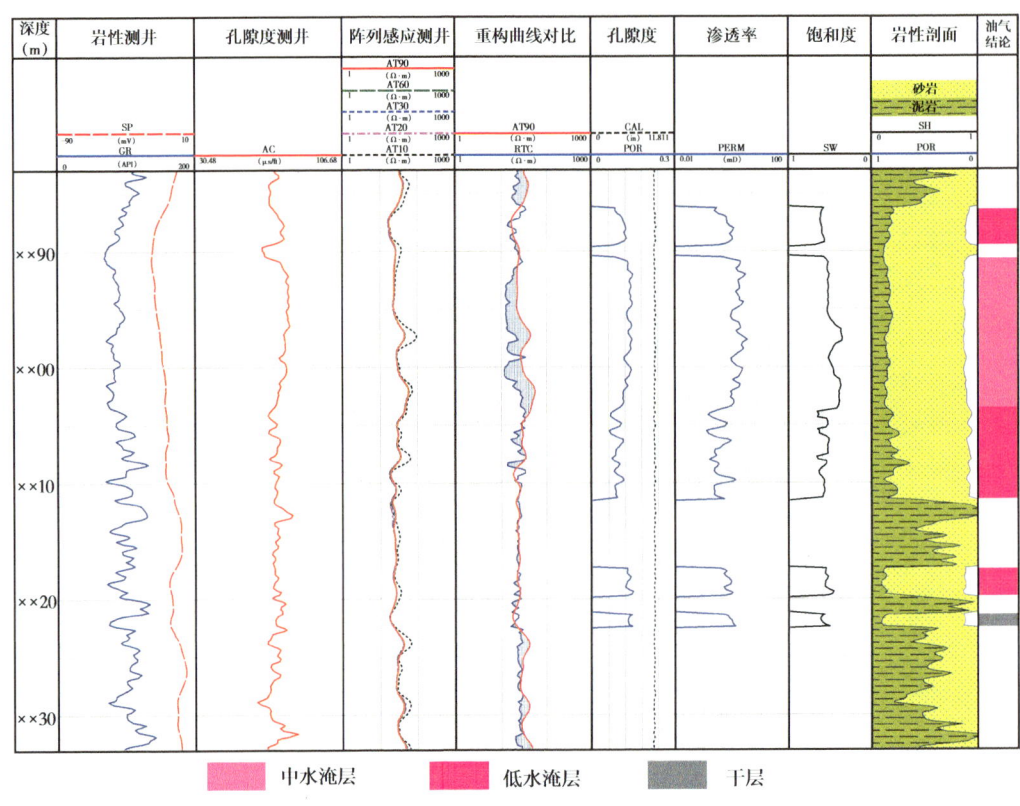

图 4.12 A 井水淹层智能识别测井解释成果图

上述研究表明，依据重构电阻率曲线和实测电阻率曲线可有效识别淡水水淹油层，并进行水淹层分级评价；结合机器学习方法，可以有效规避行业标准中以静态资料计算动态产水率的弊端，尤其适用于测井系列简单的老开发区水淹层解释，可有效提高水淹层解释符合率。

4.2.2 RBF 神经网络相对渗透率预测与含水率计算

含水率是油藏开发过程中反映储层含水情况的一个重要参数。相对渗透率是油水两相存在时某一相流体的渗透率，是计算储层含水率的重要参数。本例介绍基于径向基函数（RBF）神经网络，选择合适的高斯函数和最近邻聚类算法构建网络模型，以含水饱和度、核磁共振束缚水饱和度、孔隙度、渗透率等四参数为输入，油、水相对渗透率为输出，采用分流量方程计算储层含水率。

4.2.2.1 输入数据准备与敏感性分析

选取鄂尔多斯盆地陇东西部延长组 30 块岩心进行相渗实验，通过对比、分析实验结果，选择最优输入参数。图 4.13 是该地区两种类型相渗曲线，可以看出，含水饱和度的变化直接影响油、水相对渗透率，可将含水饱和度（S_w）作为一个输入参数。另外，含水饱和度与束缚水饱和度（S_{wi}）相关，含水饱和度包含可动水饱和度和束缚水饱和度两部分。一般来说，对于油层，$S_w = S_{wi}$；而对于水层，则 $S_w > S_{wi}$。因此，可将束缚水饱和度作为第二个输入参数。此外，渗透率与孔隙结构有关，孔隙结构由孔隙结构指数 $\sqrt{K/\phi}$ 直接反映，可将孔隙度（ϕ）和渗透率（K）分别作为另外两个输入参数。

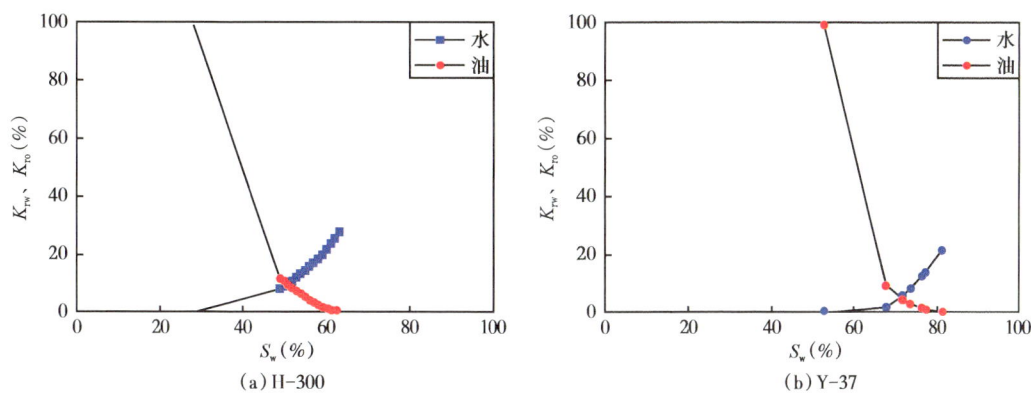

图 4.13 H-300 和 Y-37 岩心相渗曲线

4.2.2.2 Leave-one-out 交叉验证

针对本例样本少的问题，采用 Leave-one-out 交叉验证方法进行模型性能评价。假设样本总数为 n 个，分别为 $k_1, k_2, \cdots, k_n$，取出第一个样本 k_1，将剩下 $k_2, k_3, \cdots, k_n$ 作为预测集，然后用 k_1 进行检验，记录误差信息；再取出第二个样本 k_2，同样将剩下 $k_1, k_3, \cdots, k_n$ 作为训练集，用 k_2 检验，记录误差信息；直到取出第 n 个样本 k_n，用 $k_1, k_2, \cdots, k_{n-1}$ 进行训练，k_n 检验。其流程图如图 4.14 所示。该方法的优点是，所有的样本都进行了训练，每一个样本又各自作为检验集进行验证，提高了参数优选和模型评价的可靠性。

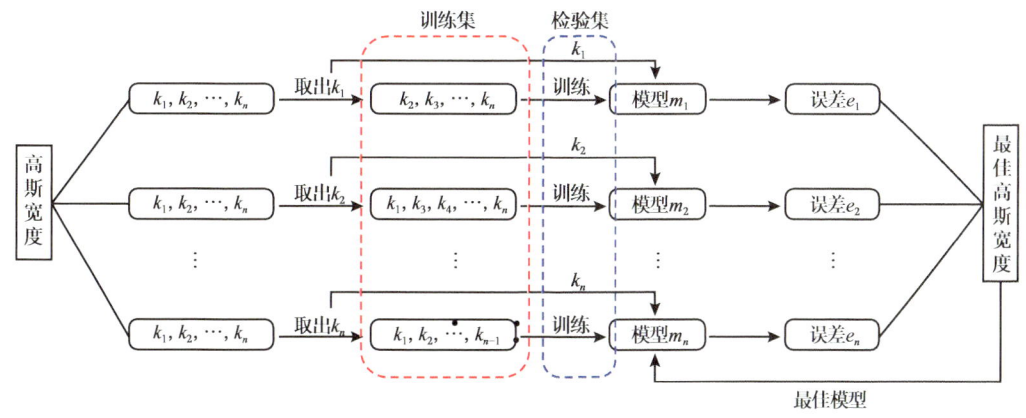

图 4.14 Leave-one-out 方法原理流程图

4.2.2.3 最佳高斯宽度优选

本例记录了不同高斯宽度下，预测结果 MSE 和 MAE 的变化规律。水和油的相对渗透率预测误差随高斯宽度的变化规律如图 4.15 所示。从水的相对渗透率预测误差随高斯宽度的变化[图 4.15（a）]可知，在 $\sigma=0.05$ 处的 MSE（0.34%）和 MAE（3.8%）最小。从油的相对渗透率预测误差随高斯宽度的变化[图 4.15（b）]可知，当 $\sigma=0.02$ 时，MSE（0.01%）和 MAE（0.53%）最小。因此，分别以 0.05 和 0.02 作为水和油相对渗透率 RBF 网络最佳参数。

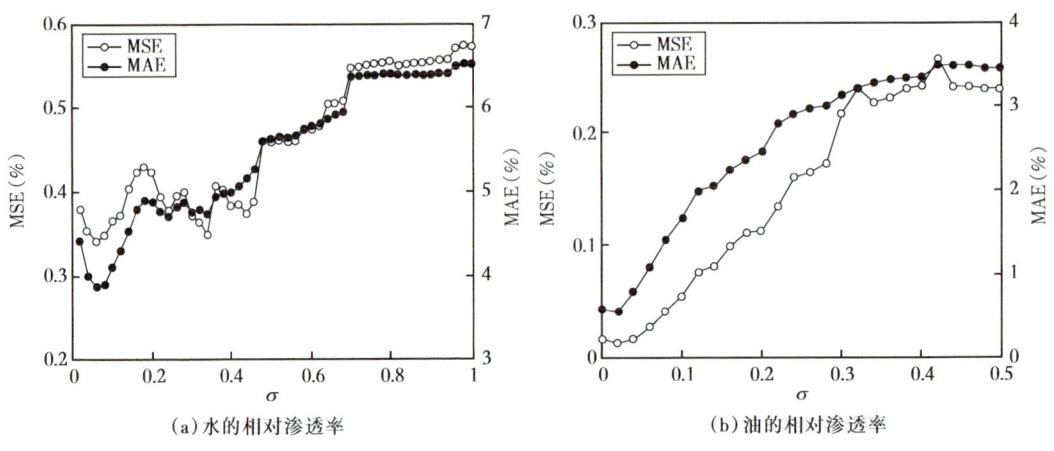

图 4.15　相对渗透率预测精度随高斯宽度的变化规律

图 4.16（a）与图 4.16（b）分别是油、水相对渗透率预测结果和测量数据对比，对应的预测结果平均相对误差分别为 14.55% 和 11.58%。

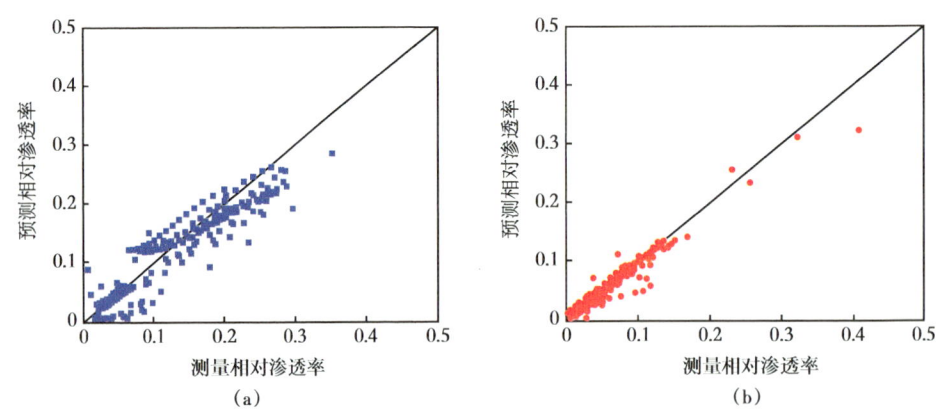

图 4.16　水（a）和油（b）的相对渗透率 RBF 预测结果和测量结果对比

基于 RBF 神经网络模型预测相对渗透率，利用分流量方程计算了目的层的含水率，并用试油结果进行了验证。L 井是该区的一口勘探井，图 4.17 为该井相对渗透率与含水率测井解释成果图。第7列是利用RBF网络预测的油和水的相对渗透率,第8列是分流量方程计算的含水率,第9列和第10列分别是核磁共振资料处理得到的T_2分布和不同孔隙流体组分体积。其中,在2274~2278m处,该层计算的含水率平均值为4.89%,解释为油层。该层试油日产油10.46t,不产水,试油结论为油层,证明预测结果是准确的。

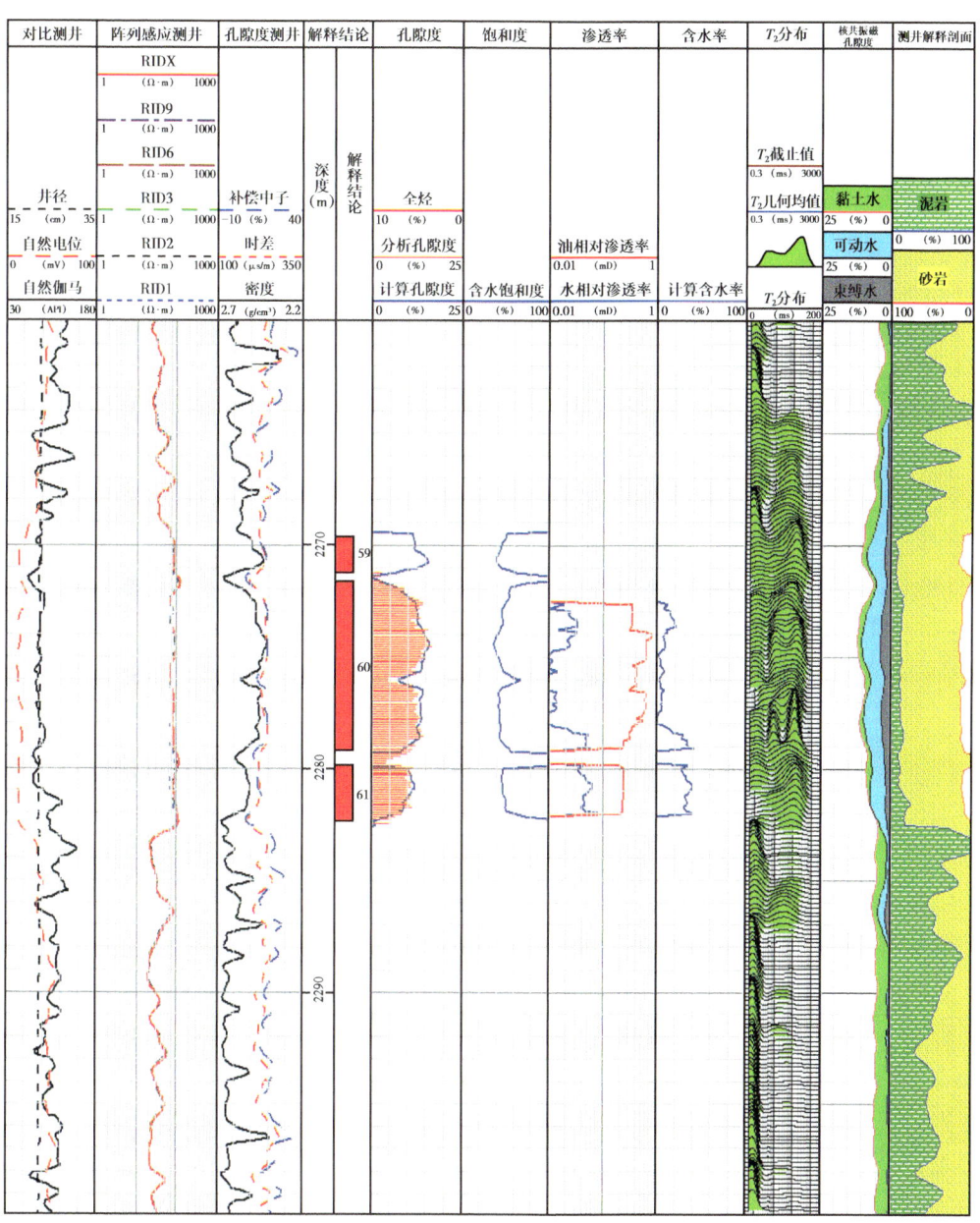

图4.17 L井相对渗透率与含水率测井解释成果图

4.2.3 基于支持向量机算法的流体智能识别

致密砂岩储层测井流体识别受低孔低渗、非均质性、多相流体共存、复杂地质环境等因素影响，需要综合多种测井参数，构建更准确、更有效率的识别方法，才能保证流体识别的准确性和可靠性。为此，本例利用 SVM 学习方法进行流体智能识别，流程图如图 4.18 所示。

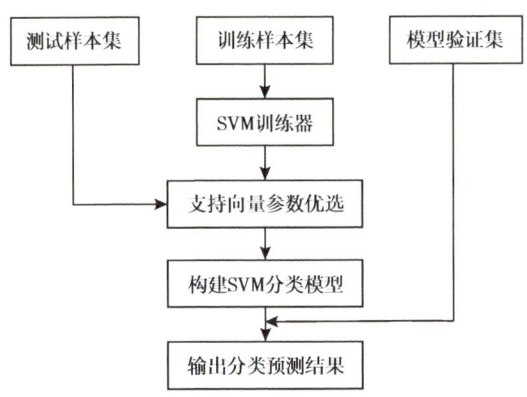

图 4.18　SVM 致密砂岩流体智能识别流程图

4.2.3.1　SVM 分类模型构建与超参数优选

构建用于流体识别的 SVM 分类模型首先要确定与流体类型敏感的测井曲线或参数。由于研究区主要以常规测井曲线为主，核磁共振测井和阵列声波测井在全区的应用并不是很多，因此，筛选 $(K/\phi)^{1/2}$、电阻率差异参数（D_R）、全烃录井数值（QT）、深电阻率（RT）、自然电位相对幅度（ΔSP）、阿尔奇视电阻率（R_{wa_RT}）和自然电位视电阻率（R_{wa_SP}）作为输入参数。输出标签则利用数字标签来表示，数字 -2 代表水层，数字 -1 代表干层，数字 1 代表油水同层，数字 2 代表油层。根据研究区已知试油结论的目的层段将输入特征参数与代表不同试油结果的数字相匹配并组合，构成模型的输入训练集。为了保证输入训练集的有效性和具有代表性，在研究区选择曲线特征值变化相对平缓，且能够反映整个试油层段特征的训练样本共 204 个。

采用网格搜索与 K- 折交叉验证相结合的方式来确定最佳的惩罚因子 C 和核函数参数 $\sqrt{2}\sigma$。图 4.19 是不同参数组合情况下，利用 4- 折交叉验证法训练的分类模型预测结果均方误差平面图和相关系数平面图。通过寻找测试集均方误差最小、相关系数最高的惩罚因子和核函数参数，最终确定的分类模型最优参数组合为：惩罚因子 C 为 4096，核函数参数 $\sqrt{2}\sigma$ 为 2。最优参数模型的均方误差为 0.0072，相关系数为 0.9969。

4.2.3.2　流体识别效果分析

为了评价 SVM 分类模型对流体识别的可靠性，引入常规流体识别方法中单一图版识别效果最好的全烃录井—测井信息联合交会图版方法，以及目前较为常用的人工神经网络算法加以对比。其中 BP 神经网络预测模型输入的参数与 SVM 分类模型相同,各隐含层神经元数量的选取方法是先给定一个初始神经元数,然后通过一定步长逐步增长来确定最佳的神经元数量,选取的神经元层数为两层,每层神经元个数分别为 12 和 14。表 4.6 分别是利用 SVM 分类模型、全烃录井—测井信息联合交会图版和人工神经网络对测试样本的流体识别结果对比。可以看出,SVM 分类模型流体识别准确率最高(89.473%),其次是全烃录井—测井信息联合交会图版法(78.947%),人工神经网络流体识别准确率最低(73.684%)。这说明,在本案例中利用 SVM 分类模型进行复杂油水层流体识别更有效。

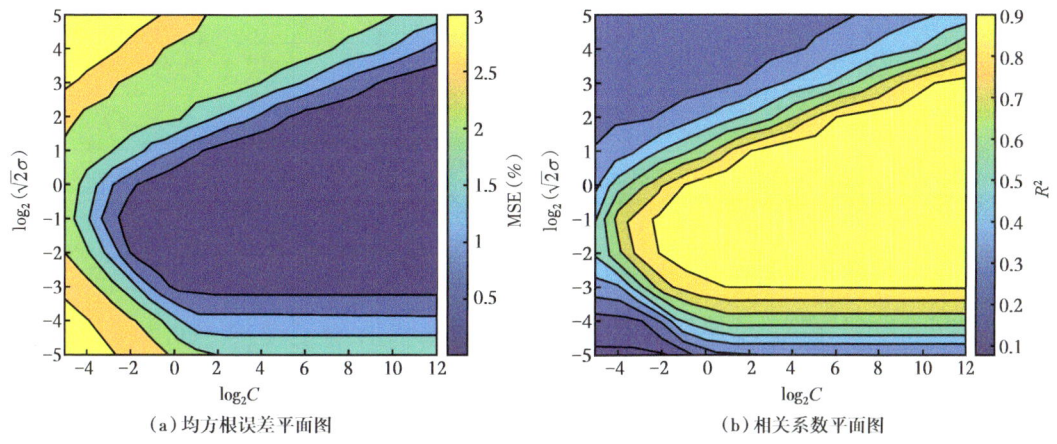

(a)均方根误差平面图　　(b)相关系数平面图

图 4.19　惩罚因子和核函数参数不同组合时分类模型均方根误差与相关系数平面图

表 4.6　不同方法流体识别部分结果对比表

层号	试油层段(m)	试油结论	SVM 分类模型	交会图版法	人工神经网络法
1	2502.7~2503.5	油层	油层	油层	油层
2	2516.4~2520.7	油层	油层	油层	油层
3	2565~2571.3	油层	油层	油层	油层
4	2356.1~2360.5	油层	油层	油水同层	油层
5	2531.6~2533	油层	油层	油层	油层
6	2590~2595.8	油层	油层	油水同层	油层
7	2397.6~2401.8	油层	油水同层	油层	油水同层
8	2469.4~2472.9	油水同层	油水同层	油层	油水同层
9	2813.5~2816.2	油水同层	油水同层	油水同层	油层
10	2652.8~2656.8	油水同层	油水同层	油水同层	油层
11	2607.4~2609.8	油水同层	油水同层	油水同层	油水同层

续表

层号	试油层段（m）	试油结论	SVM 分类模型	交会图版法	人工神经网络法
12	2614.2~2618	油水同层	油水同层	油水同层	油水同层
13	2544.3~2548.7	油水同层	油水同层	油层	油层
14	2602~2605.3	油水同层	油水同层	油水同层	油水同层
15	2696.4~2698.8	水层	水层	水层	水层
16	2595~2600.5	水层	水层	水层	水层
17	2665~2667.2	水层	水层	水层	水层
18	2819.1~2822	水层	水层	水层	水层
19	2527~2529.2	干层	油层	干层	油层
总识别准确率			89.473%	78.947%	73.684%

4.2.4 基于支持向量机回归算法的储层参数智能预测

在测井解释过程中，孔隙度模型往往容易构建，而渗透率和饱和度模型中涉及核磁共振测井数据、实验数据和一些经验参数等，容易引入很多人为误差，并且受孔隙结构差异的影响，分区利用不同的饱和度计算模型进行储层饱和度计算也不够方便。因此，本例利用支持向量回归（SVR）方法来构建储层渗透率和饱和度参数预测模型。

4.2.4.1 SVR 储层参数预测模型构建与敏感测井数据优选

应用 SVR 构建储层参数预测模型的思路与 SVM 分类模型的基本流程相同，都是要先选择对预测目标值相关性较高的数据作为输入。由于渗透率和饱和度与测井曲线之间的关系十分复杂，为了确定合适的训练集组合，通过选择输入不同测井数据组合，对比不同输入组合时的测试误差，选择误差最小的输入组合作为预测模型的最优输入。构建的不同输入组合（表 4.7），包括反映储层岩性的曲线（ΔSP 和 ΔGR），反映储层物性的曲线（DEN，AC，CNL），反映储层电性的曲线（RT），以及利用常规拟合方法计算的孔隙度曲线（POR）。

表 4.7 SVR 渗透率、饱和度预测输入数据组合列表

编号	输入数据集组合	预测参数
组合 1	DEN，AC，CNL	渗透率
组合 2	RT，DEN，AC，CNL	
组合 3	DEN，AC，CNL，ΔGR	
组合 4	DEN，AC，CNL，ΔSP	
组合 5	DEN，AC，CNL，ΔSP，POR	

续表

编号	输入数据集组合	预测参数
组合 1	DEN, AC, CNL	
组合 2	RT, DEN, AC, CNL	
组合 3	RT, DEN, AC, CNL, ΔGR	饱和度
组合 4	RT, DEN, AC, CNL, ΔSP	
组合 5	RT, DEN, AC, CNL, ΔSP, POR	

在研究区 16 口井中挑选可靠的、有代表性的 252 块密闭取心分析渗透率和含水饱和度数据，与对应深度点的相关测井曲线数据组合构成输入训练样本集。图 4.20 是不同输入组合中，渗透率模型和饱和度模型的平均相对误差变化情况。其中，渗透率回归模型选择组合 4 作为输入数据时模型的平均相对误差最小（10.7%）。这也体现了储层渗透率受孔隙度和泥质含量的共同影响，额外加入常规方法计算的孔隙度数据时并不能提高精度。饱和度回归模型选择组合 5 作为输入数据集时模型的平均相对误差最小（2.1%）。从不同平均相对误差大小来看，输入数据组合 2 至组合 5 的回归模型平均相对误差变化并不大，基本在 2% 上下浮动。额外加入常规方法计算的孔隙度数据能够提高一定的计算精度，但是并不明显。这也说明了储层饱和度主要与储层的电性和综合物性有关。所以，SVR 回归渗透率选择组合 4 作为输入，SVR 回归饱和度模型选择组合 5 作为输入。利用最佳输入数据组合，训练得到最优的渗透率和饱和度储层参数预测模型。

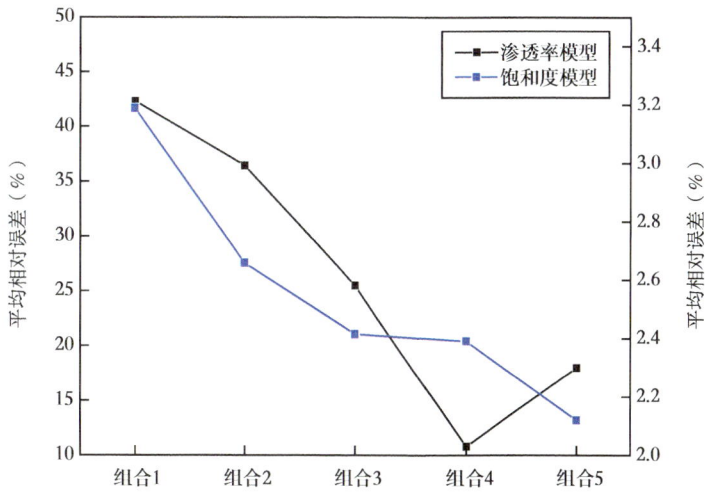

图 4.20 不同输入数据组合平均相对误差变化趋势图

4.2.4.2 储层参数预测结果分析

图 4.21 和图 4.22 分别是利用 SVR 回归模型计算的两口探井储层渗透率和含水饱和度结果实例,并分别与线性拟合得到的渗透率和饱和度模型计算结果进行了对比。其中,M4 井位于低对比度油层区,且该井加测了核磁共振测井(图 4.21)。M5 井位于高阻油层区,只进行了常规测井(图 4.22)。图中的第 8 道和第 9 道分别是储层渗透率和饱和度计算结果,道中蓝色实线是利用线性拟合模型计算的渗透率曲线,黄色实线是利用 SVR 模型预测的渗透率曲线,第 9 道蓝色实线是利用分区优选的饱和度模型计算的含水饱和度。可以看出,当井数据中包含核磁共振测井时,利用 SVR 模型预测的渗透率比 SDR 模型计算精度略差一些,但总体差别并不大。当测井数据中不包含核磁共振测井数据时,利用 SVR 模型预测的渗透率与岩心分析结果更加吻合。从饱和度计算结果来看,SVR 模型预测的含水饱和度与密闭取心分析数据一致性更好,计算精度较高。

可以看出,根据所预测参数选择合适的敏感测井数据,利用 SVM 方法建立输入数据集与储层参数之间的非线性关系模型,比利用实验数据拟合得到的参数模型的计算结果与岩心分析结果更加吻合,计算精度更高。

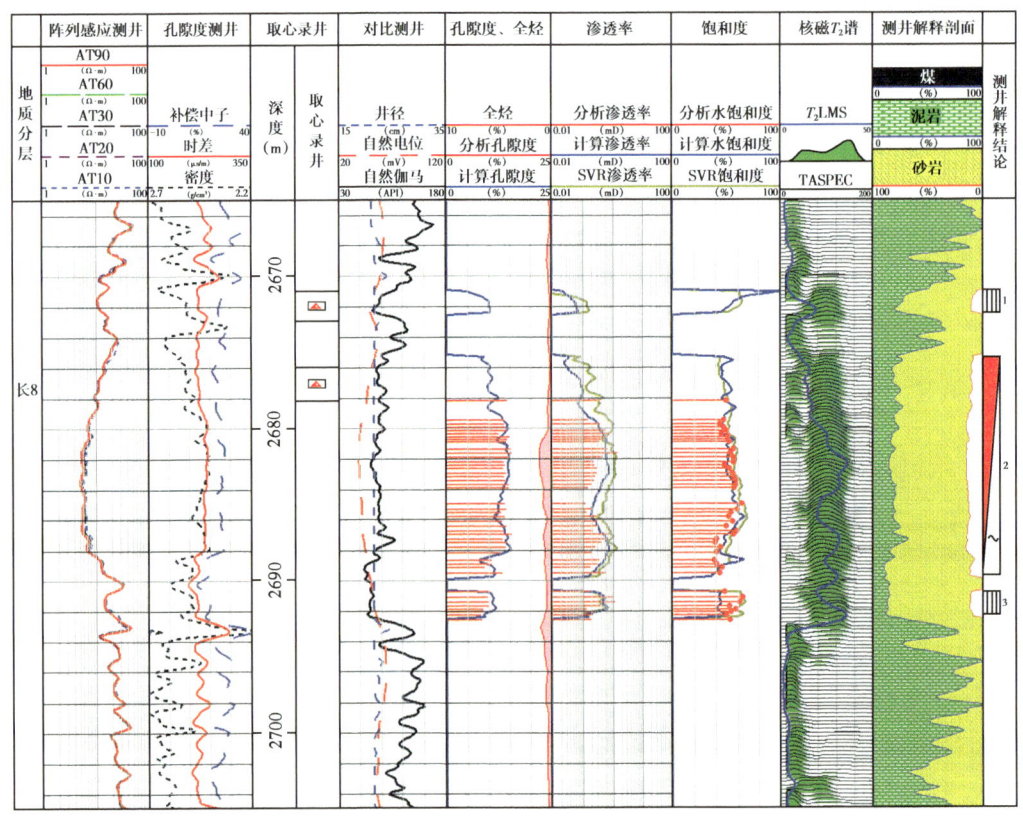

图 4.21 M4 井 SVR 储层参数预测结果与常规模型计算结果对比(低阻区)

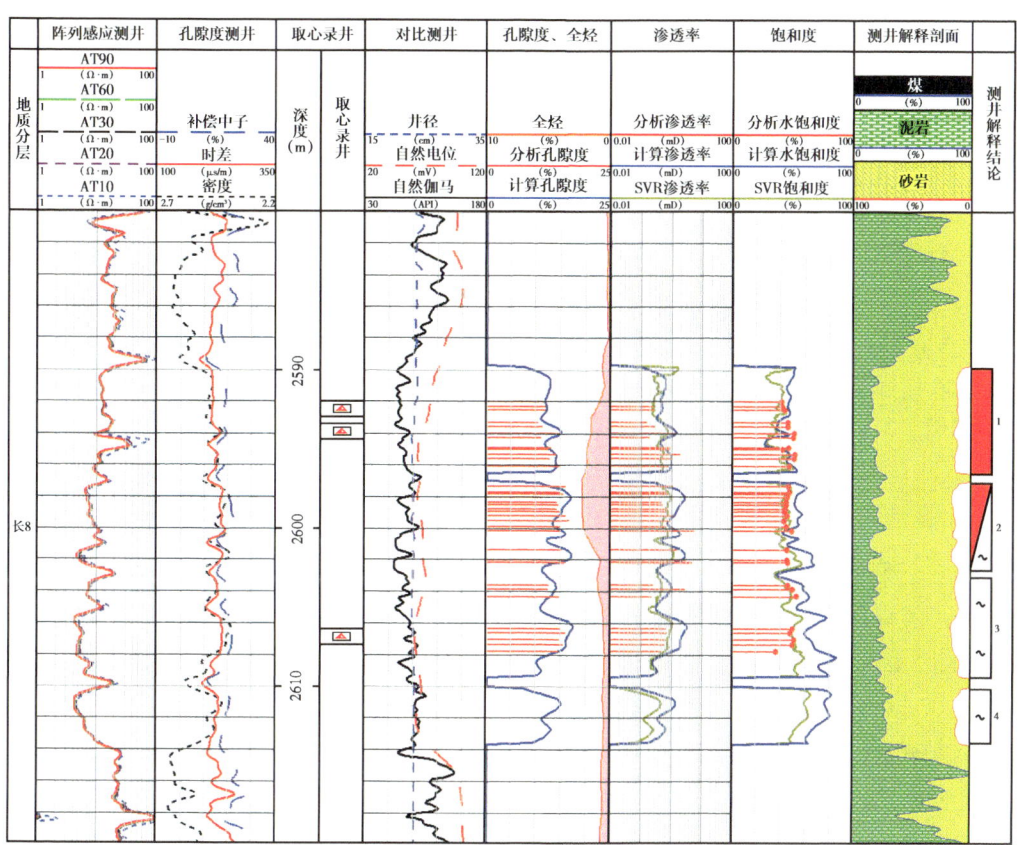

图 4.22 M5 井 SVR 储层参数预测结果与常规模型计算结果对比（高阳区）

本章小结

本章围绕"甜点"评价、流体识别、储层参数计算等测井解释问题，详细举例介绍了一些经典智能算法的应用步骤和效果，从领域上说，既有页岩油气，也包括致密砂岩；从应用场景上说，既有流体识别等分类问题，也有孔隙度、渗透率、含水率以及 TOC 预测等回归问题。从上述实例可以看出，智能算法主要基于数据驱动，遵循数据清洗、模型构建、智能训练和推广应用等几个步骤，应用效果显著。

第 5 章　集成学习算法及应用

第 4 章的研究案例表明，每种智能算法各有其独特的优缺点和适用性。为此，针对不同学习任务，需要开展大量的对比实验，优选最合适的算法，丢弃表现较差的算法。如果训练多个学习器，采用特定的组合策略将这些学习器的预测结果集成在一起，可以得到更全面、更可靠的决策，称为集成学习。通过集成学习，不仅有效提高了计算资源和训练模型的利用率，还可提高预测模型的泛化能力和稳健性。根据集成学习中基学习器的种类，可将集成学习分为同质（Homogeneous）集成和异质（Heterogenous）集成两类。前者采用相同类型的智能算法构建基学习器，后者采用神经网络、支持向量机、最近邻算法、决策树等不同类型的智能算法构建基学习器，也可称委员会机器（Committee machine，CM）。

集成学习算法在油气藏评价中具有广泛应用，通过该方法解决流体识别等分类问题与储层参数预测等回归问题。

5.1　同质集成

5.1.1　定义与基本原理

同质集成中，基学习器均为同种类型的学习算法。由于决策树具有较高的灵活性和高效的计算效率，常作为基学习器被集成于同质集成架构中。由于基学习器是同质的，为了使训练模型具有差异，同质集成的研究重点是设计不同的子模型训练方法和集成机制。其中，Boosting（提升）集成、Bagging（自助聚合）集成、Stacking（堆叠）集成为目前主流的三种集成方法。

5.1.1.1　Boosting 集成

Boosting 集成方法是一种串行组合方式，基学习器间存在很强的依赖关系。其基本思想是，加入一个新的基学习器，训练得到的子模型能够弥补上一个训练子模型的不足（图 5.1）。具体来说，在训练过程中，该方法会不断通过上一次训练效果调整每个样本的权重。当训练误差高时，提高该样本的权重；反之，降低其权重。与小权重样本相比，权重较大的训练样本对下一轮训练的影响更大，即下一个基学习器的训练模型对这些高权重样本具有更好的预测效果。通过上述流程，可得到一些具有差异性的子模型，一些模型善于预测上述小权重样本，另外一些则善于预测上述大权重样本。当新的预测任务被输入训练好的集成模型后，每个子模型都参与预测，其预测结果通过加权求和的方式得到。其中，子模型的权重是在训练过程中最优化得到的。这种集成方法称为AdaBoost，一般用于二分类问题。

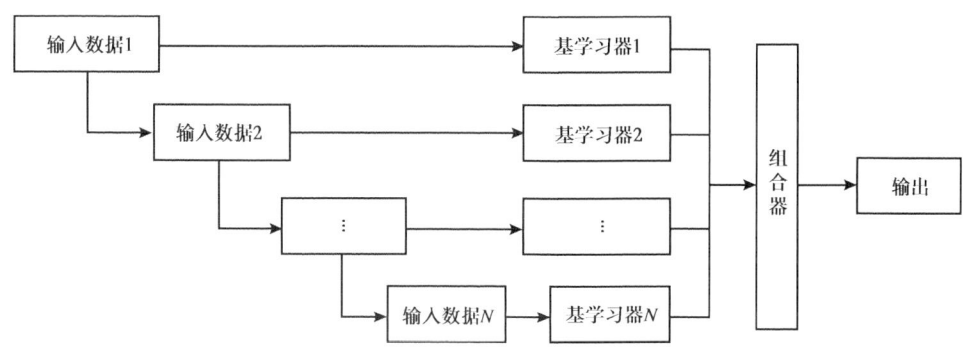

图 5.1 Boosting 集成机制

除此之外，在 AdaBoost 方法的基础上，还发展了 Gradient Boosting 和 XGBoost 等方法。

Gradient Boosting 是 Boosting 与梯度下降法的结合。与原来方法不同的是，Gradient Boosting 方法在某个样本的训练误差较高时，不再赋予较高的权重，而是以"梯度"的形式来体现，即在训练新子模型 $h_t(x)$ 时，拟合真实值 y 与上一个子模型输出的残差 $y-h_{t-1}(x)$。由此，得到新的子模型与之前的和 $h_t(x)+h_{t-1}(x)$ 更接近真实值 y。实际上，该问题最终转化为，通过梯度下降法最小化目标函数的问题。最终，训练得到的一系列子模型中，每个子模型都是为了使上一个子模型预测结果的残差往梯度减小的方向进行，直到该残差达到预设值或稳定。当新的预测任务被输入训练好的集成模型后，利用累加方法将所有子模型的输出进行相加，即得到最终输出。此外，在 Gradient Boosting 的基础上，以决策树为基学习器发展的梯度提升决策树（Gradient Boosting Decision Tree，GBDT），已在多个领域得到了广泛应用。

XGBoost 方法是在 GBDT 算法的基础上改进而来。XGBoost 显式地加入了正则项来控制树的复杂度。该方法还对目标函数进行了二阶泰勒展开，使得梯度下降更快，更有方向性。除 CART 外，XGBoost 方法进一步支持了多种类型的基分类器，并能够对输入数据进行随机采样，提高模型的泛化能力。根据样本学习缺失值的分裂方向，避免了缺失值的影响等。

5.1.1.2 Bagging 集成

Bagging（Bootstrap aggregating）集成方法采用一种并行组合的方式，基学习器互相独立，最后的输出由并行的基学习器通过投票法或平均法组合而来。因此，为了使基学习器训练得到的子模型具有差异性,通常采用自助采样的方式为每个基学习器输入不同的样本组合(图5.2)。

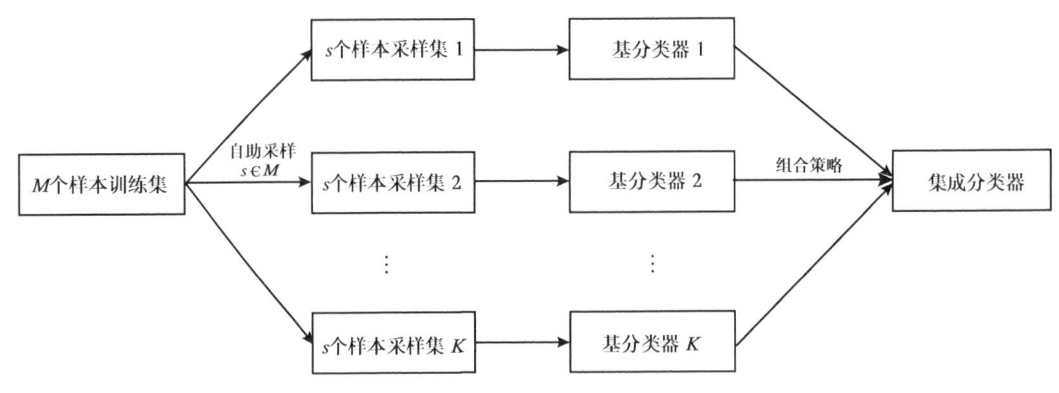

图 5.2 Bagging 集成机制

Bagging 集成方法通过不同分布状态的数据样本来训练多个子模型,使得这些子模型具有较大的方差。Bagging 集成的过程,就是通过减少集成模型的整体方差来提高预测精度和泛化能力。另外,在 Bagging 基学习器的训练过程中,未被采样的样本称为袋外数据。这些袋外数据可以直接作为测试集来对模型进行验证,无须准备测试数据。此外,Bagging 方法可以并行处理多种分类和回归问题。在解决分类问题时,Bagging 通常使用投票法,按照少数服从多数或票数过半的原则来投票确定最终类别;在解决回归问题时,则采用简单平均获取最终结果,即求取所有分类器的平均值。

随机森林(Random forest,RF)是在 CART 决策树的基础上,引入 Bagging 集成机制构建而来。RF 通过对 CART 决策树进行改进,随机选取一部分样本属性进行树的分裂,提高了模型的泛化能力。此外,在随机森林的基础上,还发展了 Extra trees、Totally random trees embedding 等方法。

Boosting 与 Bagging 是两种最有代表性的集成思想,表 5.1 展示了两者的差异和特点。

表 5.1 Boosting 与 Bagging 集成机制特点

集成机制	Boosting	Bagging
结构	串行	并行
子模型	相互依赖	相互独立
组合方式	求和	投票或平均
提升机制	减小偏差	减小方差

5.1.1.3　Stacking 集成

与 Bagging 类似，Stacking 集成方法也是一种并行组合的方式。不同之处在于，Stacking 是一种两层结构，基分类器作为一级学习器，之后增加了一个新的学习器（二级学习器），以一级学习器的输出作为输入，进一步提高了集成效果（图 5.3）。此外，为了避免重复使用训练数据导致过拟合，Stacking 还采用交叉验证的方式进行模型性能估计（图 5.4）。需要注意的是，除采用同质学习器外，Stacking 集成也可采用异质学习器，构建异质集成学习机制。

除以上三种常用的集成机制外，纠错输出编码、混合专家系统、D-S 证据推理等其他算法也能够进行模型集成。由此可见，集成算法灵活多样，可根据不同场景构建适合的集成机制。

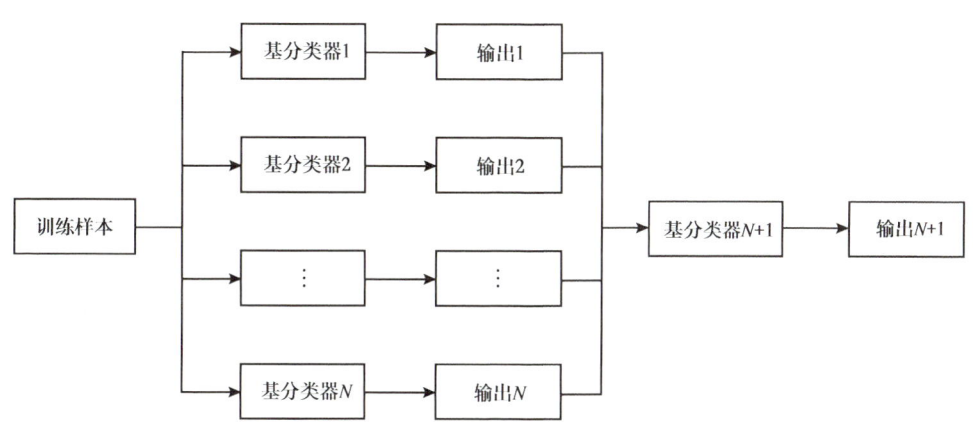

图 5.3　Stacking 集成机制

5.1.2　随机森林储层流体智能识别

本例选取长庆油田环江地区若干口井测井数据及其试气结果构建流体识别数据集。其中，选取阵列感应电阻率（RT10、RT20、RT30、RT60、RT90）、声波时差（AC）、密度（DEN）、中子（CNL）、自然伽马（GR）作为输入数据，水层、油层、油水同层、含油水层、干层作为标签数据。标签数据由试油结果向量化而来：含油水层记为 1，干层记为 2，水层记为 3，油层记为 4，油水同层记为 5。

首先，本例随机选取 60% 的数据作为训练集，其余 40% 的数据作为测试集。利用随机森林算法分析每类测井数据的特征重要性后，得到特征重要性分析结果，如图 5.4 所示。其中，阵列感应电阻率 RT90 比其他系列阵列感应电阻率的重要性都高。因此，为了防止特征冗余，选择 RT90、DEN、AC、GR、CNL 作为输入。

然后，将优选的测井数据和标签数据输入随机森林模型中，并对模型进行网格调参得到最优的超参数组合。最优树数量设置为 200，最大特征数设置为 2。利用最优参数进行训练，可得流体智能识别模型。表 5.2 展示了随机森林流体识别模型的精度、查准率、查全率和 F1 值。

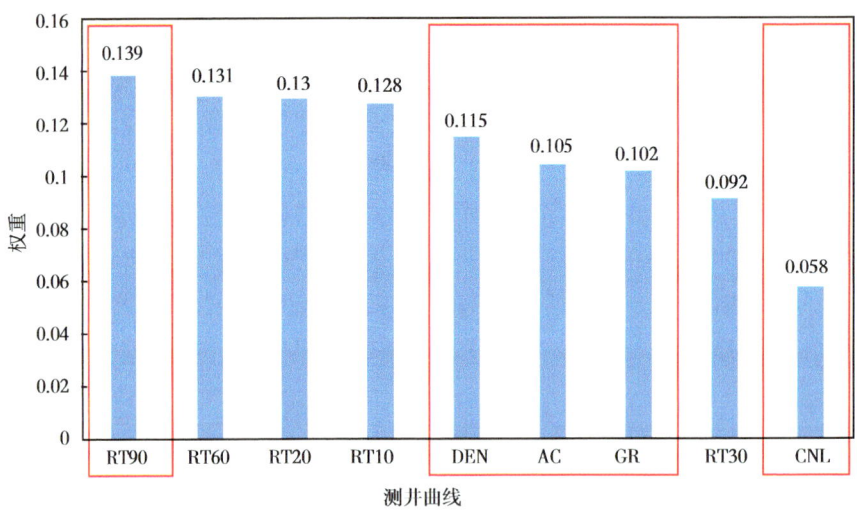

图 5.4　随机森林流体识别特征重要性分析

表 5.2　随机森林流体识别模型性能评价表

精度	查准率	查全率	F1 值
0.912	0.908	0.876	0.890

图 5.5 为随机森林流体识别混淆矩阵。可以看出，对于油层、油水同层、含油水层、水层和干层，大部分预测正确的样本分布在矩阵对角线上，这表明模型的预测精度较高。其中，油层、油水同层、含油水层、水层和干层的预测准确率分别为 95.14%、82.61%、80.00%、93.83%、86.67%。

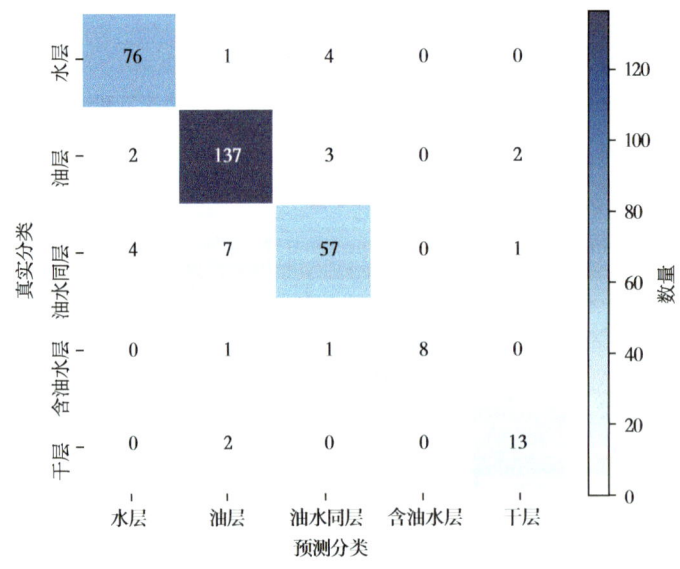

图 5.5　随机森林流体识别混淆矩阵

图 5.6 为 L96 井流体智能识别测井解释成果图。其中，倒数第 3 道和倒数第 2 道分别为流体智能识别模型输出结果和测井解释结果。在 1710~1712m 深度段内，试油

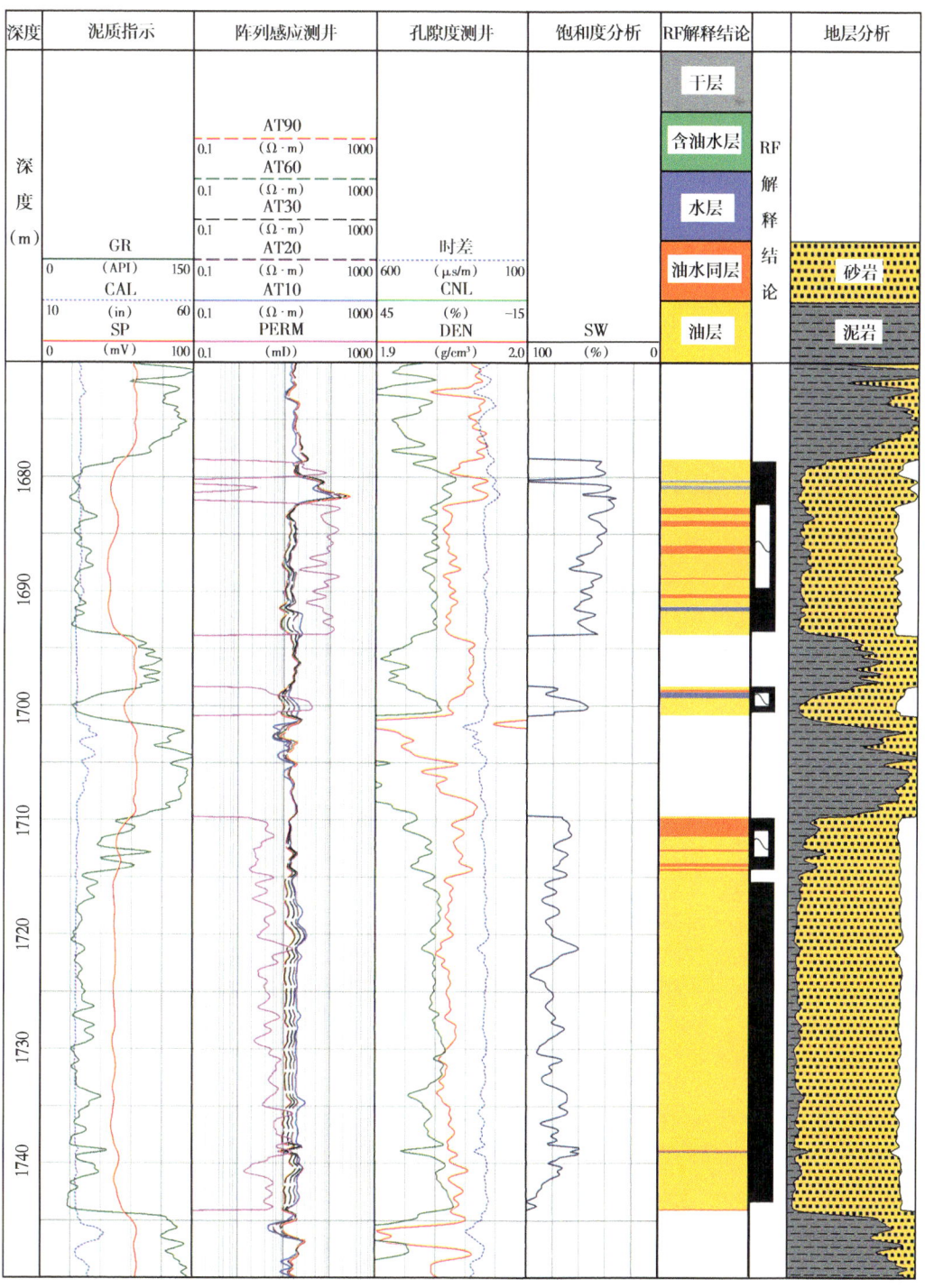

图 5.6　L96 井流体智能识别测井解释成果图

结果为日产油 5.1t，日产水 20.2m³，判断为油水同层。随机森林测井解释结论与试油结论一致。

5.1.3 随机森林储层参数智能预测

本例数据集与上例相似，来自长庆油田环江地区若干口井测井数据及其岩心岩石物理实验结果。其中，选取阵列感应电阻率（RT10、RT20、RT30、RT60、RT90）、声波时差（AC）、密度（DEN）、中子（CNL）、自然伽马（GR）作为输入数据，岩心孔隙度、渗透率作为标签数据。

与构建分类模型相同，在进行模型训练前，首先需要对数据进行预处理。随机选取 70% 的数据作为训练集，其余 30% 的数据作为测试集。图 5.7 为利用随机森林算法分析得到的每类测井数据特征重要性。其中，阵列感应电阻率 RT90 比其他系列阵列感应电阻率的重要性都高。而且，DEN、CNL、GR、AC 的特征重要性均高于阵列感应电阻率 RT10、RT20、RT60、RT30。因此，为了防止特征冗余，选择 RT90、DEN、CNL、GR、AC 作为输入。

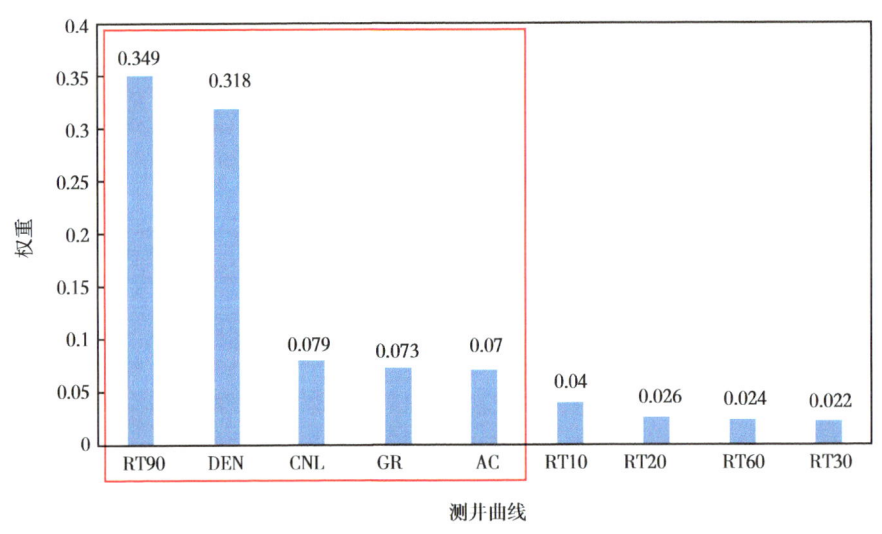

图 5.7　随机森林孔隙度智能预测模型特征重要性分析

然后，利用敏感测井数据集进行训练，并对随机森林超参数进行优选。通过网格调参，可得最佳超参数组合：最优树数量设置为 70，最大特征数设置为 2。

利用最优输入参数和最优超参数进行训练，可得孔隙度智能预测模型。图 5.8 为随机森林孔隙度预测结果与岩心孔隙度对比，随机森林孔隙度预测结果的 MSE 为 4.398，平均相对误差小于 20%。特别在一些低孔层段，孔隙度预测结果与岩心结果对应性较好。

渗透率预测与孔隙度预测流程基本相同。根据随机森林特征重要性分析，选择 GR、CNL、DEN、AC、RT10 作为敏感测井数据（图 5.9）。对模型超参数进行网格搜索，得到的最佳超参数组合为：最优树数量设置为 110，最大特征数设置为 1。

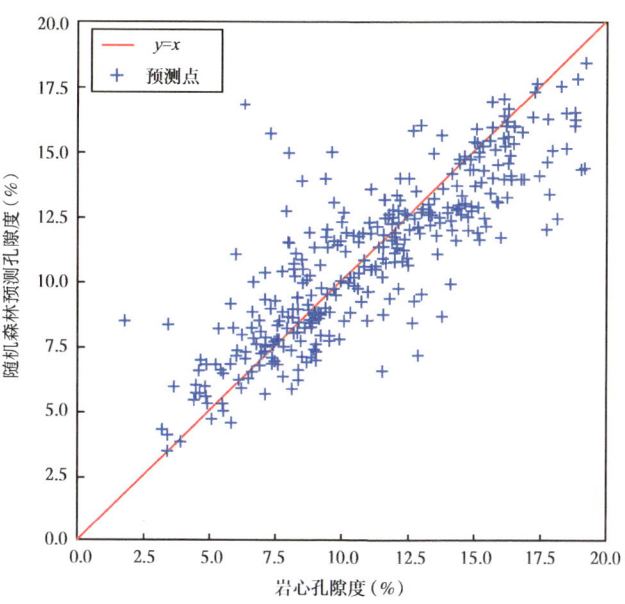

图 5.8 随机森林孔隙度预测结果与岩心孔隙度对比

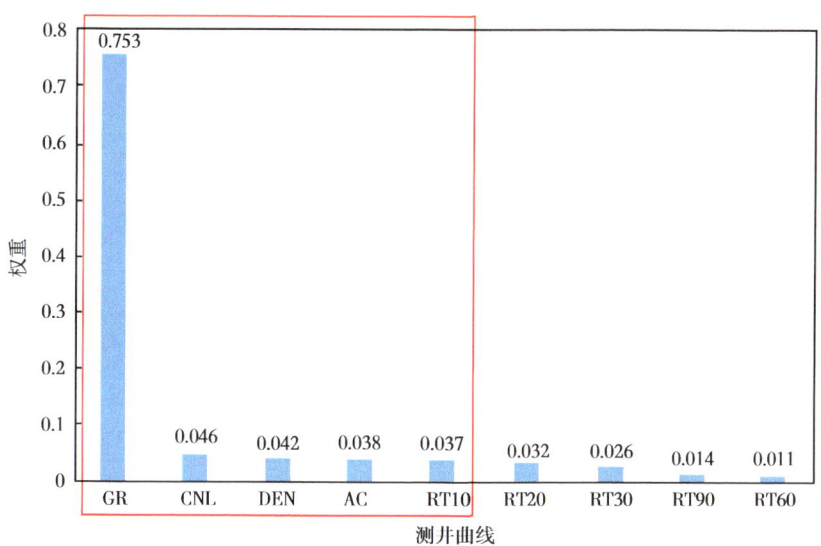

图 5.9 随机森林渗透率智能预测模型特征重要性分析

利用最优输入参数和最有超参数进行训练，可得渗透率智能预测模型。图 5.10 为随机森林渗透率预测结果与岩心渗透率对比，随机森林渗透率预测结果的平均相对误差为 39.9%。

图 5.11 为 M4 井随机森林孔隙度、渗透率测井解释成果图，最后两道分别为渗透率、孔隙度预测结果及岩心结果。可以看出，即使在低渗层段，随机森林仍可以对孔隙度和渗透率进行准确预测。

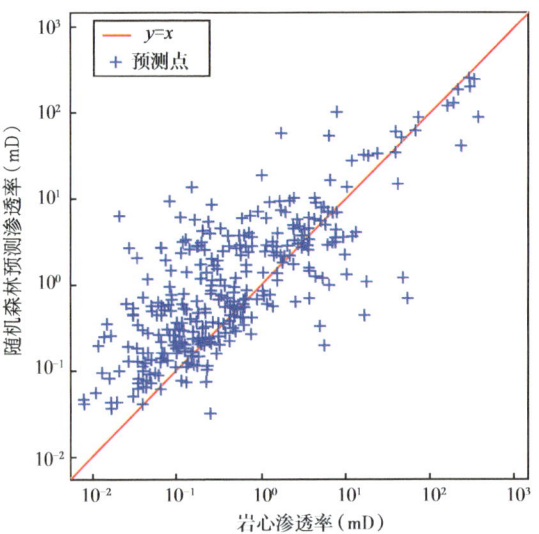

图 5.10 随机森林预测渗透率结果

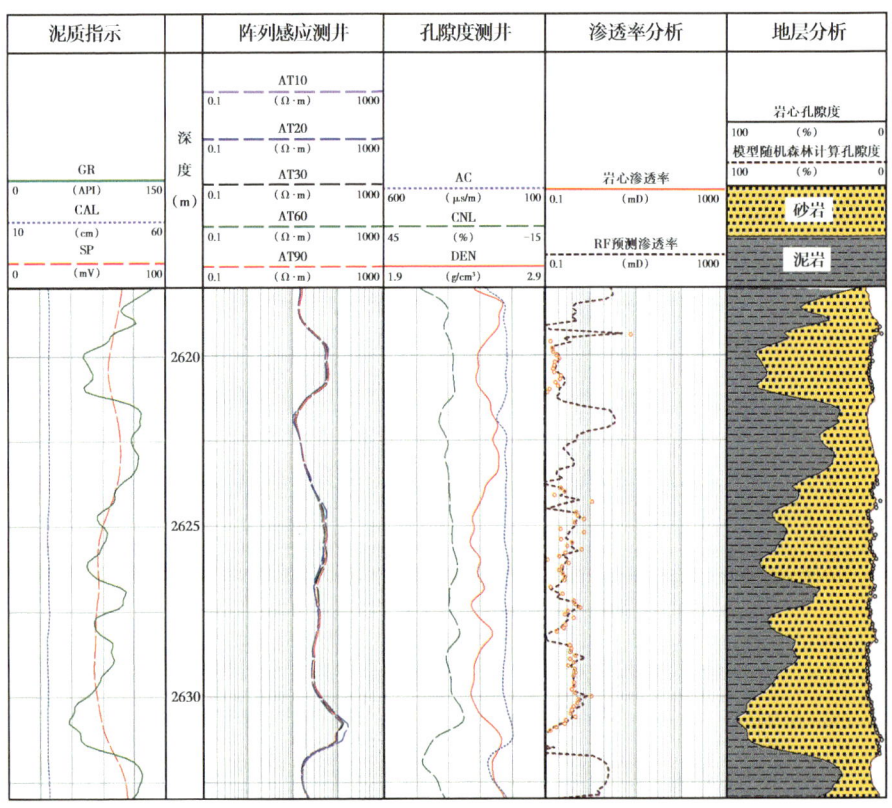

图 5.11 M4 井随机森林孔隙度、渗透率测井解释成果图

5.2 异质集成——委员会机器

5.2.1 定义与基本原理

1965 年，Nilsson 为克服多层感知器无自适应学习规则提出了委员会学习的概念。后来，在集成学习算法的发展中，研究人员发现各学习器的独立性和差异性是提高集成能力的关键。因此，后人将早期委员会学习的概念与集成学习算法相融合，构建了现代委员会机器（Committee machine，CM）学习架构。

委员会机器通常由输入层、专家层、组合器和输出层组成，是一种典型的异质集成学习方法。其中，在委员会机器专家层中，包含了多种不同类型的智能算法，这些智能算法可称为专家。联合这些专家并制定相应的决策机制，能够有效改善预测结果，增强训练模型的推广能力。而且，基于柯西不等式也能够证明委员会机器的最终输出总是可以优于各专家的平均水平。因此，在同等条件下，异质集成往往优于同质集成。

5.2.1.1 算法结构

在利用智能算法进行预测过程中，针对同一预测目标，不同智能算法总会产生不同的预测结果，这些结果有好有坏。这说明，针对同一预测目标，有些智能算法表现为弱学习机，有些表现为强学习机。这一过程实质上取决于智能算法与预测目标间的适应关系。当预测任务改变时，适应关系也随之改变。适应关系的不可预知性导致优选适用于各种场景的强学习机非常耗时。因此，一种通过训练方式让智能系统自动判别学习机的强弱，通过一定的组合策略对多个专家输出进行组合的异质集成算法被提出。这一过程类似于人类委员会的决策过程，故称为委员会机器。

委员会机器一般由输入层、专家层、组合器、输出层构成（图 5.12）。针对地球物理测井解释中的分类问题，一般优选具有分类功能的专家，以投票法作为组合器构建分类选用具有分类功能优势的学习算法；二是输出的最终结果为代表类别的整型或符号，不

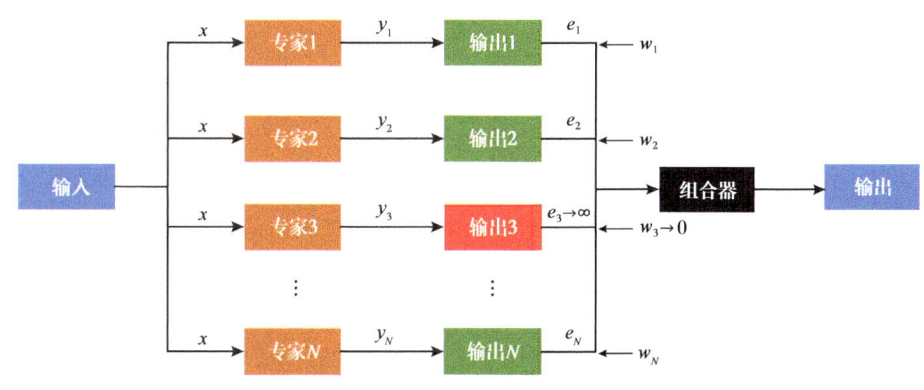

图 5.12 一种通用的委员会机器结构

委员会机器。这样的分类委员会机器具有两大特征：一是作为分类主体的各专家应具备具体的数学含义。针对回归问题，一般优选具有回归功能的专家，以简单平均或加权平均法作为组合器构建回归委员会机器。这样的回归委员会机器同样具有两大特征：一是作为回归主体的各专家应选用具有回归功能优势的学习算法；二是输出的最终结果应具备具体的数学含义，可以通过反归一化、上采样等某种手段恢复为实际预测目标的量化表征。

5.2.1.2 组合策略

分类委员会机器通常采用绝对投票策略组合不同专家的输出，即选择频数最高的输出结果作为最终输出 Y_{CCM}：

$$Y_{\text{CCM}} = P_{\max}(y_i) \tag{5.1}$$

式中，y_i 为对应第 i 组输入数据的不同专家输出的预测结果；$P_{\max}(\cdot)$ 为基于最大频数的投票函数。

另外，在部分学习任务中，也可采用相对投票策略，选择频数相对较高的输出作为最终输出。在一些有约束的学习任务中，还可以采用加权投票策略，通过先验信息对专家进行加权，再进行组合输出。

对于回归委员会机器，通常采用加权平均法策略组合不同专家的输出（图5.13）。假设共有 N 个专家，组合器分配给第 j 个专家的加权系数 w_j。然后，将加权系数分别分配给每个专家的输出 y_j 并求和，得到最终输出 Y_{RCM}：

$$Y_{\text{RCM}} = w_1 y_1 + w_2 y_2 + \cdots + w_N y_N = \sum_{j=1}^{N} w_j y_j \tag{5.2}$$

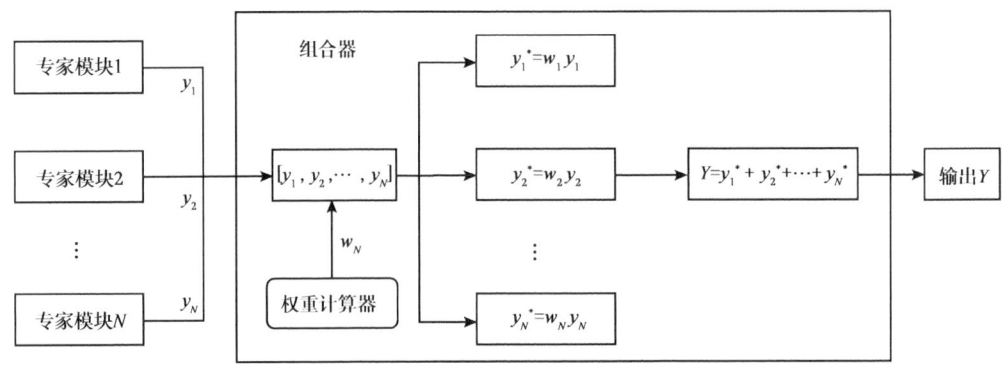

图 5.13 回归委员会机器组合器

在此过程中，若某一专家性能表现不佳，系统会通过权重计算器自动调整权重来保证最终结果的误差最小。假设专家输出与标签数据的绝对偏差为 Δe_i：

$$\Delta e_i = \left| y_{\text{实}} - y_i \right| \quad (5.3)$$

赋值给各个专家输出 y_i 的权重则为

$$w_i = \frac{\Delta e_i}{\sum_{i=1}^{N} \Delta e_i} \quad (5.4)$$

该权重表示各专家输出结果的误差占总体误差的比例,对高误差专家的输出赋值低权重,对低误差专家的输出赋值高权重(图5.14)。这样可以最大化性能好的专家的优势,压制性能差的专家的影响。通过上述专家性能评估与输出加权,可以使集成的预测系统更加稳健,得到的预测结果更加可靠。

另外,这一过程还可以由遗传算法(GA)、粒子群算法(PSO)等最优化算法动态调整得到最优权重。

在以式(5.1)和式(5.2)作为组合策略的委员会机器中,集成模型性能的提升机制源于多专家联合决策提供的稳健性,保证了预测结果具有较高的精度。实际上,该过程中的单个专家训练性能并未得到提升,这会导致集成效果受学习器影响很大,需要提前花费大量资源准备最优化的学习器组合。而且,当专家数量达到一定程度后,提升效果将会趋于稳定,输出结果不会继续改善。因此,我们将该类型的算法统称为静态委员会机器。

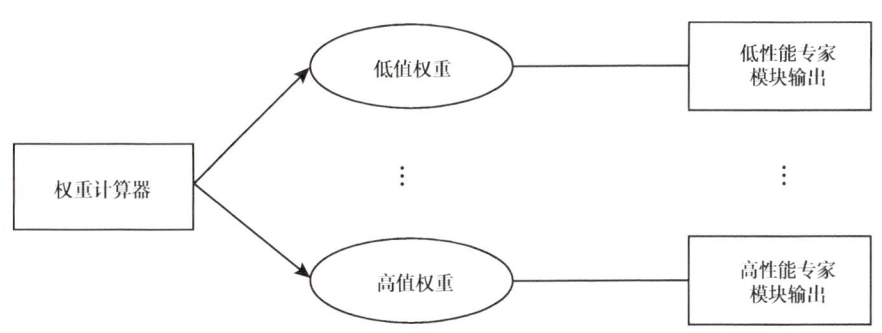

图 5.14　回归委员会机器权重分配规则

5.2.2　分类委员会机器实例分析

在致密砂岩储层中,孔隙度小、渗透率低,不同流体的地球物理测井响应不明显,流体识别准确率低。因此,以 BP 神经网络、概率神经网络和决策树分类器作为专家,以投票策略作为组合器,构建了分类委员会机器(图5.15)。

下面分别以鄂尔多斯盆地大牛地气田太原组、鄂尔多斯盆地环江油田地区致密砂岩储层为例,利用分类委员会机器开展了流体智能识别研究。

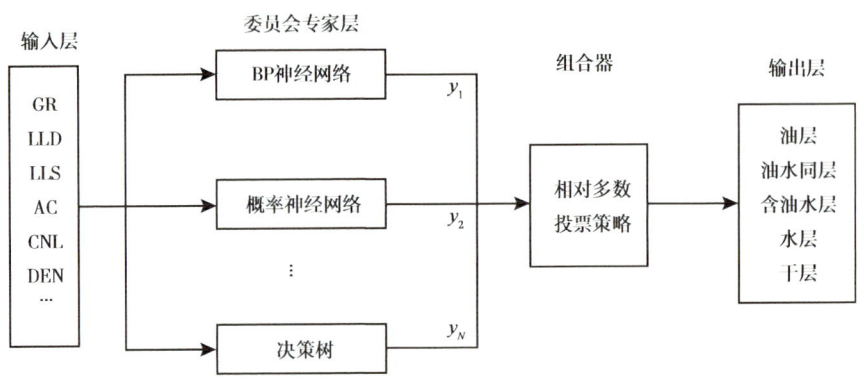

图 5.15 分类委员会机器结构

5.2.2.1 案例一

本例研究对象为鄂尔多斯盆地大牛地气田太原组。通过流体敏感性分析得到的敏感测井数据包括 GR、ILD、ILM、LL8、AC、CNL 和 DEN。根据试气结果，对目标储层的四种流体类型（干层、水层、含气层和气层）进行编码：[1, 0, 0, 0] 为干层，[0, 1, 0, 0] 为水层，[0, 0, 1, 0] 为含气层，[0, 0, 0, 1] 为气层。将各层测井数据和试气结果整合在一起，共采集 434 层 2170 组样品。随机选取 1770 组为训练数据，400 组为测试数据。

数据集准备好后，对分类委员会机器 3 个专家的结构和超参数进行了优选。对于 BP 神经网络，需要提前设定的超参数是隐含层神经元数量和学习率。图 5.16 展示了 BP 神经网络不同隐含层神经元数量和学习率的均方误差。可以看出，隐含层神经元的最佳数量为 22 个，此时模型的 MSE 为 0.005。同样，最佳学习率优选为 0.8，此时模型 MSE 为 0.006。上述实验中，BP 神经网络训练函数选用弹性梯度下降法，激活函数选用双极 S 函数。

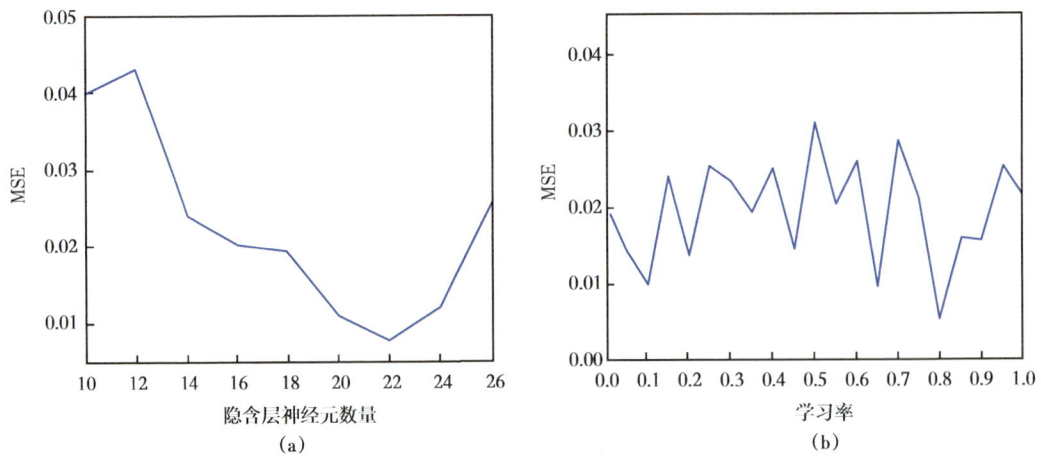

图 5.16 BP 神经网络隐含层神经元数量（a）和学习率（b）误差曲线

对于概率神经网络,需要提前设置的超参数是扩散速度。在一些低频信号中,网络的扩散速度太小,易导致拟合的曲线不够平滑甚至过拟合。在一些高频信号中,网络的扩散速度太大,则易导致拟合的结果精度差。因此,采用网格法确定得到最优扩散速度。图 5.17 为不同扩散速度对模型精度的影响,当扩散速度为 1.9 时,预测精度最高。因此,概率神经网络最佳扩散速度设置为 1.9。上述实验中,网络基函数采用高斯函数,激活函数采用 Parazen 窗口函数。

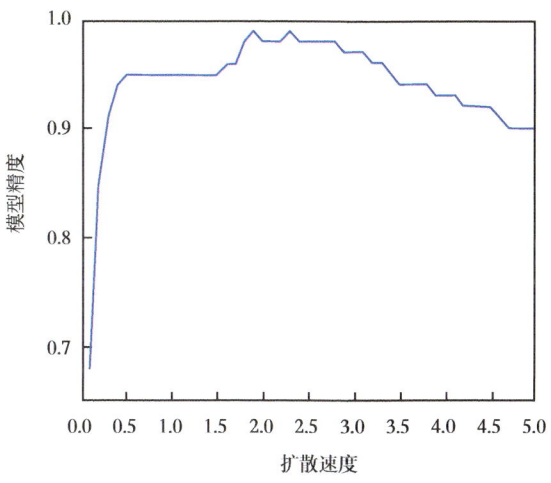

图 5.17　概率神经网络扩散速度误差曲线

决策树需要设定的超参数为最小叶子节点数量,过多叶子节点的决策树易导致过拟合。图 5.18 是不同决策树最小叶子节点数量误差曲线,可以看出,当最小叶子节点数量在 15~25 之间时,决策树分类器的交叉验证均方误差最低,约为 0.37。另外,分支过多的决策树也易导致模型过拟合。因此,需要根据测试误差对决策树进行剪枝,有助于获得更高的计算效率和更好的分类结果(图 5.19)。

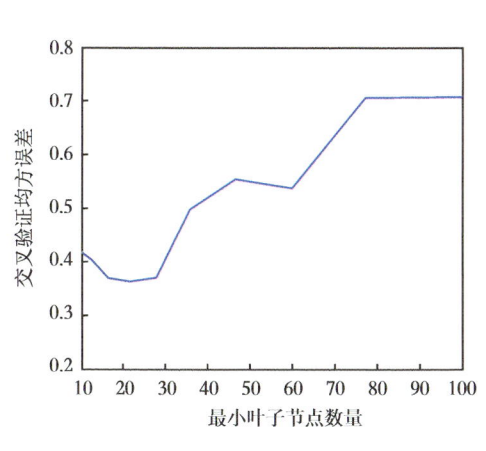

图 5.18　不同决策树最小叶子节点数量误差曲线

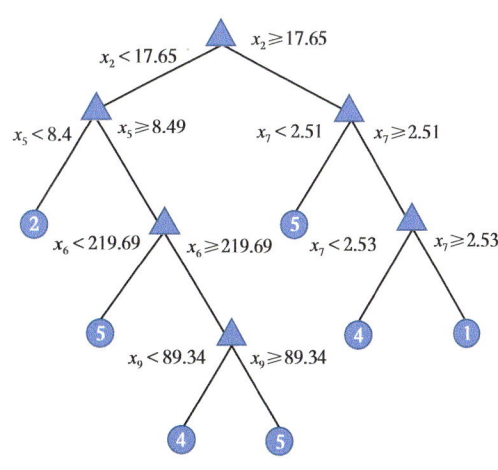

图 5.19　剪枝的决策树

通过超参数最优的 3 个专家进行训练，利用组合器组合所有专家的输出，可以得到分类委员会机器的预测结果。图 5.20 分别展示了 BP 神经网络、概率神经网络、决策树分类器和分类委员会机器的流体智能识别结果。以气层为例，400 组测试数据共有 281 个气层，BP 神经网络预测得到 242 个气层，准确率约为 86.12%；概率神经网络预测得到 253 个气层，准确率约为 90.04%；决策树分类器预测得到 245 个气层，准确率约为 87.19%。上述三个单一智能算法的预测结果分别展示在图 5.20（a）（b）（c）中。另外，分类委员会机器方法共识别得到 257 个气层，准确率约为 91.45%，如图 5.20（d）所示。相比单一智能算法，分类委员会机器预测精度最高。这表明，分类委员会机器可以将三个专家的输出有效组合在一起，得到更准确、更可靠的综合输出。

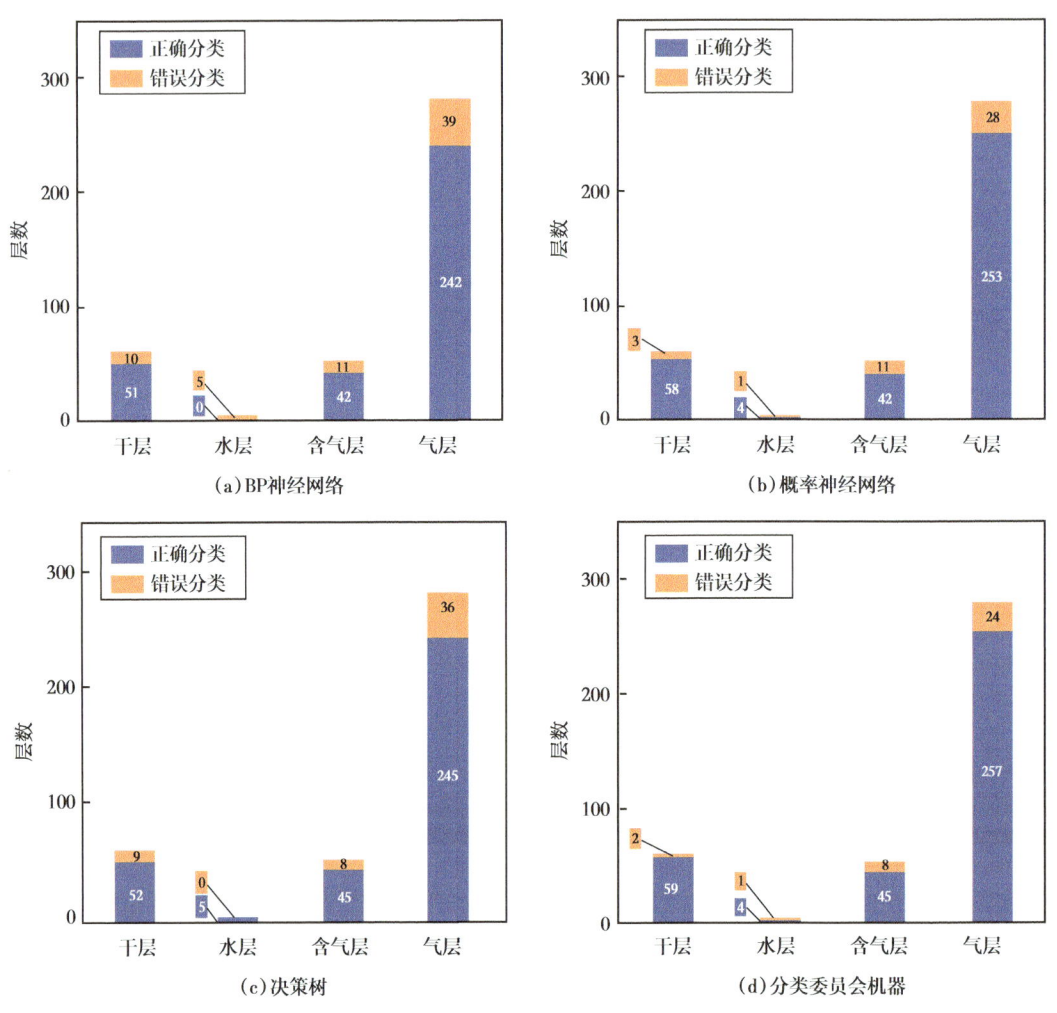

图 5.20　三个专家与分类委员会机器流体识别结果对比

另外，图 5.21 还对比了各专家和分类委员会机器对所有流体类型的分类精度。在 400 组测试数据中，BP 神经网络对 335 个样本进行了准确识别，准确度为 83.75%；概率神经网络对 357 个样本进行了准确识别，准确度为 89.25%；决策树分类器对 365 个样本进行了正确识别，准确度为 86.75%；分类委员会机器对 365 个样本进行了准确识别，准确度为 91.25%。

根据上述分析可知，相比于单个专家，分类委员会机器在预测精度方面更具优势。通过将多个专家集成在一起，可以有效提高致密砂岩储层中测井流体智能识别的精度和可靠性。

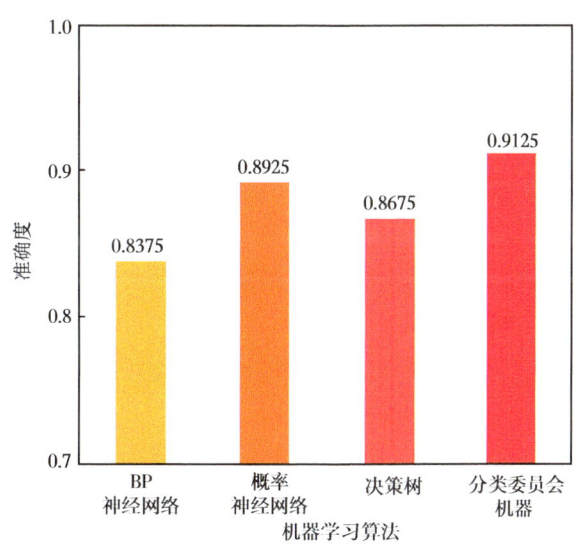

图 5.21　各专家和分类委员会机器流体识别准确度对比图

此外，还利用训练好的分类委员会机器流体识别模型对大牛地气田新钻的 10 口井进行了流体智能识别应用推广。10 口井共预测得到 79 个小层，其中 70 个小层与生产、测试数据吻合较好，符合率约 88.6%。图 5.22 展示了鄂尔多斯盆地 A 井延长组分类委员会机器流体判别结果，第 2、第 3 道为分类委员会机器流体判别结果和智能解释结论。其中，在 2605~2613m 深度段，日产气 95030m^3，日产水 0.8m^3，判断为气层，与分类委员会机器预测结果一致。

5.2.2.2　案例二

环江地区位于鄂尔多斯盆地西部，储层主要为致密砂岩，目的层为延长组。目的层具有低电阻率或低对比度电阻率的特点，油水层难以区分。本例选择对流体敏感的自然伽马测井（GR）、阵列感应测井（AT90、AT60、AT30、AT20、AT10）、声波时差测井（AC）、补偿中子测井（CNL）、补偿密度测井（DEN）作为输入测井数据。选择油层、油水同层、含油水层、水层和干层的生产或测试数据作为标签数据构建训练数据集。训练数据集共包含 63 个小层 796 组样本。

分类委员会机器 3 个专家的结构和超参数优选步骤与案例一类似。BP 神经网络最优隐含层神经元数量设置为 33，学习率设置为 0.72。概率神经网络最佳扩散速度设置为

2.2。决策树最优最小叶子节点数量设置为 27。

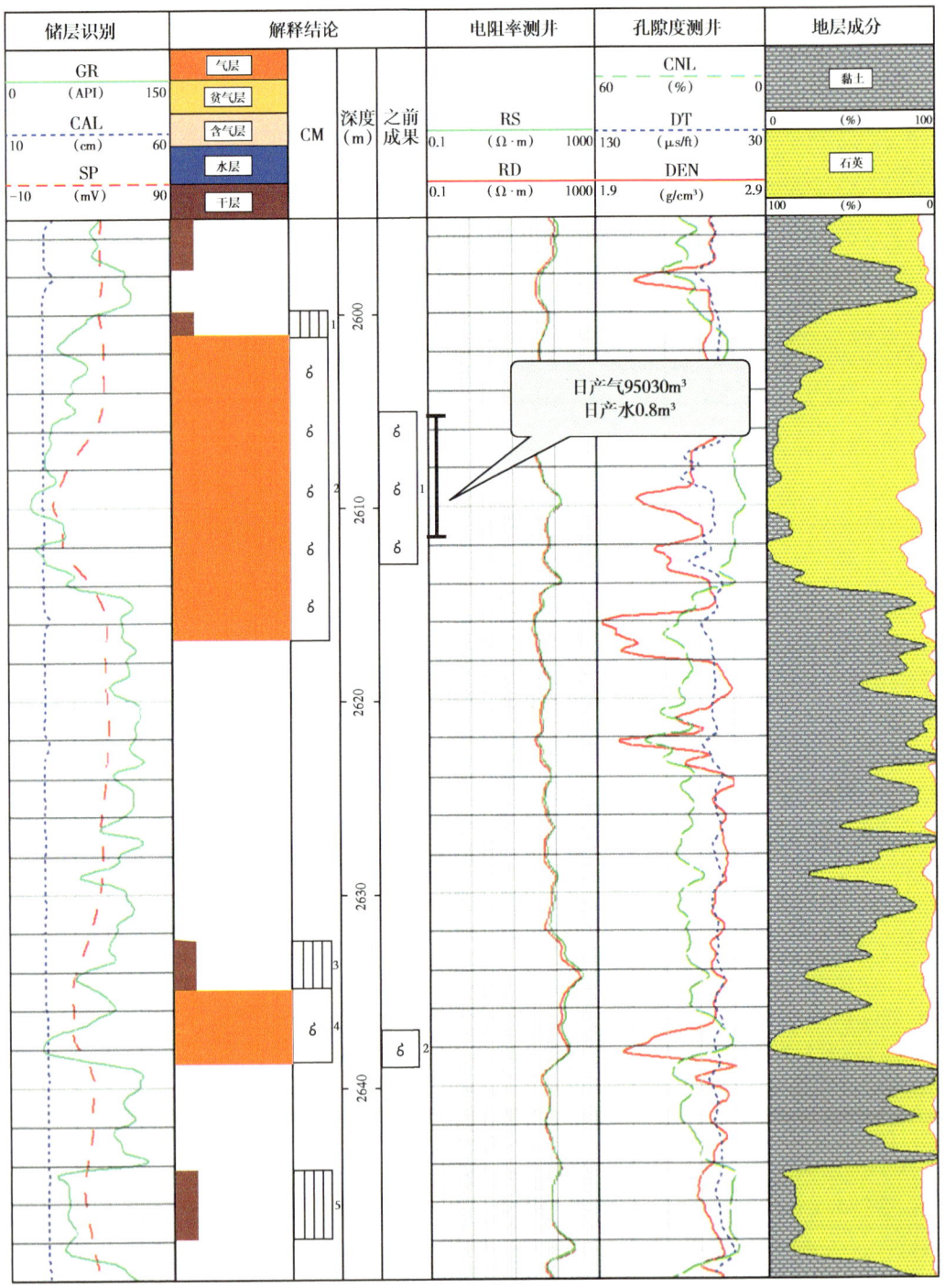

图 5.22 鄂尔多斯盆地 A 井延长组分类委员会机器流体智能识别测井解释成果图

通过超参数最优的 3 个专家进行训练，利用组合器组合所有专家的输出，可以得到分类委员会机器的预测结果。图 5.23 展示了分类委员会机器预测结果混淆矩阵，图中的每个子方格区域列出了每类流体的层数和所占比例。分类委员会机器方法的分类准确度为 96%，而 BP 神经网络、概率神经网络、决策树分类器分类准确度分别为 91%、95%、90%。

	干层	水层	含油水层	油水同层	油层	
干层	4 / 4.0%	0 / 0.0%	0 / 0.0%	0 / 0.0%	1 / 1.0%	4/5 / 80.0%
水层	0 / 0.0%	21 / 21.0%	0 / 0.0%	2 / 2.0%	0 / 0.0%	21/23 / 91.3%
含油水层	0 / 0.0%	0 / 0.0%	6 / 6.0%	0 / 0.0%	0 / 0.0%	6/6 / 100%
油水层	0 / 0.0%	0 / 0.0%	0 / 0.0%	21 / 21.0%	0 / 0.0%	21/21 / 100%
油层	0 / 0.0%	0 / 0.0%	0 / 0.0%	1 / 1.0%	44 / 44.0%	44/45 / 97.8%
	4/4 / 100%	21/21 / 100%	6/6 / 57.1%	21/24 / 87.5%	44/45 / 97.8%	100 / 96.0%

图 5.23　分类委员会机器流体识别混淆矩阵

利用构建好的分类委员会机器对环江地区的另一口探井 B 井进行了流体类型智能判别，如图 5.24 所示。在 2678~2681m 深度段，分类委员会机器将其解释为水层，而之前的人工解释结论为干层及油水同层。从试油结果来看，该层段日产油 0t，日产水 9.8m³，判断为水层。分类委员会机器解释结论与试油结果更为一致。

此外，还利用训练好的分类委员会机器流体识别模型对环江地区的 7 口井进行了流体智能识别应用推广。7 口井共预测得到 296 个小层，其中有生产、测试数据的小层 12 层，预测正确 11 层，符合率约 91.67%。

5.2.3　回归委员会机器实例分析

不同于分类任务，回归任务通常需要预测连续的数值，不仅要求预测结果符合整体走势，还要求智能模型在不同跨度的数值区间中逼近期望输出。而且，回归任务更易受到噪声和异常值的影响，干扰算法的学习和预测能力。

本例针对鄂尔多斯盆地环江地区致密砂岩储层孔隙度和渗透率预测需求，优选支持向量机、最近邻回归、RBF 回归作为专家，以粒子群最优化算法作为组合器，构建了基于回归委员会机器的智能测井解释方法。

在数据集准备中，搜集了 12 口井的测井数据和岩心实验数据，结合测井响应分析和相关系数优选对孔隙度敏感的测井数据 AC、DEN、CNL，优选对渗透率敏感的测井数据 GR、R91、CNL、POR，优选对饱和度敏感的测井数据 AC、RT10、RT20、RT90。这些数据与岩心孔隙度、渗透率、饱和度共同构建训练数据集，共 1128 组。

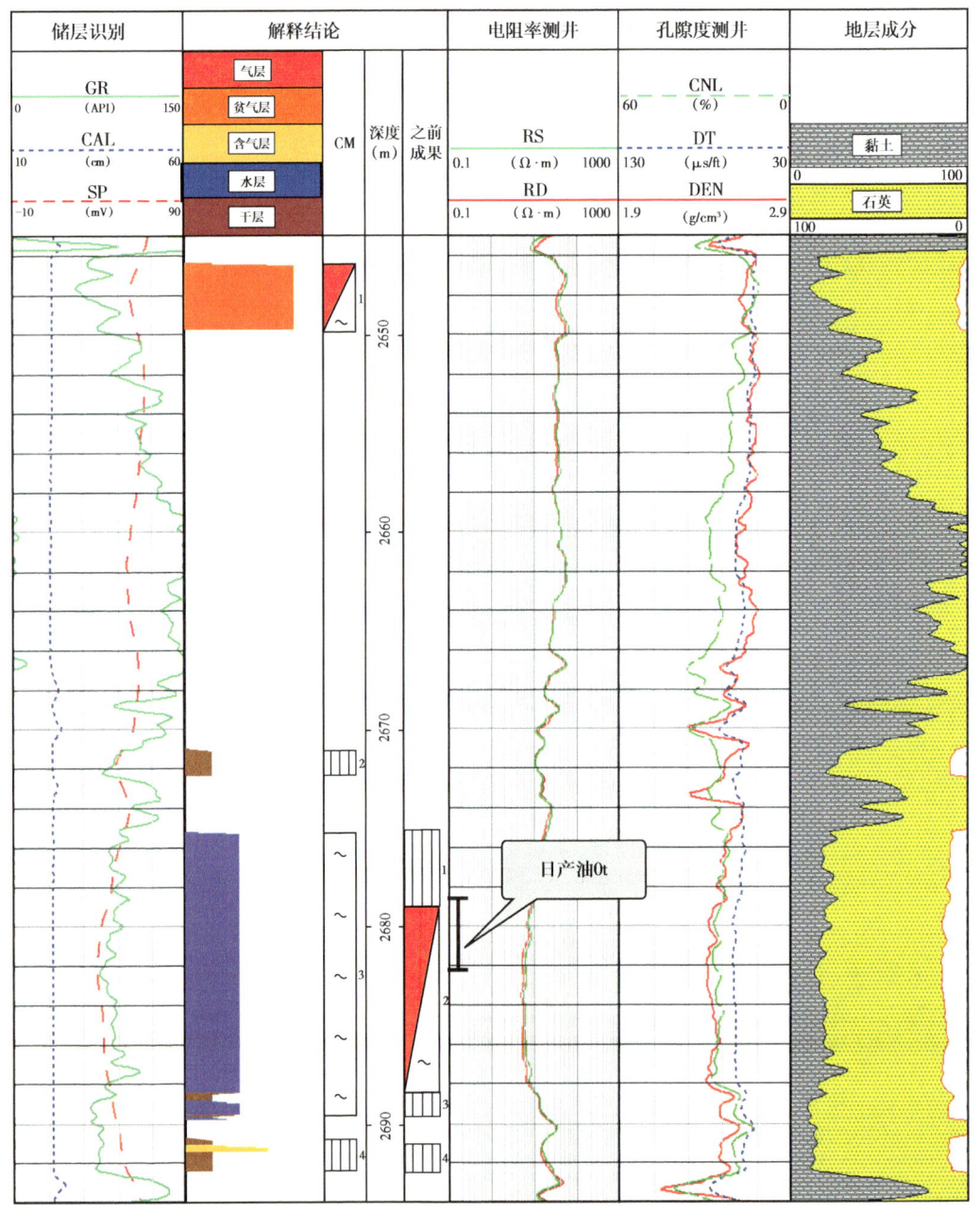

图 5.24 鄂尔多斯盆地 B 井分类委员会机器流体智能识别测井解释成果图

对于孔隙度预测，回归委员会机器专家的优化过程同分类委员会机器相同，这里不再赘述。将优选的测井系列和岩心数据输入到回归委员会机器中进行训练，训练集、测试集比例为 4:1，测试误差为 8.76%（图 5.25）。

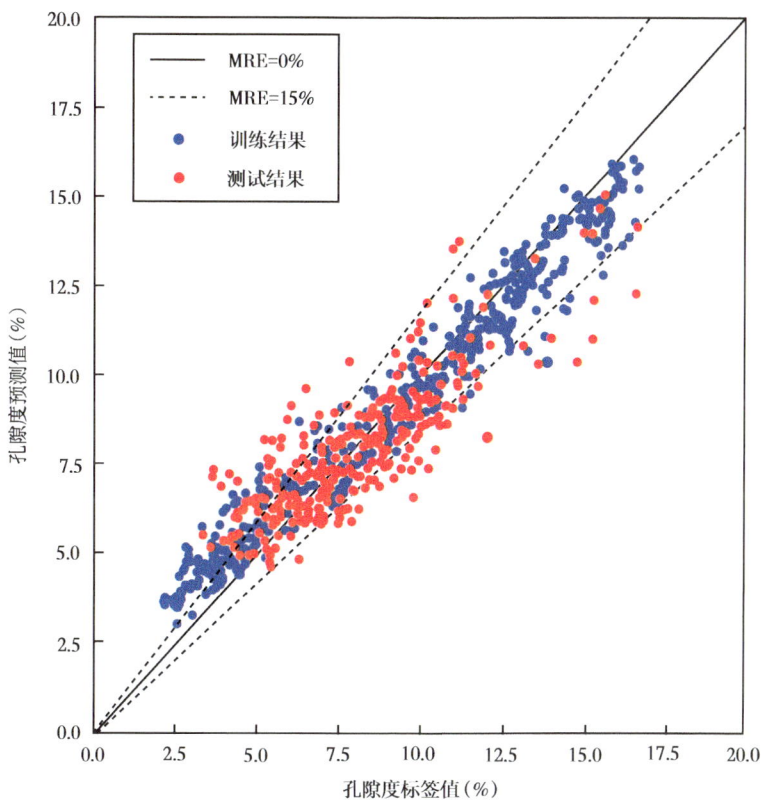

图 5.25 回归委员会机器孔隙度预测结果

此外，本研究还针对委员会机器算法多专家的优势，构建了基于专家输出差异的回归委员会机器预测结果可信度评价指标：

$$D_{\min} = (|y_{\text{med}} - y_{\min}|, |y_{\text{med}} - y_{\max}|)_{\min} \tag{5.5}$$

式中，y_{med}、$y_{\min}$、$y_{\max}$ 分别为输出的中值、最小值和最大值。

构建的定性评价指标如下：

$$\begin{cases} D \leqslant 1.5, 指数 = 1 \\ 1.5 < D \leqslant 3, 指数 = 2 \\ D \geqslant 1.5, 指数 = 3 \end{cases} \tag{5.6}$$

利用上述回归委员会机器预测可信度分析方法，可实现全井段预测结果可信度评价（图 5.26）。图中，第 7 道为专家输出差异和委员会可信度指标，专家输出差异越大，可信度指标越小，委员会机器预测结果可信度越高。

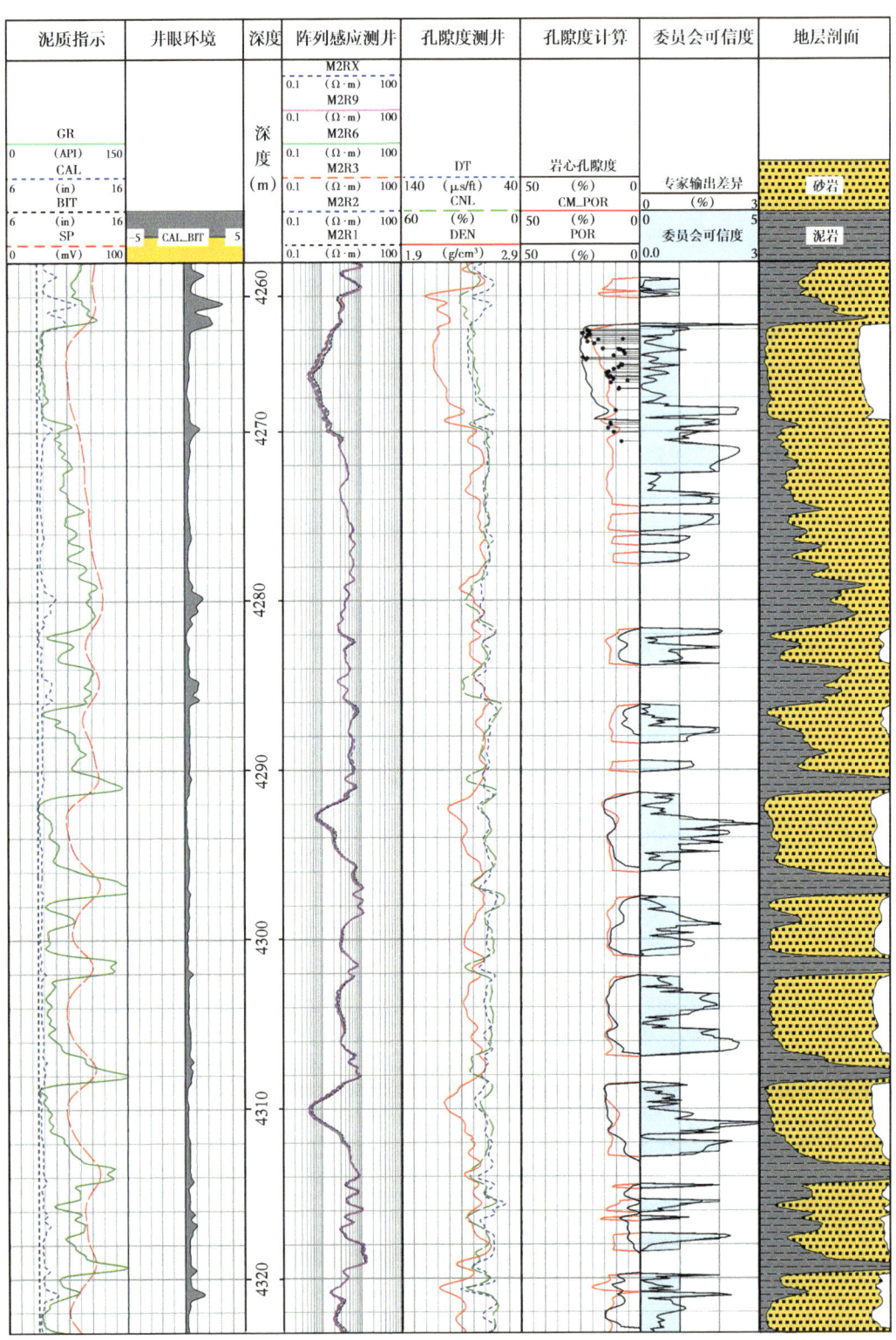

图 5.26 委员会机器孔隙度预测可靠性评价

结合上述方法,分别构建了渗透率、饱和度智能预测模型,得到的渗透率和饱和度预测结果如图 5.27、图 5.28 所示,测试集误差分别为 34.32% 和 9.14%。

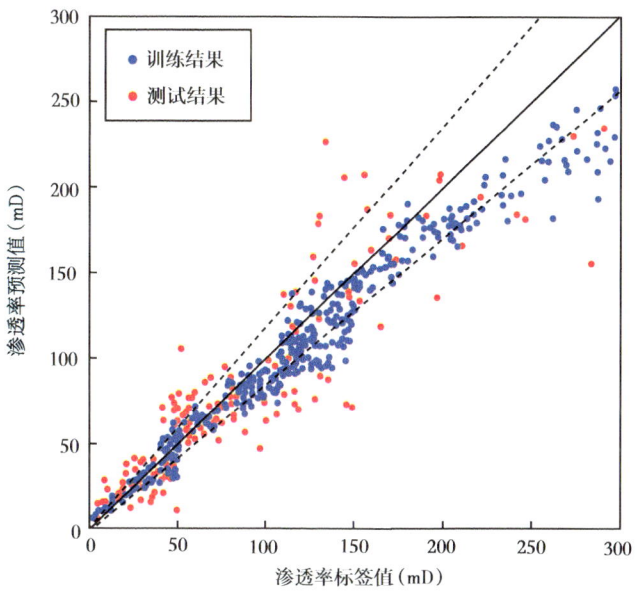

图 5.27　回归委员会机器渗透率预测结果

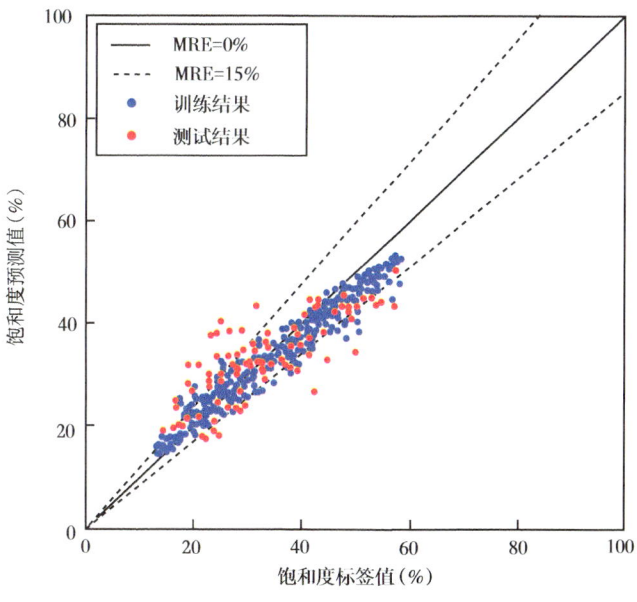

图 5.28　回归委员会机器饱和度预测结果

图 5.29 展示了 M8 井回归委员会机器孔隙度、渗透率和饱和度测井解释成果图。图中第 5、第 6、第 7 道为回归委员会机器预测的孔隙度、渗透率和饱和度。与岩心数据对比,孔隙度、渗透率和饱和度预测平均相对误差分别为 7.73%、28.13% 和 8.24%。

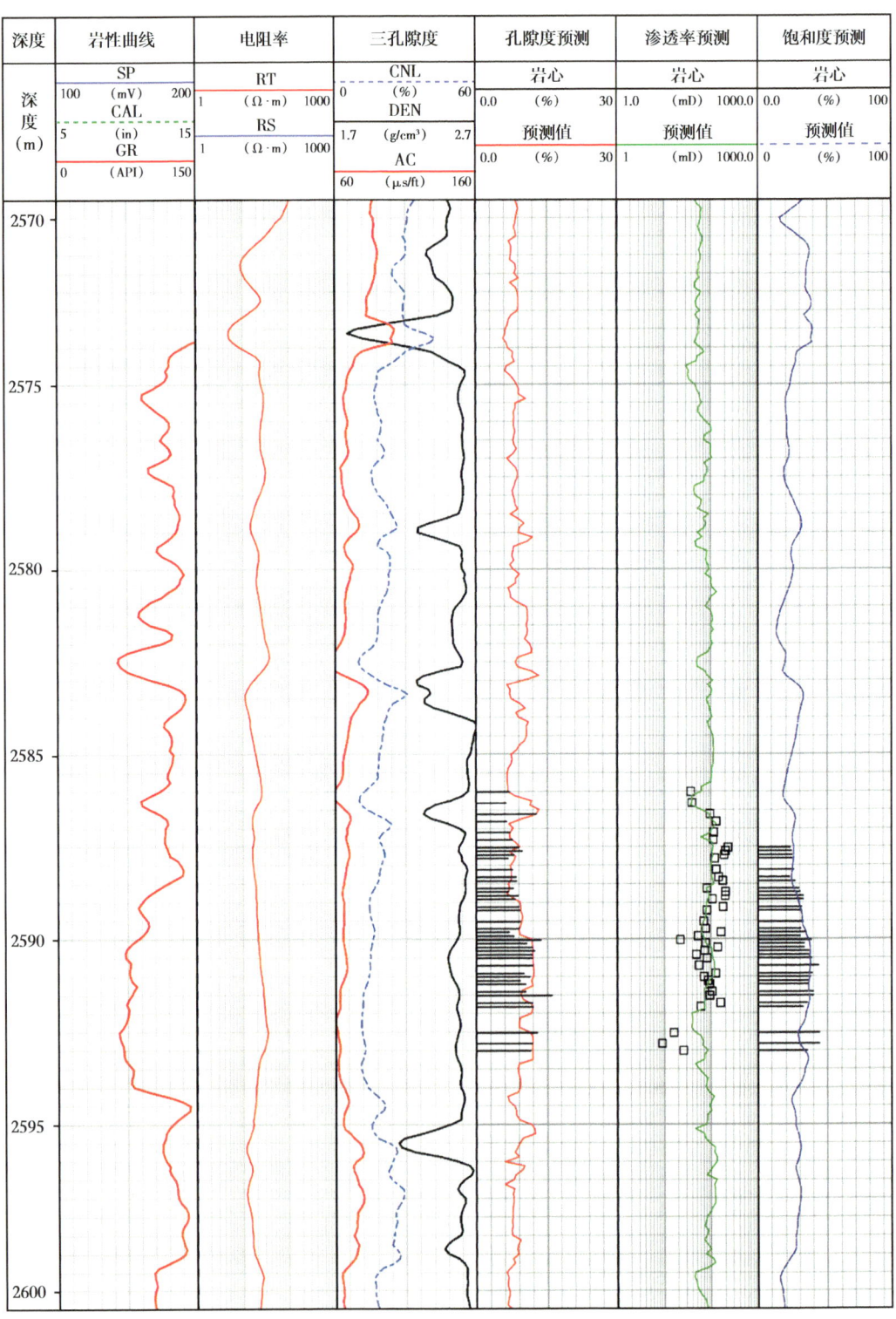

图 5.29 M8 井回归委员会机器孔隙度、渗透率和饱和度测井解释成果图

5.3 动态委员会机器

5.3.1 基本原理

当研究区域地质情况复杂、储层各向异性强时，测井数据与地下参数间的关系常常具有多种模式。在小样本情况下，直接将多模式的数据输入委员会机器中，其专家往往难以准确构建测井数据与预测目标间的非线性关系，委员会机器整体的输出精度也不佳。Jacobs 和 Jordan 于 1991 年在委员会机器的输入层和组合器间增加门网络构建了混合专家算法，使其能够自适应地计算各专家加权系数，在提升模型精度的同时也增强了智能模型的可解释能力（图 5.30）。我们在此基础上，将门网络机制与委员会机器相结合，构建了动态委员会机器（Dynamic committee machine，DCM）。

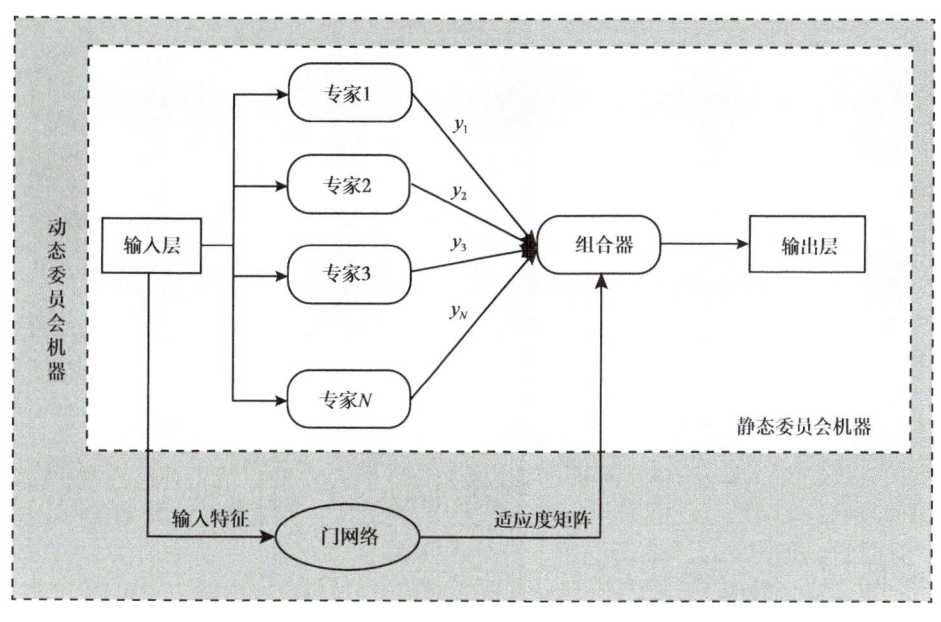

图 5.30　静态委员会机器基础上引入门网络的动态委员会机器学习架构

在静态委员会机器的输入层和组合器之间加入门网络，能够将委员会机器的多专家联合提升机制改变为"分而治之"的提升机制。引入的门网络可以对输入数据进行自适应的无监督学习，自动建立子数据与专家间的适应性关系，最优化训练得到的子模型组合。门网络的引入，简化了子数据结构，降低了专家训练难度，再结合多专家训练策略，保证了最终集成模型具有较高的提升上限，集成效果受专家性能的限制较小。

一种典型的门网络是模糊 C 均值聚类算法（FCM 聚类）。它首先对输入数据进行聚类分析，通过学习到的数据模式以类内差异足够小而类间差异足够大为原则划分子数据集。然后，专家层接收这些简化的子数据集进行训练，得到多个子模型。基于给定的模型性能评价指标,建立专家与子数据集间的最优化匹配关系,即遍历哪些专家与哪些子数据集的适应关系最好。继而,通过组合器将这些子模型组合起来,作为最终预测模型。最后,将数据输入这些最优化的子模型组合中,集成系统会自动根据输入数据 y_i 的隶属度 u_{ik} 分配子模型进行预测和组合,得到最终输出 Y_{DCM}:

$$Y_{\mathrm{DCM}} = \sum_{i=1}^{M} \sum_{k=1}^{C} u_{ik} y_i \qquad (5.7)$$

与静态委员会机器提升机制不同的是,该方法将学习任务划分为若干子任务,再建立专家与这些子任务的最适应关系,建立专家与学习任务的动态链接,实现最优化子模型组合的构建(图5.31)。在此过程中,门网络划分子任务的过程简化了子数据结构,降低了专家训练难度,再结合多专家训练策略,保证了最终集成模型具有较高的提升上限,集成效果受专家性能的限制较小。

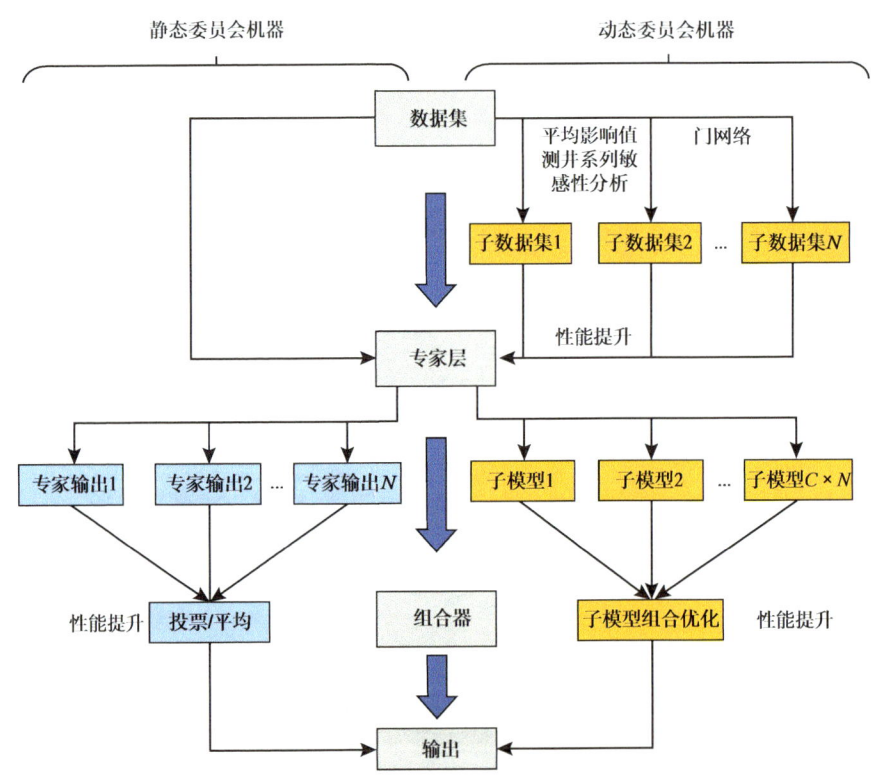

图 5.31 动态委员会机器与静态委员会机器提升机制的差异

5.3.2 基本结构

动态委员会机器由输入层、门网络、专家层、组合器和输出层组成。

5.3.2.1 输入层

输入层既是委员会机器数据导入的端口,也承担输入数据预处理的任务。由于不同测井方法对不同流体的测井响应存在较大差异，敏感程度不同，筛选对流体敏感的测井系列作为训练输入有利于后续专家训练。测井解释中常用的敏感测井系列筛选方法有图版法、降维分析等，然而这些方法很难表征非线性关系，实际应用效果不好。因此，本学习架构基于智能算法自身输入层与输出层间的响应关系，构建了新的敏感性评价指标，即平均影响值（MIV）。通过该方法逐次计算全部测井系列的输入端变化对输出端影响程度大小的平均值，可以对每个测井系列对初始训练模型的敏感程度进行评价。

5.3.2.2 门网络

动态分类委员会机器采用了"分而治之"的训练策略，不仅要求门网络算法能自动划分子数据集，还要能通过学习得到子数据集与专家间的对应关系，即哪些专家对哪种类别的子数据集的适应关系更好。因此，在动态委员会机器学习框架的基础上，引入了模糊 C 均值聚类（FCM 聚类）作为门网络。FCM 聚类是在硬 C 均值聚类的基础上引入模糊集合理论发展而来，通过反复迭代聚类中心和隶属度矩阵来优化目标函数得到最佳聚类结果。同时，由于隶属度表征了数据点对应某个聚类中心的隶属程度，也可以将其与子数据集和专家的适应关系相结合，构建出稳健的组合策略。

5.3.2.3 专家层

专家层是静态委员会机器和动态委员会机器的主要组成部分，主要承担子模型训练和专家预测结果输出的工作。与静态委员会机器类似，动态委员会机器同样采用适合分类的算法作为分类问题的专家，采用适合回归的算法作为回归问题的专家。这些专家通常可包括 BP 神经网络、概率神经网络、决策树、最近邻算法、贝叶斯分类等算法。

5.3.2.4 组合器

组合器在回归问题中常用来进行权重的计算和分配，在分类问题中进一步增加了深度匹配、专家对应关系构建和适应性评价功能。首先，它可以将不同专家的输出重新恢复为原来的分布状态，从而与地层深度相匹配。其次，它也可以对不同专家训练的子模型进行评估，得到专家与子模型的最佳对应关系。最后，由于门网络输出的子数据集是模糊集合，而专家训练是通过最大隶属度准则转换得到的子数据集，因此组合器利用隶属度矩阵重新构建了专家间的模糊关系，与最佳对应关系共同构建得到子模型的适应性函数。

5.3.3 动态分类委员会机器实例分析

本例针对塔里木盆地北缘库车坳陷开展储层评价。但是，由于黏土矿物、氯盐、地应力、地层倾角等因素，该地区电阻率异常，增加了储层流体判别难度，因此，构建了动态分类委员会机器，对该地区进行含气性智能评价。

该分类委员会机器首先在输入层对输入数据进行预处理，包括归一化和测井系列敏感性分析。然后，对整理好的数据集进行 FCM 聚类，得到子数据集和隶属度矩阵。之后将这些子数据集输入专家层中，专家包括 BP 神经网络、概率神经网络、决策树、最近邻算法和贝叶斯分类器。训练得到数个子模型或预测得到数个输出序列，此过程中组合器实时记录并更新子数据和专家间的对应关系矩阵。最后，根据得到的对应关系和隶属度矩阵计算子模型和专家间的适应性，作为权重进行加权组合得到最后输出。图5.32展示了动态分类委员会机器结构。

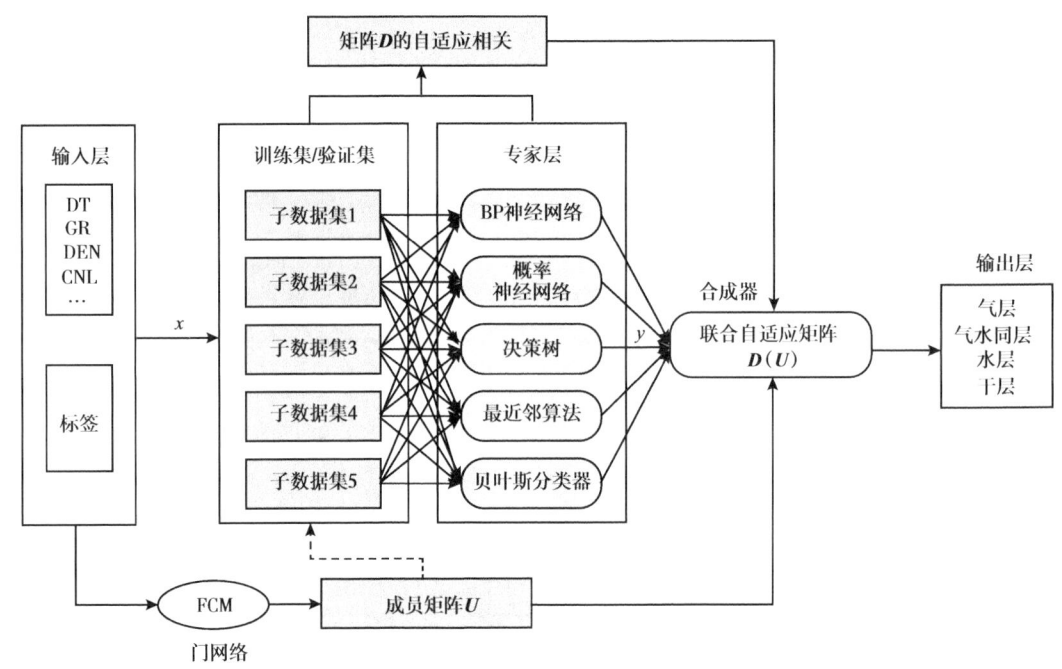

图5.32　动态分类委员会机器结构

筛选该地区DB、KS、BZ三个研究区块共8口井98层1696组测井数据，测井系列包括自然伽马测井（GR）、阵列感应测井（RT10、RT20、RT30、RT60、RT90）、声波测井（DT）、补偿密度测井（DEN）和中子密度测井（CNL），作为训练目标的流体类型包括气层、气水同层、水层和干层。其中，流体类型标签数据为测试数据或已明确流体类型地层的数据。

由于阵列感应测井系列数值上相近，在智能算法训练中容易造成特征冗余，只取更能反映地层电阻率的RT90作为输入阵列感应测井数据。而且，还引入能够反映地层流体特征的阵列感应测井幅度差，即$\Delta RT=RT90-RT10$。因此，输入层共包含6种类型的测井数据。利用上述测井数据和标签数据构建得到1696×6的输入数据集，采用平均影响值法对其进行测井系列敏感性分析，结果如表5.3所示。平均影响值表示输入样本数值成比例的变化对输出的影响程度，输入样本变化程度不同，影响程度也不同。实验结果表明，随着输入端扰动率从±10%提高到±50%，智能算法输出的变化也逐渐增大，且变化趋势相同。

对不同扰动率的影响值求均值，计算不同测井系列影响值的贡献率，得到反映测井系列对训练目标（流体类型标签）敏感程度贡献的相对大小。根据敏感程度贡献从大到小依次采用不同测井系列组合进行动态委员会机器的训练，并取训练模型验证准确率最高的组合作为训练集输入(图5.33)。敏感程度从大到小依次为ΔRT、RT90、DEN、DT、CNL、GR。分析上述结论可知,GR对模型输出端敏感程度最小,是由于GR虽然反映了储层岩性变化,但训练模型是针对储层进行的(流体类型标签只分布在储层段),敏感性分析同样也只针对储层,因此,可认为GR对储层流体不敏感。而且,按平均影响值从大到小依次将不同测井系列组合作为动态分类委员会机器输入进行训练,验证集准确率分别为31.80%、66.15%、77.55%、80.61%、92.76%、84.18%。优选准确率最高的测井系列组合,即ΔRT、RT90、DEN、DT、CNL共5个系列,和对应的流体类型标签共同构建训练集。预处理后共得到1696×5的训练数据,其中气层数据478组,气水同层数据387组,水层数据352组,干层数据479组。

表5.3 不同测井系列在不同扰动率下的平均影响值

测井系列	GR	RT90	ΔRT	DT	DEN	CNL
±10%	0.073	0.126	0.134	0.108	0.114	0.093
±20%	0.143	0.251	0.268	0.212	0.223	0.183
±30%	0.211	0.374	0.401	0.307	0.326	0.268
±40%	0.274	0.494	0.532	0.391	0.418	0.346
±50%	0.332	0.610	0.660	0.466	0.499	0.418
平均值	0.206	0.371	0.399	0.297	0.316	0.262

注:表中为不同测井系列归一化后计算的平均影响值,量纲1。

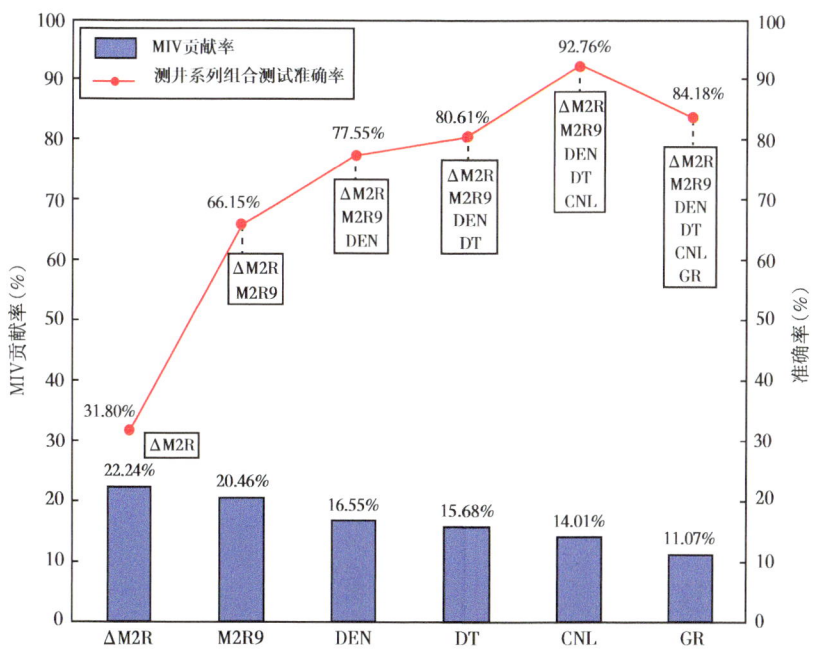

图5.33 不同测井系列的平均影响值贡献率

此外，考虑到量纲和测井数值的差异会对训练过程产生较大影响，对输入数据进行了归一化处理。而且，归一化可以使误差梯度下降更快，加快智能算法的收敛速度。

将优选的敏感数据集输入到动态分类委员会机器中。首先使用门网络，即FCM聚类算法对训练输入和BZ9井测井数据进行聚类分析，聚类簇数量设定为5，分别对应气层、气水同层、水层、干层和非储层（图5.34）。聚类输出为隶属度矩阵，采用最大隶属度原则将其转化为聚类簇得到聚类结果。将聚类结果与测井流体识别结论进行对应性分析，结果显示：聚类簇1主要对应干层，聚类簇2主要对应水层，聚类簇3主要对应气层，聚类簇4对应关系不明显，聚类簇5主要对于非储层（表5.4）。总体来看，聚类结果与流体类型的匹配率仅为60.59%，表明利用无监督的聚类算法无法精细表征储层流体类型，而将聚类结果进一步通过有监督学习的方式进行调整，能够有效实现储层流体的精细表征。

表5.4 聚类隶属度矩阵及聚类簇划分部分结果

深度（m）	ΔRT	RT90	DEN	DT	CNL	隶属度矩阵	聚类簇
7772.9	-1.5	5.9	2.596	61.3	8.0	[0.907　0.034　0.006　0.014　0.039]	1
7799.4	-2.3	8.5	2.601	60.6	8.4	[0.829　0.075　0.013　0.024　0.059]	1
7772.8	-1.4	6.0	2.6593	61.4	8.3	[0.822　0.060　0.014　0.030　0.073]	1
7808.8	-1.1	10.1	2.615	59.0	5.1	[0.035　0.929　0.003　0.008　0.025]	2
7669.7	-2.4	10.2	2.601	59.2	6.2	[0.048　0.911　0.003　0.008　0.029]	2
7669.8	-2.8	11.1	2.604	59.0	6.2	[0.056　0.901　0.004　0.009　0.030]	2
7854.9	-1.0	42.9	2.695	60.1	14.0	[0.028　0.017　0.925　0.014　0.016]	3
7821.0	-48.8	87.1	2.71	60.3	12.7	[0.036　0.022　0.905　0.017　0.019]	3
7807.9	-6.1	23.5	2.728	61.6	14.5	[0.033　0.022　0.905　0.019　0.020]	3
7715.4	-0.5	2.9	2.502	65.7	9.4	[0.003　0.002　0.001　0.988　0.007]	4
7702.0	-0.3	2.9	2.494	65.9	9.1	[0.006　0.004　0.002　0.973　0.016]	4
7717.4	-0.5	2.9	2.51	65.2	9.5	[0.007　0.004　0.002　0.969　0.018]	4
7711.8	-0.2	4.0	2.535	62.7	7.1	[0.015　0.011　0.002　0.019　0.954]	5
7838.4	-3.0	5.7	2.534	62.1	6.9	[0.017　0.013　0.002　0.016　0.952]	5
7697.8	-0.2	4.2	2.549	62.2	6.9	[0.025　0.017　0.002　0.016　0.941]	5

...

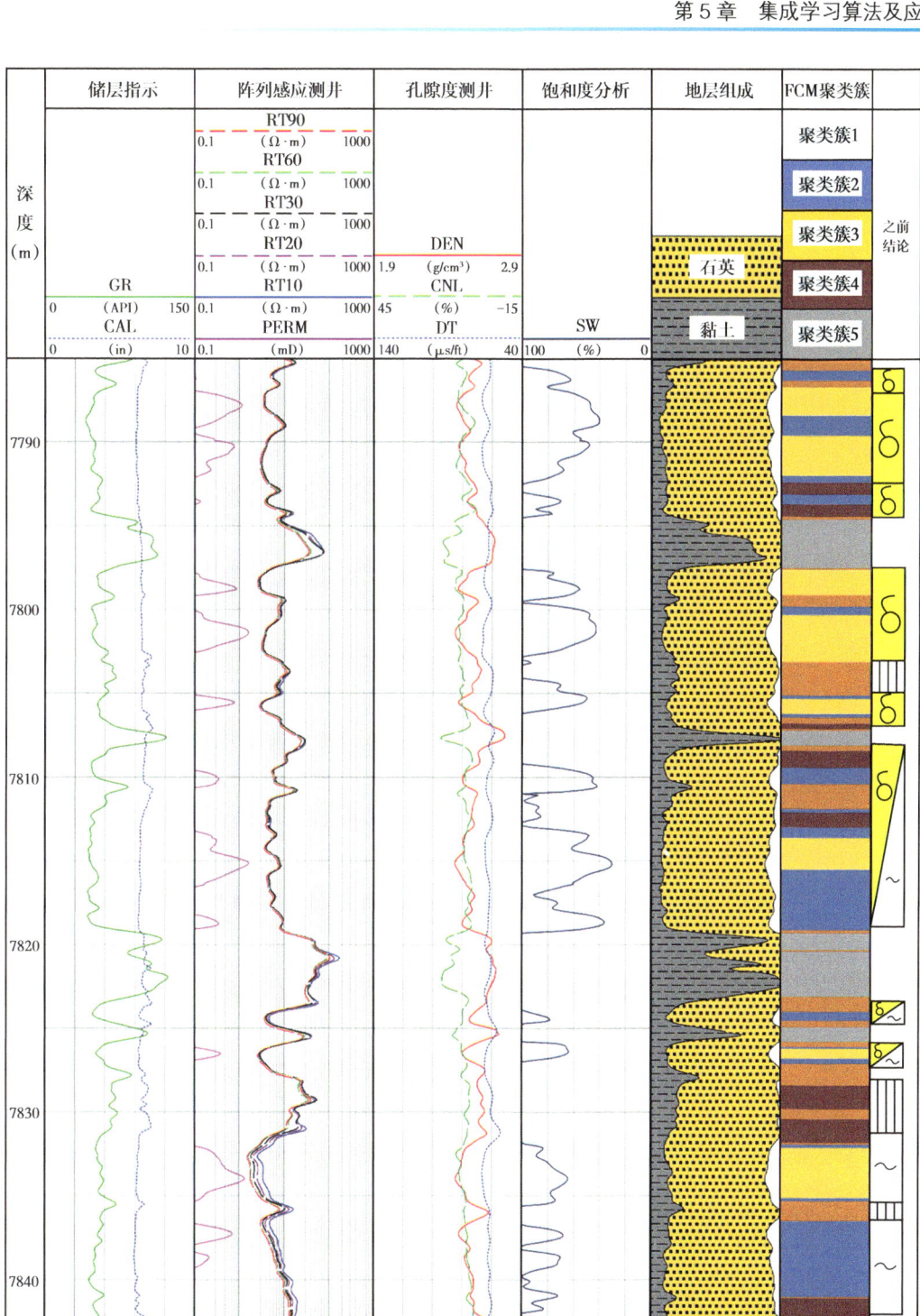

图 5.34 BZ9 井 FCM 聚类结果与流体类型对应关系

利用 FCM 聚类后，初始数据集被划分为 5 个子数据集，将这些子数据集作为输入进行有监督学习，可以得到子模型。由于子数据集中的数据结构相对简单，数据方差小，更容易构建出高精度、高稳定的子模型。图 5.35 是智能算法为决策树时，随着聚类簇数量的增加，子数据集不断分裂，利用这些分裂的子数据构建的子模型性能发生分化。一些性能较好的子模型得到保留，而表现较差的子模型被淘汰。实际上，该过程是将与决策树适应性好的数据筛选出来，利用这些自动构建的子数据集实现决策树训练性能的提升。

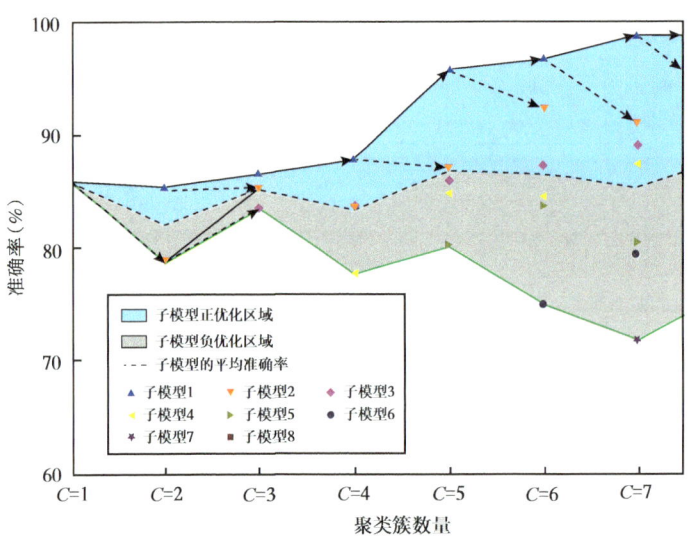

图 5.35　聚类簇数量与决策树子模型准确率关系

当决策树算法无法利用图中负优化区域的数据集训练得到较好的子模型时，采用其他智能算法进行替换，可以改善模型训练效果。图 5.36 显示了分别使用决策树、概率神经网络、贝叶斯分类、BP 神经网络、最近邻算法共 5 种类型的智能算法对子模型组优化的结果。其中，每种类型的智能算法准确率填充范围的下限为子模型的最小准确率，上限为子模型的最大准确率。子模型组共进行了 5 次优化，每次优化都有一些子模型的性能更优，性能较差的子模型被替换，子模型组准确率范围得到提升。最终，针对训练集，在聚类簇数量为 5 的情况下，最优化的流体识别子模型组的准确率范围分布在 97.63%~100%之间；针对测试集，最优化的子模型组准确率范围分布在 86.83%~95.83% 之间。表 5.5 显示了当聚类数为 5 时，不同专家针对不同子数据集构建子模型准确率的变化，通过 5 个专家构建的 25 个子模型的最优组合可以实现流体识别模型性能最大限度地提升。

上述过程完成了动态分类委员会机器子模型的训练、组合和优化过程。其中，由于动态分类委员会机器的门网络采用了模糊聚类算法，在组合器中将隶属度矩阵与适应关系矩阵组合构建的联合适应关系矩阵作为加权因子，对上述最优化的子模型组合进行加权，建立关于子模型的模糊关系并实现动态分类委员会机器的最终输出。动态分类委员会机器训练模型的性能采用训练集和验证集准确率来评价，其中，训练集准确率可以表征模型的拟合能力，验证集准确率可以表征模型的泛化能力。根据测井流体识别实际问题，构建了如图 5.37、图 5.38 所示的训练模型性能表征方法。图 5.37 以直方图形式展示了训练集中各专家与动态分类委员会机器在气层、气水同层、水层和干层的训练结果对比。蓝色柱状表示正确分类样本数量，橘色柱状表示错误分类样本数量。其中，决策树、概率神经网络、贝叶斯分类、BP 神经网络、最近邻算法的准确率分别为 90.81%、89.99%、92.22%、91.92%、93.70%，动态分类委员会机器的准确率为 96.29%。图 5.38 显示验证集中各专家与动态分类委员会机器输出的混淆矩阵。蓝色方块表示正确分类样本数量，橘色方块表示错误分类样量。横向表示各层标签样本数量（真实样本数量），纵向表示各层预测样本数量。通过不同层的标签样本数量和预测样本数量，可以计算准确率、精确率、召回率和特异度。其中，决策树、概率神经网络、贝叶斯分类、BP 神经网络、最近邻算法的准确率分别为 80.12%、82.79%、82.49%、84.57%、86.35%，动态分类委员会机器的准确率为 91.39%。

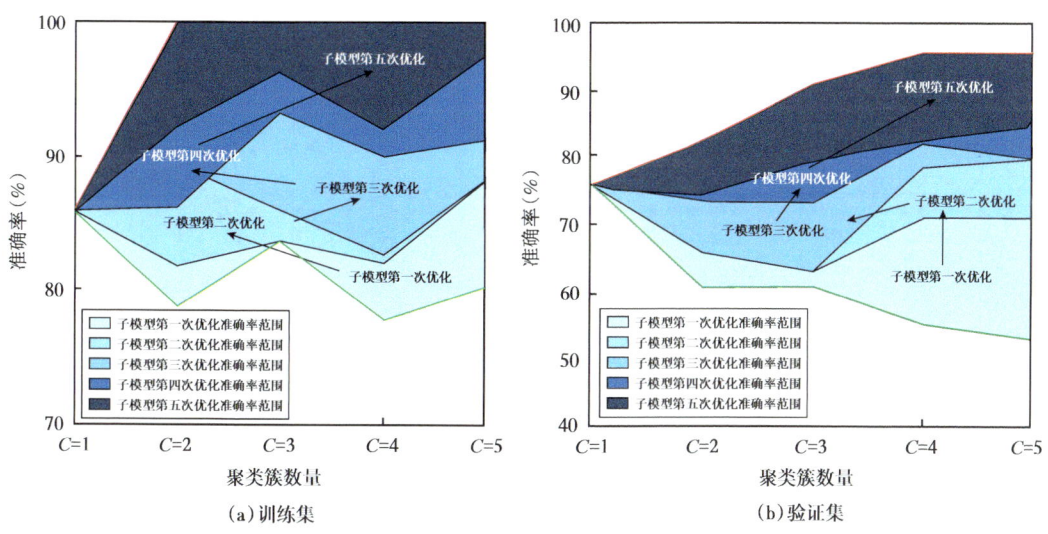

图 5.36　多智能算法联合与子模型准确率关系

表 5.5　针对训练集和测试集不同专家训练子模型准确率（$C=5$）

不同专家类型		决策树准确率（%）	概率神经网络准确率（%）	贝叶斯分类准确率（%）	BP 神经网络准确率（%）	最近邻算法准确率（%）
训练集	子模型 1	87.23	92.70	85.29	94.53	100.00
	子模型 2	86.01	88.31	86.88	100.00	89.80
	子模型 3	85.29	91.31	82.65	88.24	97.63
	子模型 4	95.79	94.86	88.24	100.00	92.70
	子模型 5	80.29	95.30	100.00	94.63	95.30
测试集	子模型 1	72.75	49.28	81.59	56.52	87.53
	子模型 2	83.02	72.35	87.21	89.53	88.37
	子模型 3	77.06	62.35	79.73	51.76	86.83
	子模型 4	91.67	95.83	87.23	91.67	95.83
	子模型 5	52.99	71.08	87.84	59.73	81.08

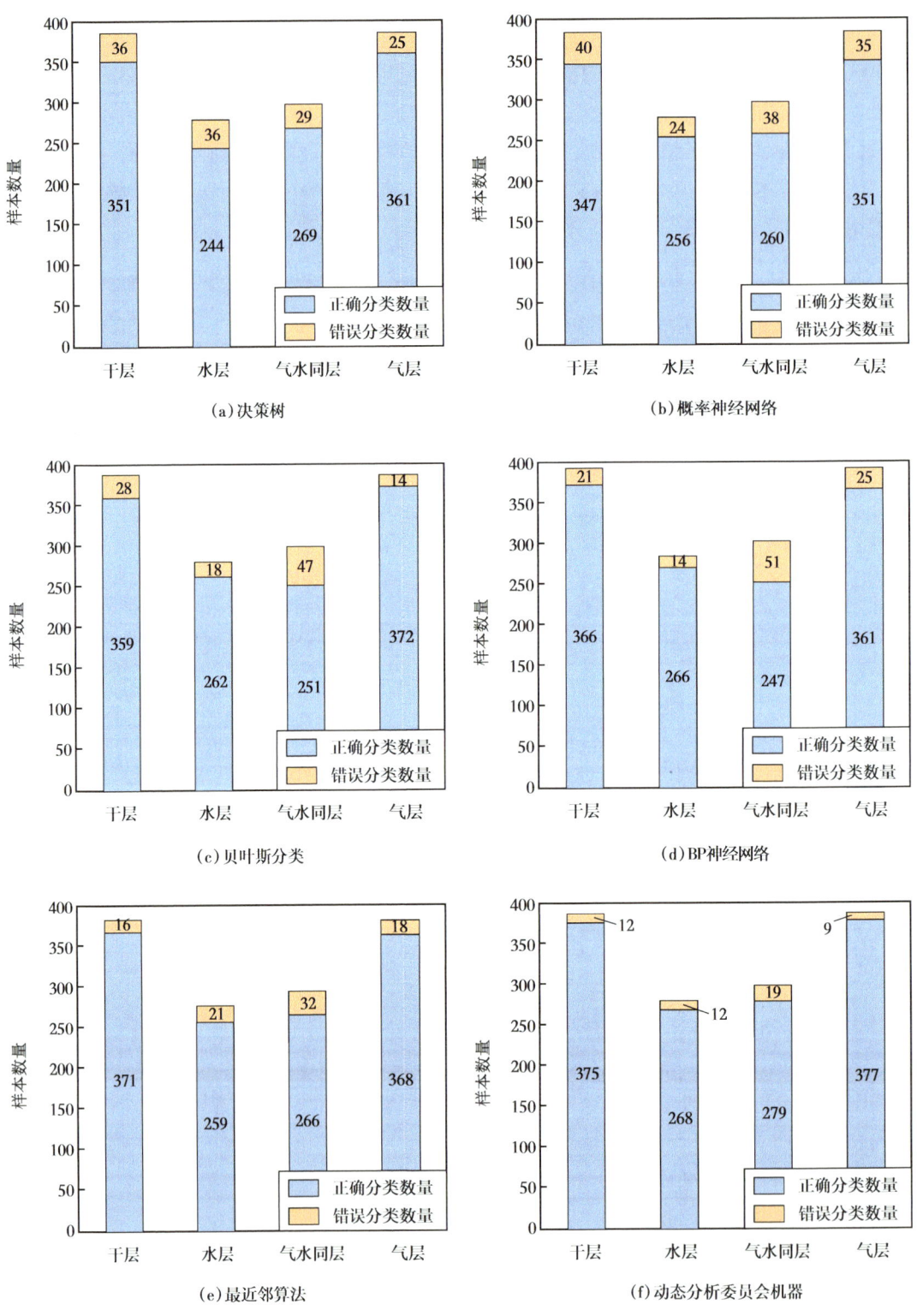

图 5.37 训练集中专家和动态分类委员会机器的分类结果对比

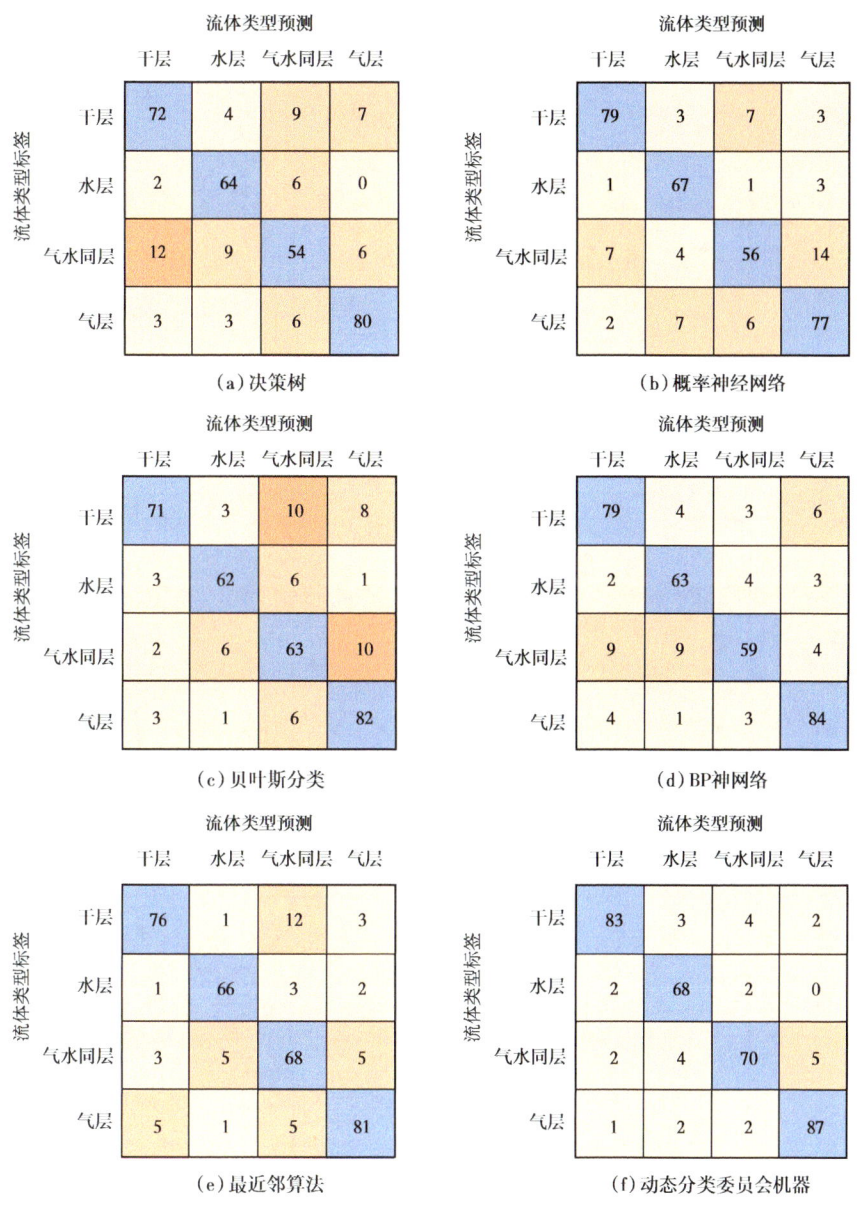

图 5.38　测试集中专家和动态分类委员会机器的分类结果对比

为了对比流体识别模型效果，分别利用静态委员会机器（验证集准确率为 85.94%）与上述构建的动态分类委员会机器对 BZ9 井进行流体类型预测，预测结果如图 5.39 所示。第 6 道为静态委员会机器（SCM）流体识别结果，第 7 道为动态分类委员会机器（DCM）流体识别结果，黄色填充为气层，橘色填充为气水同层，蓝色填充为水层，灰色填充为干层，无填充为非储层。第 8 道为对应的动态分类委员会机器解释结论，第 9 道为测井解释结论，第 11 道为测试结果。其中，SCM 与 DCM 流体识别结果在图中序号 1~3 处存在差异。位置 1 为 7792.30~7794.60m 处，SCM 与 DCM 在干层识别上存在差异，根据饱和度分析可知 DCM 识别结果更为合适；位置 2 为 7809.30~7813.50m 处，

SCM 识别结果为气层、气水同层和水层相互混杂，DCM 识别为气水同层，更符合气水分布规律；位置 3 为 7831.70~7834.80m 处，SCM 识别为气水同层，7832.99m 深度处的 MDT 测试结论判断为水层，与 DCM 的流体识别结论一致。

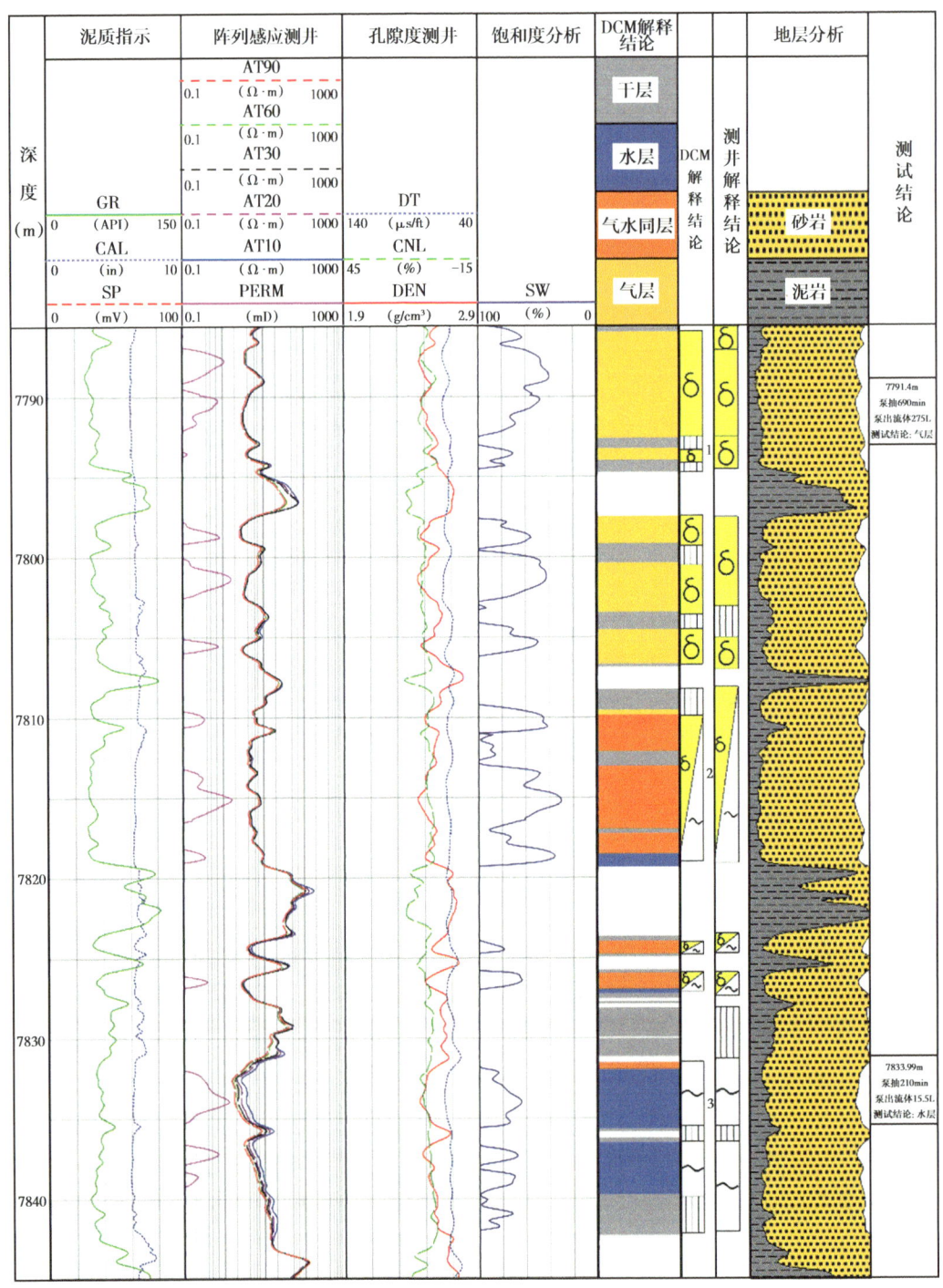

图 5.39　BZ9 井动态分类委员会机器流体识别结果

利用上述流体识别模型在库车坳陷 DB、KS、BZ 3 个研究区块 5 口井进行了流体类型识别，共有测试层数 11 个，判别准确率为 100%（表 5.6）。结论表明，利用动态分类委员会机器可以对致密砂岩储层进行快速的流体识别，识别准确率高，在该地区应用效果显著。

表 5.6　库车坳陷 5 口井智能流体识别符合率

井名	深度（m）	DCM 流体识别结果	测试结果	准确率（%）
BZ9	7785.70~7792.30	干层	干层	100
	7831.30~7835.40	水层	水层	
DB1101	6580.00~6592.30	干层	干层	100
DB1102	5856.80~5862.10	干层	干层	100
	5865.90~5870.20	气水同层	气水同层	
	5926.80~5931.20	水层	水层	
	5961.90~5970.50	水层	水层	
KS503	6858.70~6865.90	干层	干层	100
	6994.80~7001.10	水层	水层	
KS1003	6552.40~6561.60	干层	干层	100
	6637.50~6640.30	水层	水层	

5.3.4　动态回归委员会机器实例分析

总有机碳含量（TOC）是页岩油气评价"甜点"和页岩储层产能的重要指标。本例研究对象为黔南坳陷下寒武统九门冲组页岩。该页岩地层为深陆棚相，页岩层段深度为 2264.9~2433.5m。

由于静态回归委员会机器专家权重优化困难，多个基学习器集成的提升能力也有限，因此，在静态回归委员会机器基础上，通过引入门网络构建了动态回归委员会机器。该动态回归委员会机器选择极限学习机（ELM）、Elman 神经网络（ELNN）和广义回归神经网络（GRNN）作为专家。这些专家都是基于反向传播神经网络（BPNN）或径向基函数（RBF）神经网络发展的简单神经网络，通过调整网络结构和迭代算法，可以实现快速的训练和良好非线性拟合。

本案例中，采用 MIV 方法进行测井敏感性分析。初始模型使用 9 条测井曲线作为输入，包括 DT、CNL、DEN、GR、K、PE、RD、Th 和 U。需要注意的是，该方法不同的扰动率可能会产生不同的敏感性分析结果。因此，计算多次扰动率的平均结果获得测井数据敏感分析结论（图 5.40）。分析结果表明，CNL、DEN、K、RD、DT 具有较高的敏感性，对干扰的累积贡献超过 91%。U、Th、PE、GR 的敏感性相对较低。因此，选择 CNL、DEN、K、RD 和 DT 作为训练输入。

此外，对上述敏感测井进行主成分分析，以指导聚类数量的设置。图 5.41 显示了岩心数据和预测数据相对应的测井数据的主成分投影。实心点和空心点分别表明，在主成分二维空间中，将聚类簇数量设置为 3 较为合适。尽管继续增加聚类数量会使专家训练更容易，但也容易导致缺乏学习样本导致集成模型过拟合。

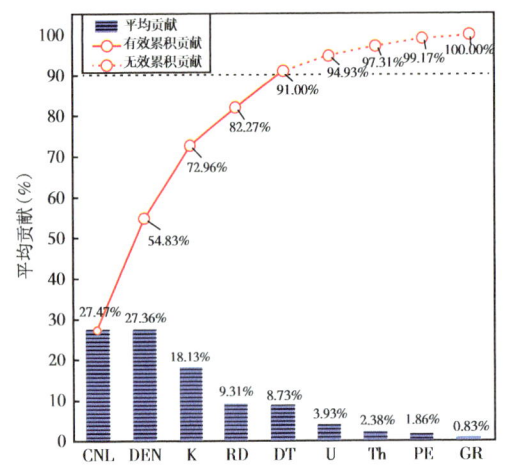

图 5.40　不同测井数据输入的扰动对输出结果的影响

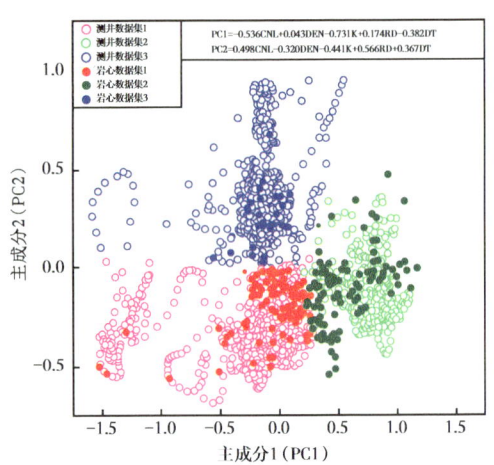

图 5.41　基于主成分分析的岩心数据和预测数据的可视化分布

利用获得的敏感测井数据构建包含 237 组数据的训练集。利用门网络对输入的测井数据进行 FCM 聚类分析，聚类数为 3，表 5.7 显示了部分分析结果。

表 5.7　部分门网络模糊 C 均值聚类结果

深度（m）	CNL（%）	DEN（g/cm³）	K（%）	PE（b/e）	Th（mg/kg）	DT（μs/ft）	TOC（%）	隶属度 I（%）	隶属度 II（%）	隶属度 III（%）	聚类簇
2298.4	3.74	2.75	0.67	5.76	3.98	55.00	1.53	2.0	95.1	2.9	2
2302.4	4.10	2.76	0.39	6.07	2.65	55.42	2.70	1.7	95.8	2.5	2
2411.1	19.34	2.58	1.90	4.48	11.84	74.77	6.86	4.8	0.7	94.5	3
2413.8	13.48	2.72	1.93	4.73	10.00	61.85	6.43	38.3	14.8	46.9	3
2416.1	21.22	2.53	3.40	4.61	19.59	71.15	6.77	65.2	5.8	29.0	1
2426.1	5.13	2.71	0.30	7.27	2.04	64.20	1.39	8.5	77.4	14.1	2

...

通过门网络将输入数据分为三个子数据集后，使用三个专家进行训练。训练时，动态监控每个专家性能，以对子任务和适合的专家进行匹配。此外，由于小样本数据没有足够的数据来创建训练集、验证集和测试集，因此，在训练中采用留一交叉验证法来评估模型性能并优化专家网络参数。所有专家训练结束后,利用组合器为所有专家的输出分配权重,从而获得最终输出。其中,组合器的权重来自 FCM 聚类分析得到的门网络隶属度矩阵。

图 5.42 展示了单一智能算法与动态委员会机器预测结果与岩心数据的对比。其中,极限学习机表现最好(11.91%),Elman 神经网络表现最差(13.92%)。图 5.42(d)是动态回归委员会机器训练输出和岩心数据散点图。结果表明,动态回归委员会机器散点均匀分布在 45°线附近,比单一专家更准确。

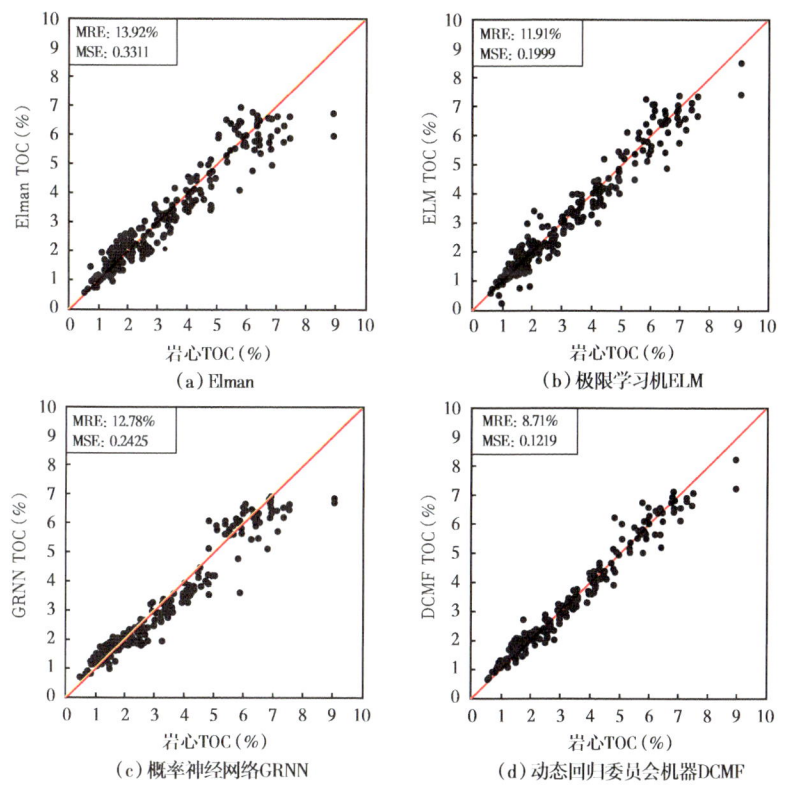

图 5.42　单一智能算法与动态委员会机器预测结果与岩心数据对比图

采用上述构建的预测模型对研究区 HY-1 井进行了 TOC 预测,预测结果如图 5.43 所示。

图 5.43 中第 5 道展示了基于 U 测井线性回归计算的 TOC,与岩心数据相比,其平均相对误差为 18.34%;第 6 道展示了基于静态委员会机的 TOC 计算结果,其平均相对误差为 10.34%;第 7 道是动态回归委员会机器的计算结果,其平均相对误差为 7.16%。

根据动态回归委员会机器 TOC 预测结果可以看出,高 TOC 值对应的地层位于 2350~2418m 这一深度段,预测结果与高 TOC 地层的测井响应一致。此外,图 5.43 中第 8 道展示了微电阻率成像测井图像,可以直接提供井眼周围的裂缝信息。可以看出,在 a 层段,FMI 图像显示该区域存在一些高角度诱导缝;b 层段 FMI 图像显示该区域存在很多不同倾角的开放裂缝,TOC 值较高,是一个较好的页岩"甜点"层段;c 层段为硅质岩地层,FMI 图像显示较少的裂缝,TOC 预测结果也很低。

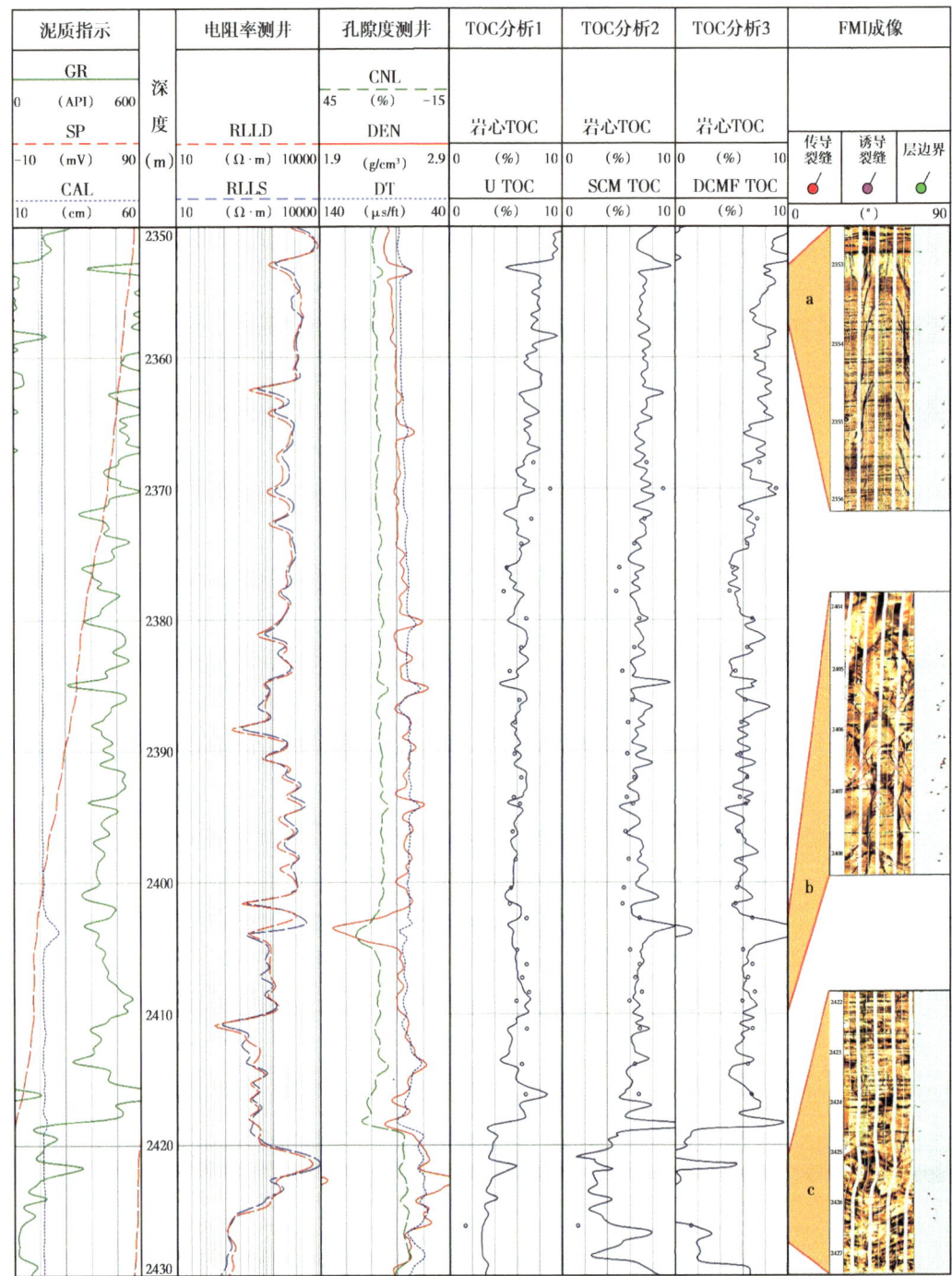

图 5.43 HY-1 井动态回归委员会机器 TOC 测井解释成果图

本章小结

本章介绍了集成机器学习的思想、分类和应用。按照组成集成学习的智能算法的类型，集成学习包括同质集成和异质集成。

在同质集成学习中，详细讨论了同质集成的多种学习模式，分别在流体识别和储层参数预测中进行了应用，取得了不错的应用效果。在异质集成学习中，提出了委员会机器的概念，并分别发展了分类委员会机器和回归委员会机器。其中，决策机制是关键，基于最优化算法的加权求和方法，能够得到更好的决策输出。此外，通过引入门网络来划分子任务，使用隶属度矩阵来分配模糊权重，创新性地发展了动态委员会机器。流体识别和 TOC 预测实例表明，动态委员会机器的预测精度高于静态委员会机器。

第6章 深度学习算法及应用

深度学习是近年发展最为成功的机器学习架构,通过加深网络获取数据更深层次的特征或表征,以提升算法在处理更大数据量、更高维度数据集时的准确度和可靠性。作为一种现代神经网络算法,深度学习算法不仅成功解决了浅层神经网络拟合能力不足、梯度易消失等问题,还在此基础上探索出了擅长图像识别的卷积神经网络(CNN)、擅长时间序列问题的循环神经网络(RNN)和Transformer神经网络、擅长生成式任务的生成对抗神经网络(GANs)和变分自编码器(VAE)、擅长继承学习的迁移学习(Transfer learning)等。目前,深度学习在地球科学领域的研究和应用已经广泛开展,如何将深度学习与地球物理有机结合起来,是地球物理学家正在探索的热点问题。

6.1 全连接神经网络算法及应用

6.1.1 基本结构与原理

深度全连接神经网络(DFCNN)可以视为浅层神经网络的一种扩展和加深。浅层神经网络通常只有单层或几个隐含层,深度神经网络则可以增加至十几层甚至上百层。通过增加隐含层数量,可以使深度全连接神经网络能够学习更复杂的特征和模式,提高模型的表示能力和泛化能力。

然而,单纯在浅层神经网络的基础上加深网络层数并不可行。当网络层数加深时,梯度在反向传播过程中可能会消失或爆炸。这是由于激活函数的导数在接近零或饱和区域时非常小或趋近于零,梯度信息无法有效传递到较浅的层,这些浅层神经元难以学习到有意义的参数,从而影响整个网络的性能。而且,随着网络层数的增加,模型的参数数量也会急剧增加,这易导致模型对训练数据过度拟合,而对新数据集表现不佳。为此,深度全连接神经网络算法通过引入残差连接、批量归一化、正则化技术(L1、L2、Dropout等正则化技术,如图6.1所示)及新的优化算法(Adam、Adagrad等),使深度神经网络的训练更有效、更高效。

6.1.2 应用实例

本研究构建了深度全连接神经网络,利用测井数据及录井资料构建训练集,开展岩性智能识别研究。图6.2展示了深度神经网络的学习架构及部分优化算法,具体研究方法包含四步:测井数据敏感性分析及训练数据集构建、深度学习架构设计、深度神经网络训练及性能验证、盲井岩性智能识别。

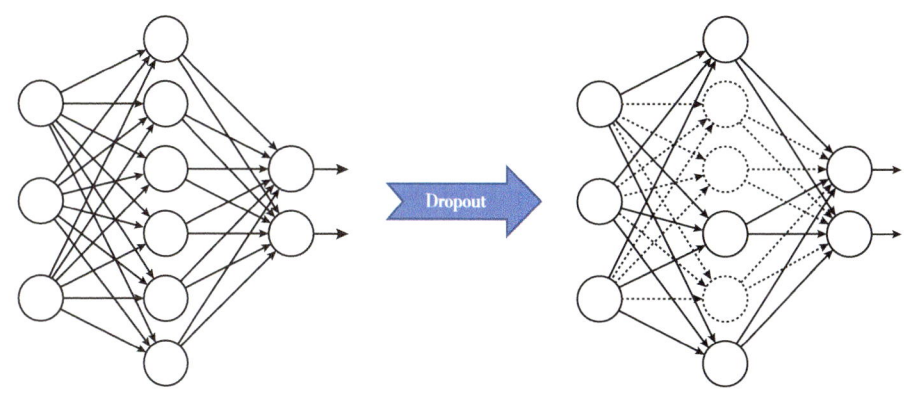

图 6.1　Dropout 正则化方法随机删掉部分隐含层神经元来提高神经网络泛化能力

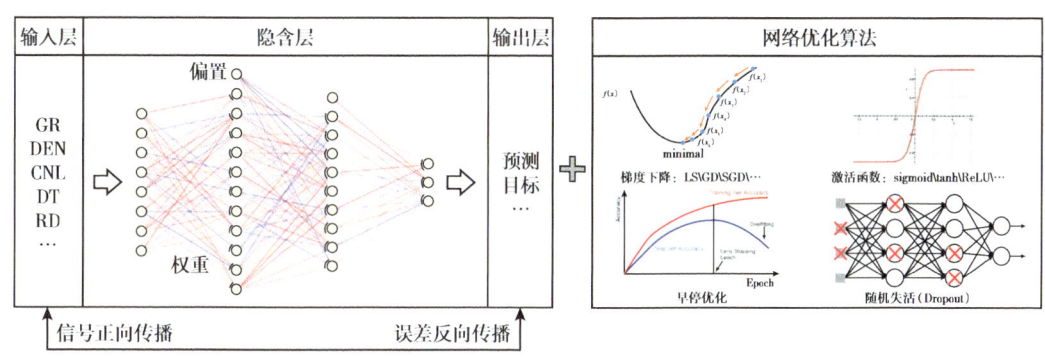

图 6.2　深度神经网络学习架构构建

首先，测井数据具有小样本特征，数据集中的噪声数据及非敏感数据对深度全连接神经网络算法的训练性能影响较大。因此，结合岩石物理资料、测井响应及解释图版开展测井数据敏感性分析是本研究的重要环节。通过前期研究发现，GR、CNL、DEN、RPCELM 及深浅电阻率比值对岩性具有较好的指示作用，部分测井系列构建的解释图版符合率较高，可以作为敏感测井数据构建训练数据集。

然后，构建深度学习架构。本研究采用的深度全连接神经网络学习架构由 6 个隐含层构成，每层神经元数量分别为 128、256、512、256、64、32（图 6.3）。算法迭代次数设置为 220 次，输入批次为 64。算法优化器采用自适应矩估计算法（Adam），收敛速度更快，学习效果更为有效，可有效解决其他优化算法中学习率易消失、收敛过慢的问题。损失函数采用交叉熵函数，可有效解决其他损失函数中导数形式易饱和、梯度更新慢的缺点，大大提高网络的收敛速度。交叉熵损失函数表达式如下：

$$L = \frac{1}{N}\sum_i L_i = -\frac{1}{N}\sum_i \sum_{c=1}^{M} y_{ic} \lg p_{ic} \tag{6.1}$$

式中，M 为类别数量；y_{ic} 为符号函数（0 或 1）；p_{ic} 为观测样本 i 属于类别 c 的预测概率。

其次，以训练数据集作为输入，利用构建的深度神经网络岩性识别学习架构进行训练。图 6.4 为模型训练在每次迭代中的训练准确率和验证准确率。训练准确率随着迭代次数增加不断增加，验证准确率在迭代次数 150~200 次时趋于稳定，以训练损失稳定时的模型作为最终模型。

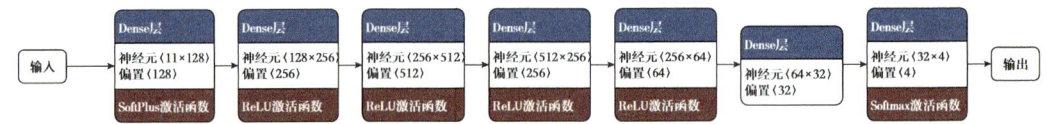

图 6.3　深度神经网络岩性识别学习架构

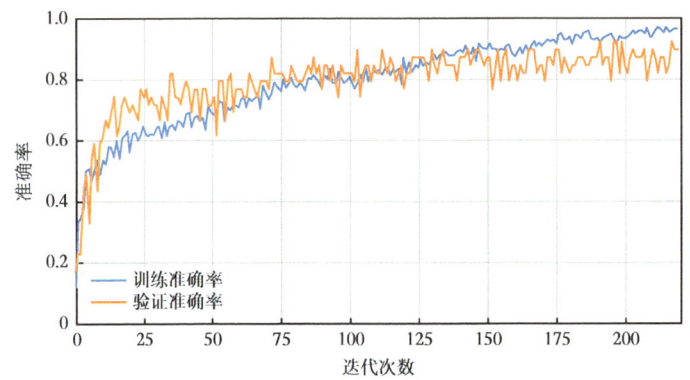

图 6.4　深度神经网络迭代训练及验证准确率

图 6.5（a）和图 6.5（b）分别为训练、测试混淆矩阵，其中训练集准确度为 95.09%，测试集准确度为 86.54%。其中，智能模型对砂岩和泥岩区分度较好，对砂砾岩和粗砂岩区分度次之。

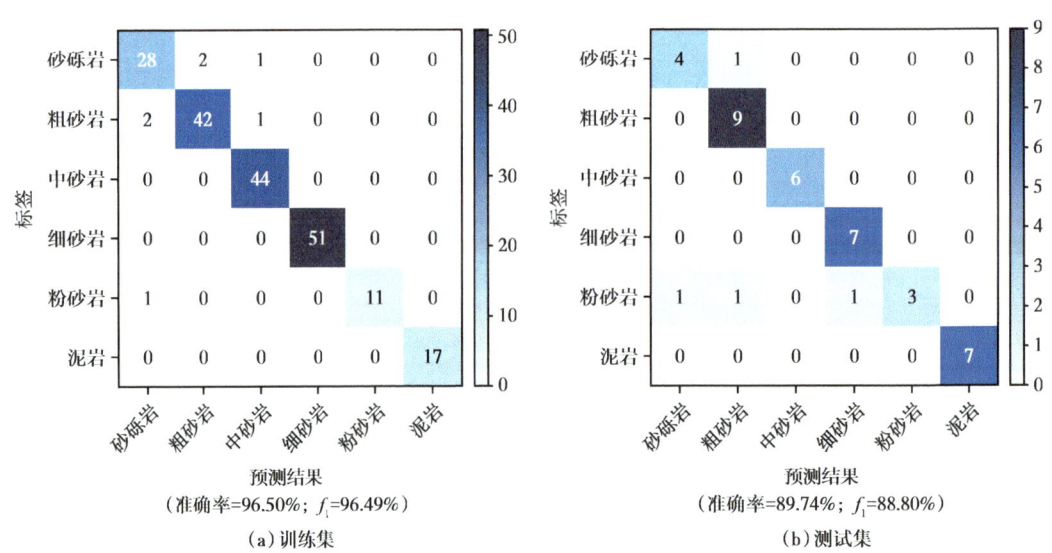

图 6.5　深度学习模型训练、测试混淆矩阵

最后，利用训练得到的最优模型进行盲井岩性智能识别。图 6.6 为研究区 6A 井岩性智能识别测井解释成果图，倒数第 3 道为岩性智能识别结果，与岩性人工解释结果（倒数第 2 道）及井壁取心结果吻合度较高。

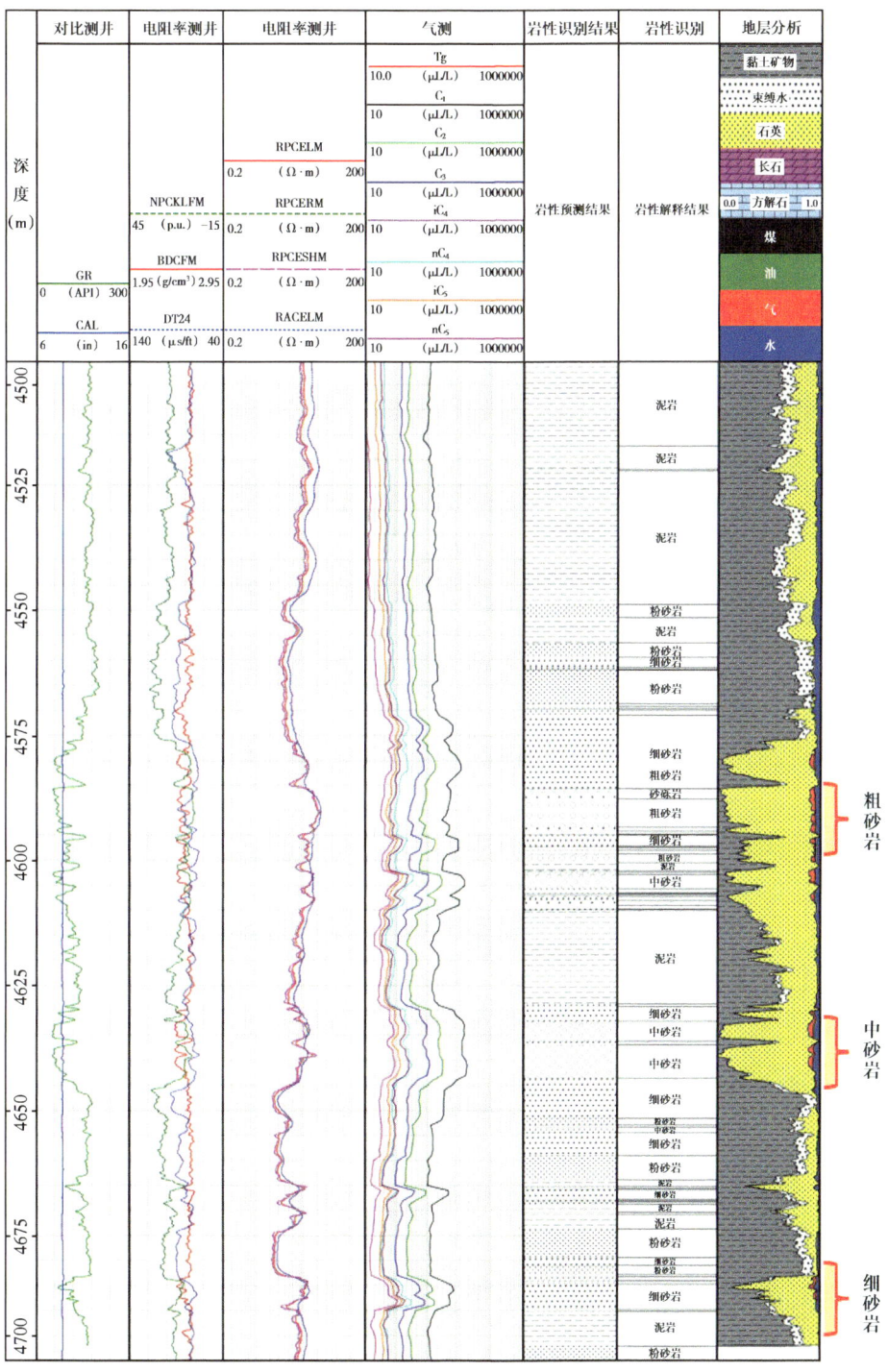

图 6.6　6A 井岩性智能识别测井解释成果图

6.2 卷积神经网络算法及应用

经典智能算法擅长处理低维数据，但难以处理二维图像等高维数据。如果直接将图像输入展开为一维向量，会损失像素的空间信息，也会导致模型内部参数过于复杂、收敛速度慢。卷积神经网络是一类以卷积计算为特点、具有深层结构的反向前馈神经网络，在图像智能化处理领域具有显著优势，是深度学习的代表算法之一。卷积神经网络的研究始于20世纪80—90年代，1998年提出的面向手写字符识别与分类任务的LeNet算法，准确率高达98%，奠定了卷积神经网络的基本架构。21世纪以来，随着一系列深度神经网络优化理论的提出和计算机算力的提高，卷积神经网络发展迅速，AlexNet（2012年）、VGG（2014年）、ResNet（2015年）、DenseNet（2016年）、U-Net（2018年）、ViT（2021年）等多种学习架构和算法相继出现。

6.2.1 方法原理

卷积神经网络的核心思想是通过卷积操作和池化操作对输入数据进行特征提取和表示学习。卷积操作可以捕捉图像或数据中的局部特征，池化操作可以减少特征图的维度。浅层的卷积层和池化层具有较小的感受野，可以捕捉图像中的局部信息；深层的卷积层和池化层具有较大的感受野，可以提取图像中的抽象信息。通过多个卷积层和池化层，可以将高维输入转化为低维特征，再将低维特征输入全连接神经网络中实现图像分类与识别。卷积神经网络主要由输入层、卷积层、池化层、全连接层构成，层内可以嵌入批归一化、Dropout等优化算法（图6.7）。

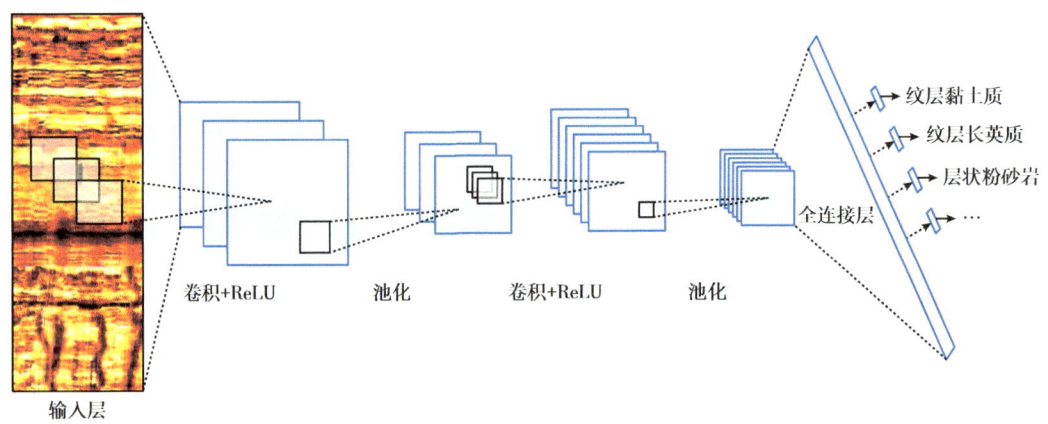

图6.7 卷积神经网络结构

6.2.1.1 输入层

卷积神经网络的输入层可以接收多维数据。一维卷积层可以接收序列数据，包括时间、频谱、深度采样信息[图6.8（a）]；二维卷积层可以接收图像信息[图6.8（b）]；三维卷积层增加了连续帧维度，在测井、地震数据处理中表现为时间或空间连续特征[图6.8（c）]。其中，二维卷积神经网络应用最为普遍，可以用于成像测井裂缝拾取、地震数据处理等。

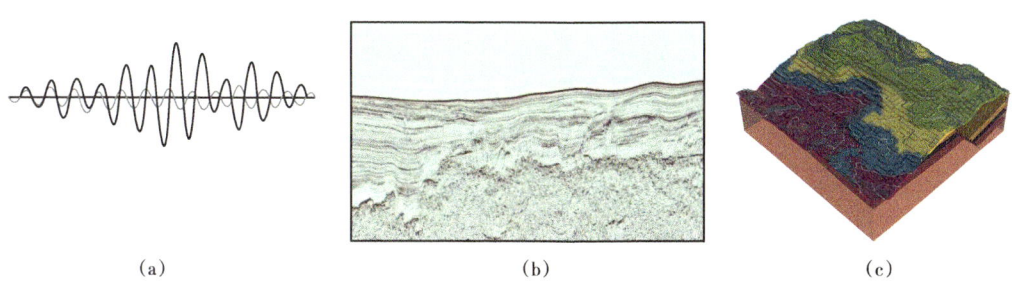

图6.8 卷积神经网络一维、二维、三维输入信息

6.2.1.2 卷积层

卷积运算是通过一个卷积核矩阵在输入空间中进行滑动，并将卷积核中的各元素与空间覆盖区域的元素一一相乘，最后求和得到滑动窗口的输出值（图6.9）。在卷积神经网络中，卷积层参数需要提前设定，包括卷积核大小、步长和边界填充方式，三者共同决定了卷积层输出特征图的尺寸。通过 $s×s$ 大小的卷积核对原始输入图像（尺寸 $m×n$）进行卷积运算，滑动步长为1时，将得到尺寸为 $(m-s+1)×(n-s+1)$ 的输出。通过卷积层权值共享的特性能够有效降低神经网络的参数数量，减少计算开销。

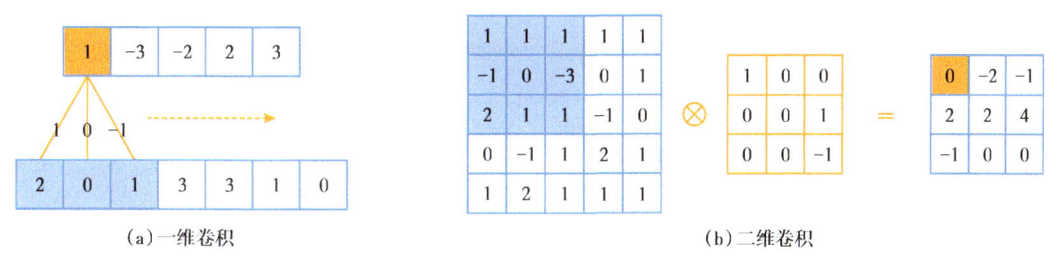

(a) 一维卷积　　　　　　　　　　　(b) 二维卷积

图6.9 一维与二维卷积操作

每个卷积核作为一个特征提取单元，只能在一个层次和尺度上进行特征提取。为此，一个卷积层通常包含多个卷积核，能够在不同的初始化权重下提取不同层次的图像特征，最终层叠为一个多通道输出（图6.10）；并且，设计卷积神经网络结构时，为了提高不同尺度特征提取能力，通常需要构建多个卷积核大小不一的卷积层，使得网络既能提取图像小范围的细节信息（小感受野），又能提取大范围的抽象信息（大感受野）。

此外，与普通神经元类似，卷积核卷积操作的输出通常使用线性整流函数（ReLU）等激活函数来使网络具有非线性处理能力。

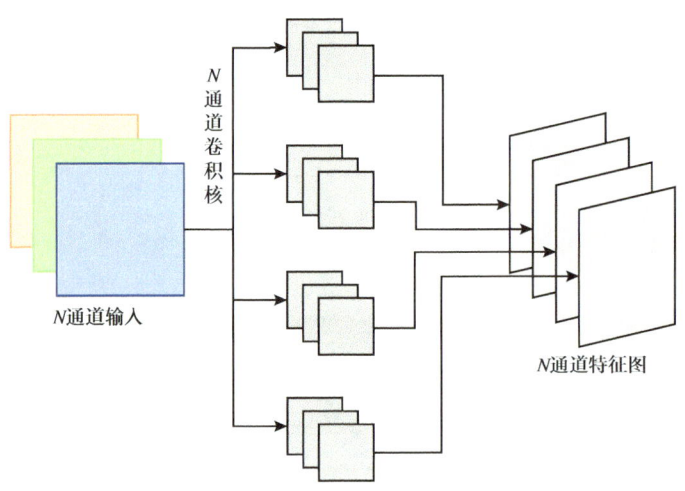

图 6.10　多卷积核的多通道卷积

6.2.1.3　池化层

卷积层可以有效减少输入数据的数量，但输出的特征图数据量级仍旧很高。因此，卷积层后通常连接池化层，将特征图中的一个区域替换为一个统计值替代，进一步缩减特征数量。当在区域中取最大值时，称为最大池化，能够突出图像纹理特征。取平均值时，称为均值池化，能够保留图像背景信息（图 6.11）。统计值是一个区域的综合结果，可以使输入发生平移或旋转时不影响最终的预测结果，降低输入数据扰动对网络训练的影响。池化层同样需要提前设定超参数，包括池化大小、步长和填充控制方式。

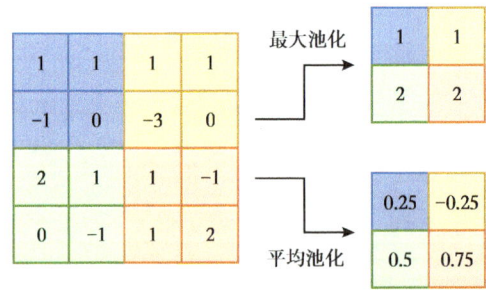

图 6.11　池化层的池化操作

6.2.1.4　全连接层

卷积层和池化层的输出是抽象特征图，难以直接进行分类或回归。通常在最后的卷积层和池化层后继续连接全连接层，将特征图展开成一维向量作为输入，等价于传统前馈神经网络中的隐含层。对于图像分类问题，全连接层可通过归一化指数函数输出分类结果。在物体识别问题中，全连接层输出物体的中心坐标、大小和分类。在图像语义分割中，全连接层可直接输出每个像素的分类结果。需要指出的是，在 U-Net 等全卷积神经网络中，全连接层并不是一个必要结构。

6.2.2 应用实例

考虑到岩心地质化验、岩石物理实验成本高，仅利用实验结果构建训练样本库样本数量过少。研究智能识别算法，直接对成像测井资料、岩石新鲜面、铸体薄片等二维图像开展岩性、岩相识别研究对扩充样本库具有积极作用。然而，二维岩心图像具有复杂的颜色、矿物组成和填充模式、纹理结构等特征，相较于其他图像识别案例，图像特征分散，卷积神经网络特征提取困难。

本例采用了 Resnet50 网络进行岩石薄片分类模型训练。Resnet50 网络由 50 个卷积层组成，在层间使用了残差连接，有效解决了深层结构中的梯度消失和爆炸问题。而且，Resnet50 网络中的残差连接可以跳过一些层，使得信号可以在网络中更快传播。

为了提高 Resnet50 网络的特征提取能力，引入公开的 ImageNet 数据集构建预训练模型，开展迁移学习研究（图 6.12）。迁移学习作为一种智能学习策略，旨在将已有模型 A 重用于其他相关任务，建立新模型 B，使得模型 B 的训练具有更高的起点、更快的效率和更好的性能。迁移学习主要包括样本迁移、特征迁移、模型迁移和关系迁移。其中，特征迁移、模型迁移是应用最广泛的基于预训练模型的迁移学习手段。特征迁移是在预训练模型的基础上，利用新构建的分类器替换原始分类层，适用于源域与目标域特征接近的情况。在本例中，二维岩心图像与现有 ImageNet 等样本库特征差距较大。因此，本研究采用模型迁移，即微调策略。在网络微调过程中，除替换原始分类层外，还选择性地训练其他层来提高网络在目标域特征提取的能力，构建性能更优的迁移学习模型。

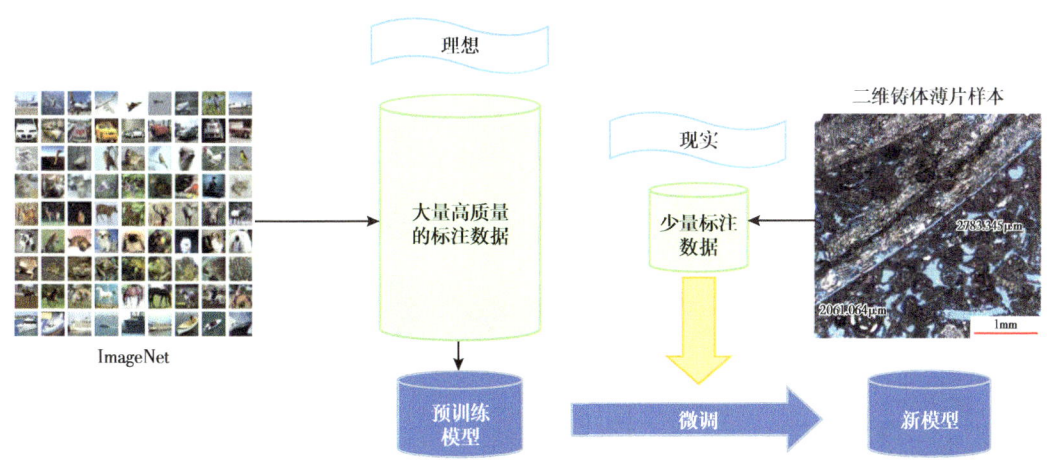

图 6.12 二维岩心图像迁移学习与批量标注

通过迁移学习技术调用成熟的预训练模型，既能够加速网络训练速度，又可以提高复杂岩心图像的特征提取能力，增强训练模型的可推广能力和识别精度。同时，在网络构建中引入 Im2col 优化方法来加速卷积运算，引入 L2 正则化、Dropout 机制来降低模型的过拟合风险。考虑到后续部分岩心图像特征的离散性，引入注意力机制来进一步提高二维图像重要特征的提取能力。

对于目标域模型的训练，本例目标域训练集来自南京大学的岩石教学薄片显微图像公开数据集。在源域模型的基础上，冻结除最后两个全连接层外的全部层的权重，只训练最后两个全连接层。在进行了 20 次迭代后，网络损失达到最低且趋于稳定。表 6.1 展示了三大类岩性的预测精度、召回率和特异度。图 6.13 为岩石薄片分类模型预测案例。

表 6.1　迁移学习目标域模型精度、召回率和特异度

岩性	预测精度	召回率	特异度
变质岩	1.0	0.948	1.0
沉积岩	0.905	0.971	0.964
火成岩	0.969	0.969	0.982

(a) 角页岩

(b) 钙质粉砂岩

(c) 辉绿岩

图 6.13　岩石薄片分类模型预测结果

此外，依托上述研究，进一步对 CT、电镜扫描岩心图像以及成像测井图像开展智能分析，可以进一步研究矿物、岩相变化规律，从而为储层定量智能评价提供支撑。然而，CT、电镜扫描分析实验成本高昂，成像测井图像标注工作量巨大。因此，开展岩心 CT、电镜扫描图像及成像测井图像标注与数据增强研究十分必要。该研究主要包括几何变换和生成对抗网络生成两部分。首先，通过几何变换方法对 CT、电镜扫描图像进行数据增广，主要包括扩展缩放、平移、旋转、仿射变换、随机裁剪、噪声扰动等，能够有效实现训练数据集增强。通过控制图像几何变换的数量，还可以有效降低样本不均衡对网络训练的影响（图 6.14）。

进一步利用生成对抗网络开展数据增广研究，是对机械性几何变换操作的有效补充。生成对抗网络（GAN）是一种生成式无监督学习算法，通过生成器和判别器交替迭代来优化各自模型，直到达到平衡状态。此时，生成器学习到了学习样本的隐式分布，能够实现新样本的自动生成。生成对抗网络的损失函数为

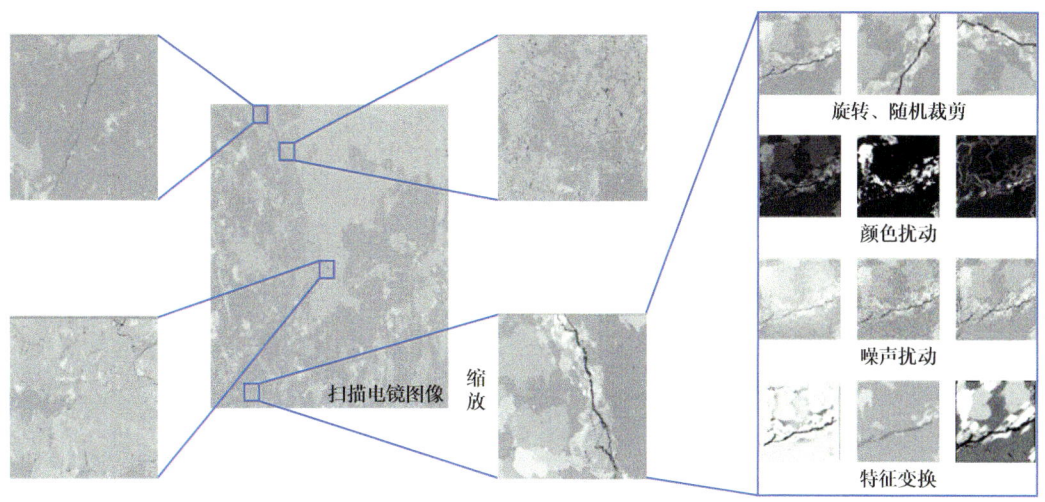

图 6.14 基于几何变换的岩心图像扩增（岩心图像旋转、随机裁剪、噪声扰动等）

$$\min_{G} \max_{D} V(D,G) = E_{x \sim p_{\text{data}}(x)} \left[\lg D(x) \right] + E_{x \sim p_{\text{noise}}(z)} \left[1 - \lg(D(G(z))) \right] \quad (6.2)$$

式中，D 为判别模型；G 为生成模型；$E(\cdot)$ 为分布函数期望值；$p_{\text{data}}(x)$ 为真实样本的分布；$p_{\text{noise}}(z)$ 为随机噪声分布。

本研究通过构建的生成对抗网络，对岩心 CT、电镜图像及成像测井图像开展数据增广，为后续储层孔隙度、矿物含量等智能评价提供了更为丰富的标签数据。同样，利用生成对抗网络也适用于对岩石新鲜面、铸体薄片等二维岩心图像开展数据增强研究。

上述工作完成后，利用 U-Net、DeepLab 等卷积神经网络，结合概率图模型开展了成像测井、CT、电镜图像分割，在网络结构中引入全局金字塔池化等优化方法，实现了孔隙度及石英、方解石、白云石等矿物组分的提取，为储层智能预测提供数据支撑（图 6.15）。以上研究也可用于基于 CT、电镜图像重构的数字岩心，为岩心的微观数值模拟提供参考。

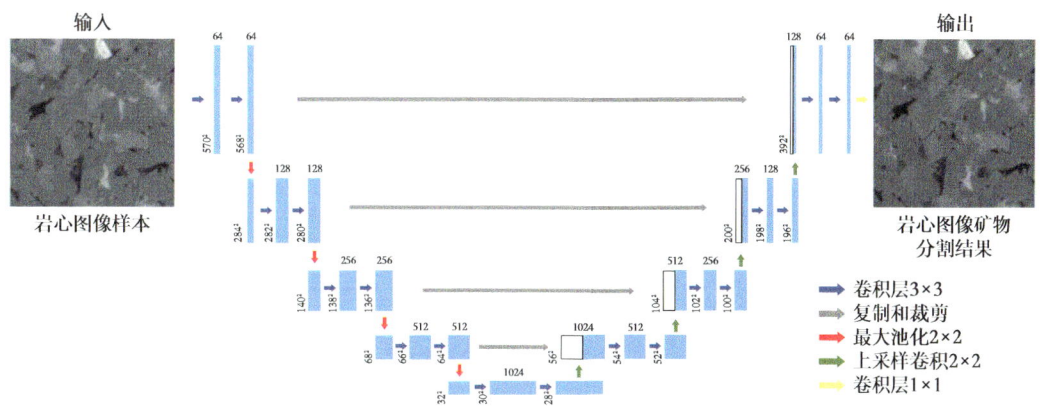

图 6.15 基于 U-Net 网络的岩心 CT、电镜图像分割技术

6.3 循环神经网络算法及应用

循环神经网络（RNN）于 20 世纪 80—90 年代提出，是一种用于处理序列数据的递归神经网络。循环神经网络的核心思想是通过循环连接网络各个节点，使得网络能够在处理序列数据时具有记忆功能。根据不同的需求，循环神经网络可以分为多种类型，如单向循环神经网络、双向循环神经网络（Bi-RNN）和长短期记忆神经网络（LSTM）等。利用循环神经网络，可以更好地完成自然语言处理、语音识别、机器翻译等各类时间序列预测任务。

6.3.1 方法原理

循环神经网络的结构包括输入层、循环层和输出层。其中，输入层负责接收输入序列的数据。在每个时间步，输入层将当前时刻的输入特征传递给循环层。输入特征通常为一个向量，代表输入序列中当前时刻的信息。循环层是循环神经网络的核心部分，它由一系列重复的循环单元组成（图 6.16）。循环单元通过循环连接在一起，使得信息可以在不同时间步之间传递，捕捉序列中的长期依赖关系。通过循环连接，循环层能够利用之前时间步的信息来影响当前时间步的输出。输出层负责生成最终的输出，根据具体任务的需求，输出层可以产生一个或多个输出：

$$h^{(t)} = \sigma\left(z^{(t)}\right) = \sigma\left(U_x^{(t)} + W_h^{(t-1)} + b\right) \tag{6.3}$$

模型 $h(t)$ 的预测输出为

$$\hat{y}^{(t)} = \sigma\left(O^{(t)}\right) = \sigma\left(V_h^{(t)} + c\right) \tag{6.4}$$

式中，t 为序列索引；U 是输入到隐含层的权重矩阵；W 是状态到隐含层的权重矩阵；V 为隐含层到输出层的权重矩阵；$\sigma(\cdot)$ 一般为 Softmax 激活函数。

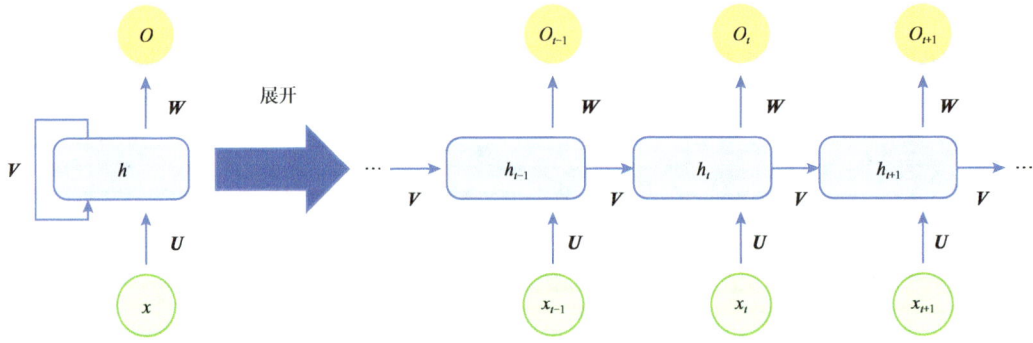

图 6.16　循环神经网络循环层

然而，深层 RNN 在梯度下降训练的过程中易发生梯度爆炸或消失，无法解决长时依赖的问题。为此，通过设计循环体结构构建 LSTM，能够利用遗忘门、输入门、输出门将短期记忆与长期记忆结合起来，在一定程度上解决了梯度消失的问题（图 6.17）。此外，门控递归单元网络进一步以更新门和重置门替换输入门、遗忘门和输出门，训练效率更高。

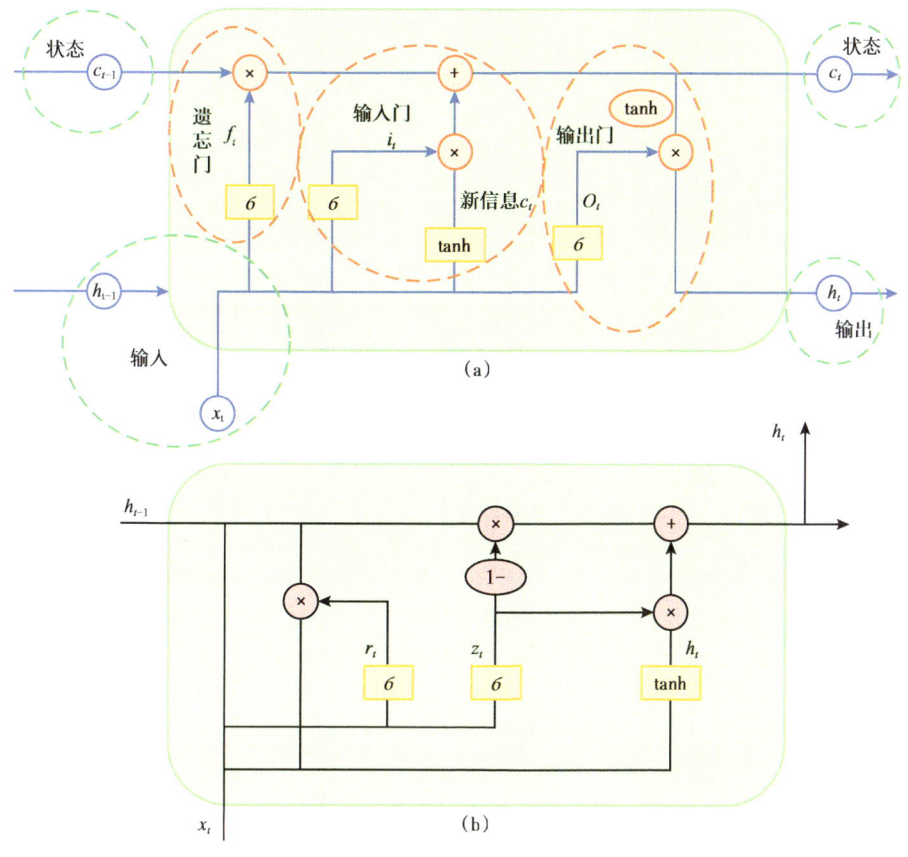

图 6.17　长短期记忆神经网络（a）与门控递归单元网络结构（b）

事实上，时序特征常具有双向性，某一点特征同上下信息均有联系，采用单一记忆流的传统循环神经网络无法有效建立岩相间的时序关联。因此，双向长短期记忆网络（Bi-LSTM）将时序相反的两个循环神经网络连接同一输出，每一个时间节点的输入会分别传到正向和反向的 LSTM 单元，输出节点可同时获得历史和未来信息（图 6.18）。图中，六个独特的权值在每一个时步被重复利用，六个权值分别对应：输入到向前和向后隐含层（w_1，w_3）、隐含层到隐含层自己（w_2，w_5）、向前和向后隐含层到输出层（w_4，w_6）。通过双向长短期记忆网络有助于提高测井岩相、储层参数预测的时序关联性，实现更加符合地质意义的储层智能评价。

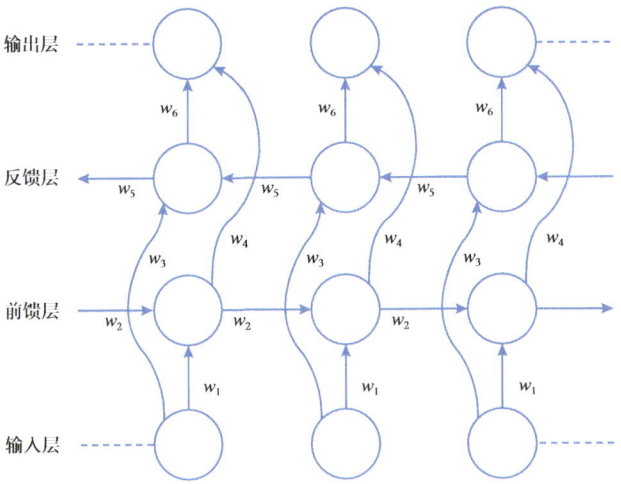

图 6.18　双向循环神经网络结构

6.3.2　应用实例

致密砂岩储层孔隙度小，孔隙结构复杂，孔喉微小，其渗透率测井解释与精确预测是一项具有挑战性的研究任务。为此，本例引入双向长短期记忆（Bi-LSTM）神经网络预测储层流动单元指数 FZI，通过优选流动单元分类方法及具体分类数目，分类构建渗透率模型，最终实现致密砂岩储层渗透率预测，如图 6.19 所示。

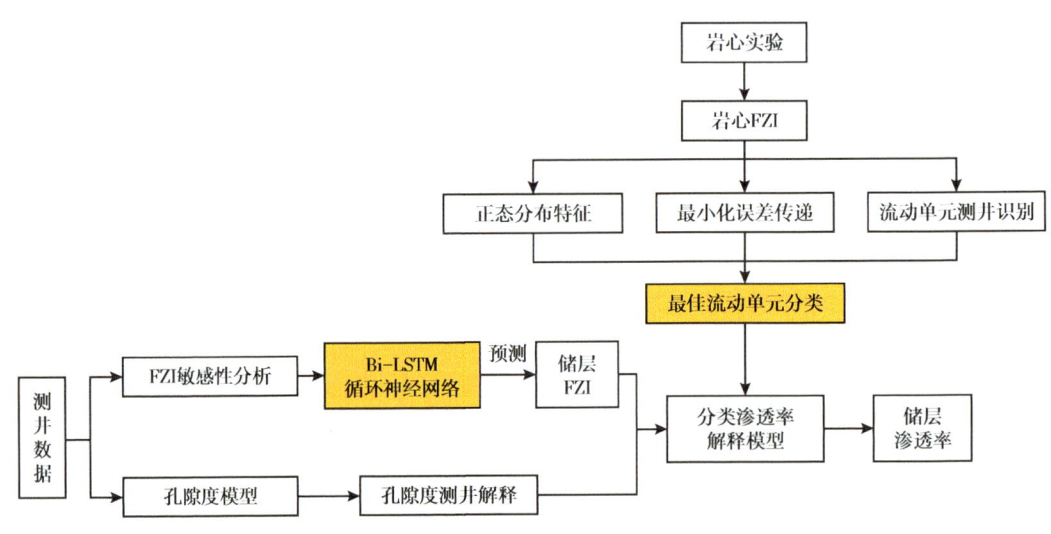

图 6.19　储层渗透率计算流程

6.3.2.1　优选流动单元分类

1）流动单元原理

流动单元（FU）：把岩石矿物地质特征、孔喉特征结合起来，综合判定孔隙几何特征参数，可较好地描述储层储集特征、渗流特征和非均质特征。具有相似流动单元指数（FZI）的岩石被认为具有相似的平均水力半径和流体流动特性，因而可归类时为同一流动单元。

从微观角度进行流动单元的划分主要是依据储层岩心分析资料根据储层的微观孔隙结构及物性特征进行储层流动单元划分。常用的方法是根据Kozeny-Carman（K-C）方程推导得出的流动单元指数FZI值划分储层流动单元。在K-C方程基础上加入平均水力半径和迂曲系数后得到修正K-C方程。该方程数学表达式为：

$$K = \frac{\phi_e^3}{(1-\phi_e)^2} \frac{1}{F_s \tau^2 S_{gv}^2} \tag{6.5}$$

式中，K为渗透率，mD；ϕ_e为有效孔隙度，小数；τ为孔隙介质的迂回度；F_s为孔隙形状系数；S_{gv}为比表面，cm^2；$F_s\tau^2$为Kozeny常数，不同的流动单元Kozeny常数不同。

流动单元可用流动单元指数（FZI）来描述和量化：

$$FZI = \frac{1}{\sqrt{F_s}\tau S_{gv}} = \frac{RQI}{\phi_z} \tag{6.6}$$

其中 $\phi_z = \frac{\phi_e}{1-\phi_e}$，$RQI = 10^{-2} \cdot \pi \cdot \sqrt{K/\phi_e} = \frac{10^{-2} \cdot \pi}{\sqrt{F_s}\tau S_{gv}} \cdot \frac{\phi_e}{1-\phi_e}$

式中，ϕ_z为标准化孔隙度指数；RQI为储层品质因子。

2）流动单元分类

每类流动单元代表不同的岩性、物性和孔隙结构特征，可通过孔隙度和渗透率计算的流动单元指数（FZI）进行判别划分。图6.20为FZI频数直方图，其中的每种流动单元的FZI均服从正态分布[图6.20（a）中蓝色线]，即同一沉积地质环境下的储层FZI服从正态分布。从图中看出，当存在多个非均质流动单元时，FZI分布特征一般不符合一个正态分布，而是由几个正态分布组成。

仅通过FZI频数直方图分析流动单元正态分布特征是较为困难的。因此，本例引入正态累计概率图，将FZI频数直方图转为FZI正态累计概率图，具有正态分布特征的流动单元指数累计频率形态就近似为一条直线，如图6.20（b）所示，这样就可以直观地区分流动单元类型。

优选流动单元分类是极为重要的一环。由于智能预测的FZI本身就带有一定的误差，其误差会传递到渗透率计算。若需最小化计算渗透率误差，就需要流动单元分类合理，同时确保流动单元类型具有正态分布特征。其次，FZI划分的流动单元类型还需要被测井数据所感应识别，太多的流动单元分类会导致测井识别和区分难度大。因此，本例通过聚类分析方法进行流动单元分类，得到3类、4类、5类、6类等流动单元类型，如图6.21所示。分析不同流动单元分类情形的计算渗透率误差，确保测井数据能区分流动单元类型，优选出最佳流动单元分类，建立最终的渗透率测井解释模型。

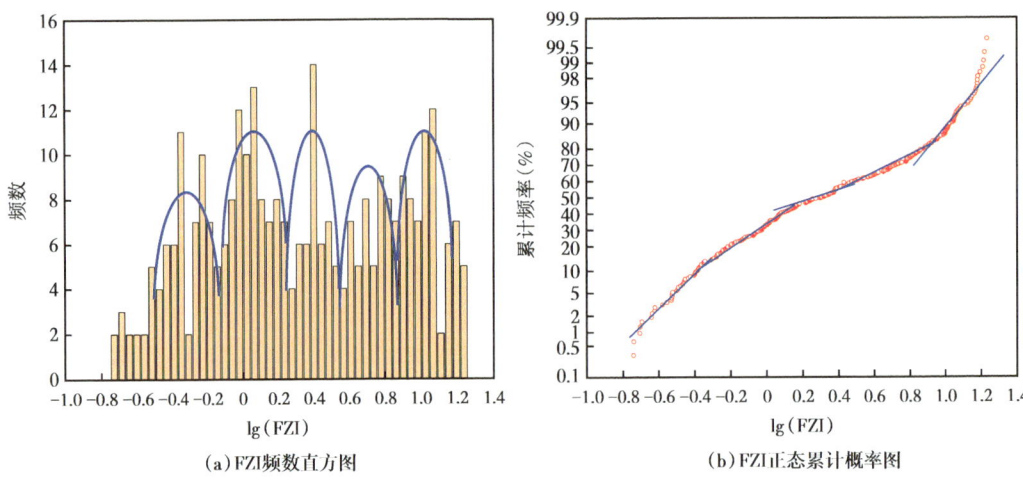

(a) FZI频数直方图　　　　　　　　(b) FZI正态累计概率图

图 6.20　流动单元分类标准

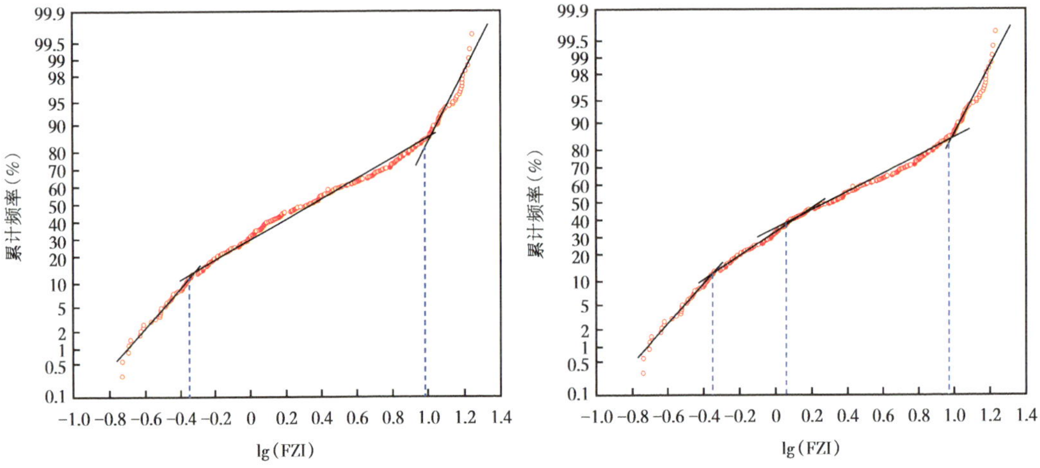

(a) 3类流动单元　　　　　　　　(b) 4类流动单元

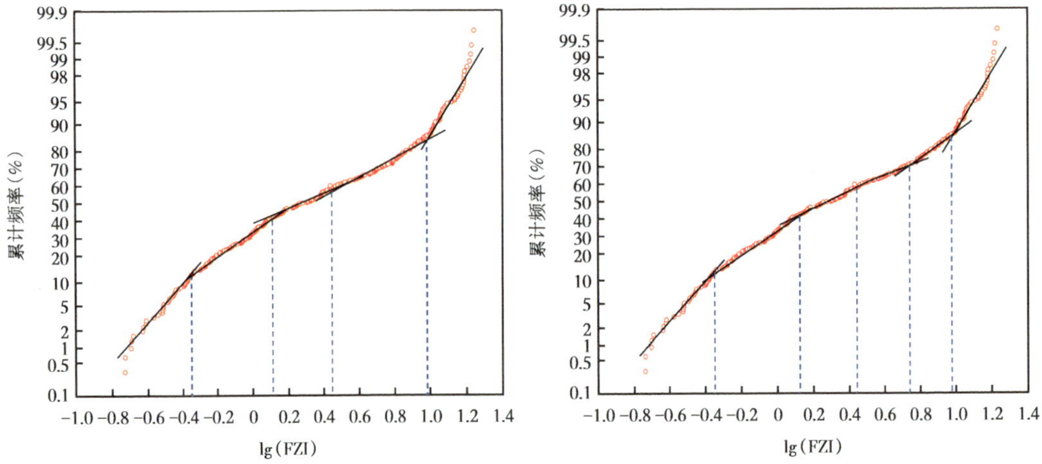

(c) 5类流动单元　　　　　　　　(d) 6类流动单元

图 6.21　流动单元分类优选

6.3.2.2 基于双向长短期记忆循环神经网络的 FZI 智能预测

储层流动单元与地质沉积环境息息相关，沉积时序具有双向性，某一点流动单元特征同上下地层均有联系，采用单一记忆流的循环神经网络无法有效建立 FZI 的时序关联。因此，本例构建了双向长短期记忆循环神经网络（Bi-LSTM）进行 FZI 预测模型训练。由于测井数据和 FZI 之间具有一定的相关性，在智能预测前还需要通过相关性分析选取敏感的测井参数作为输入数据（图 6.22）。

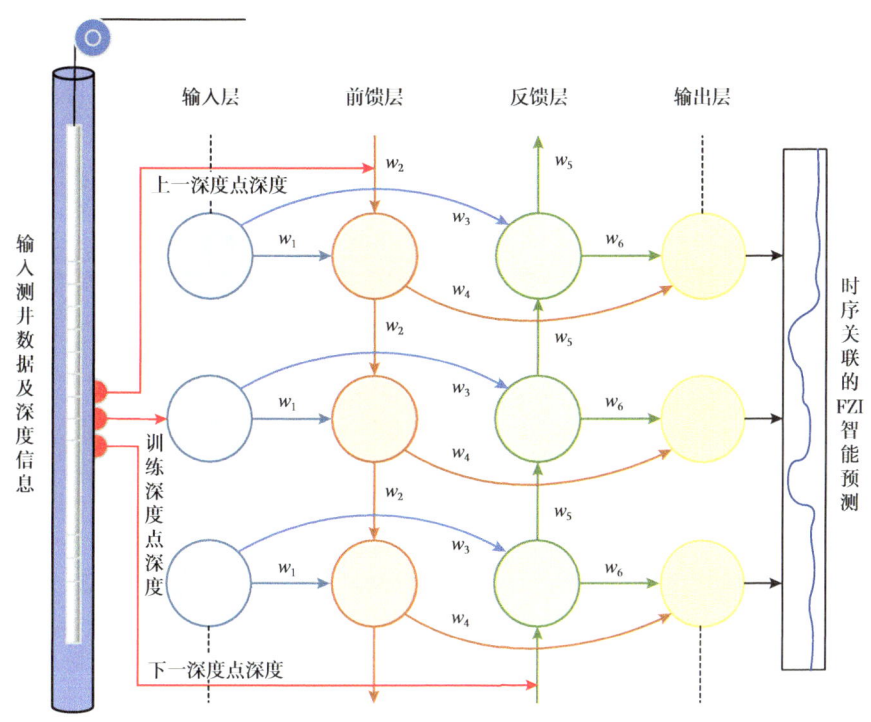

图 6.22　基于 Bi-LSTM 循环神经网络的储层流动单元指数智能预测

结合上述方法，采用流动单元分类法，通过 FZI 频数直方图及 FZI 正态累计概率图划分 3 类、4 类、5 类、6 类流动单元。基于不同分组的流动单元，分别训练渗透率模型，记录渗透率计算对数残差，3 类时为 0.72，4 类时为 0.57，5 类时为 0.51，6 类时为 0.52（图 6.23）。其中，当流动单元划分为 5 类时误差最小，优选 5 类作为最佳流动单元分类数量，对应的测井响应及物性特征见表 6.2。

采用双向长短期记忆循环神经网络预测储层 FZI 值，输入敏感测井参数，包括自然伽马、补偿密度、补偿中子、浅电阻率、孔隙度和 T_2 几何均值。图 6.24 为 6B 井渗透率测井解释成果图，倒数第 3 道为预测的流动单元指数，倒数第 1 道为计算得到的渗透率。可以看出，基于双向长短期记忆循环神经网络和常规测井数据能够有效划分流动单元类型，储层流动单元类型越好（高值），储层物性也越好，对应计算的渗透率也越高。

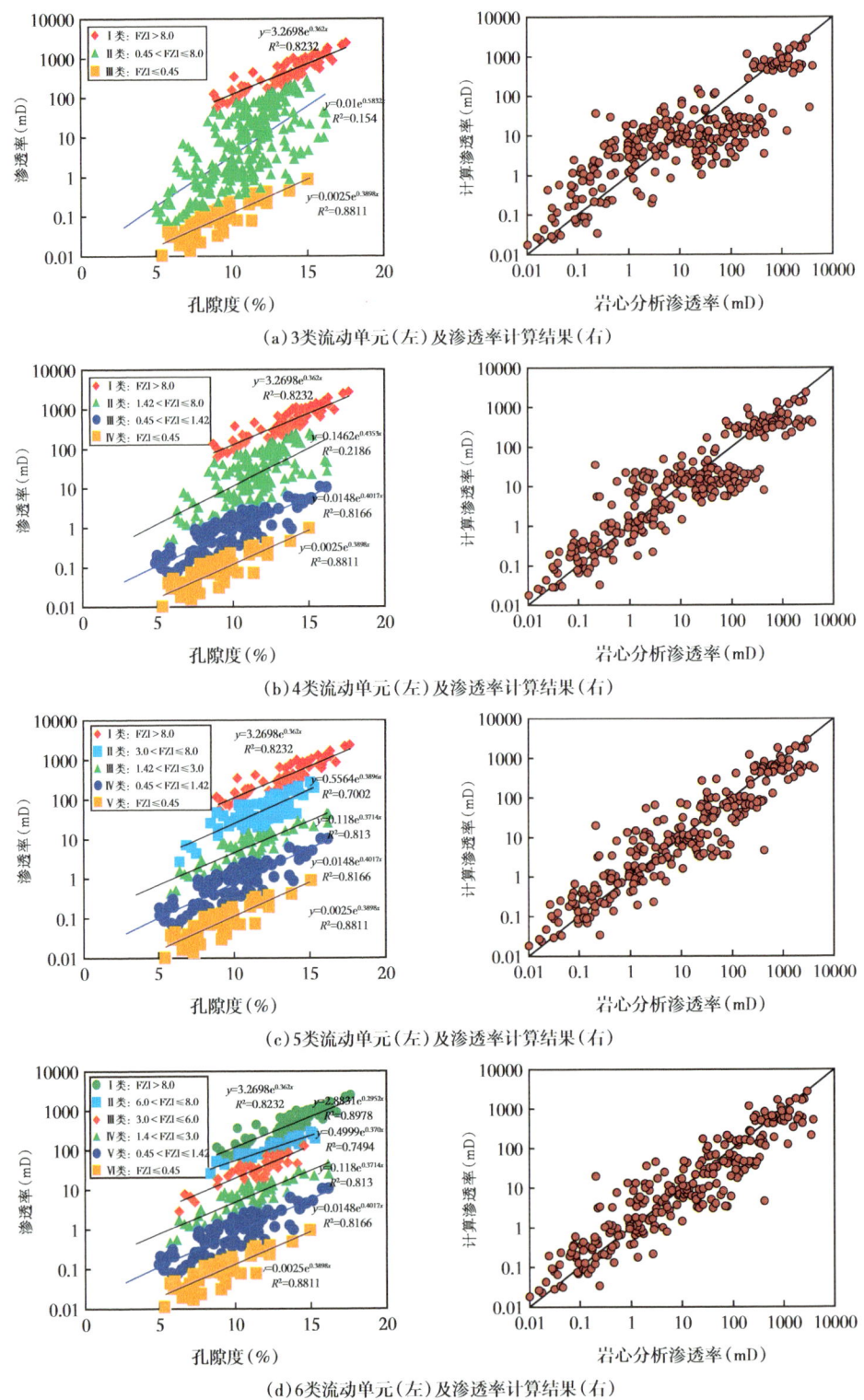

图 6.23 不用数目流动单元分类及渗透率计算结果对比

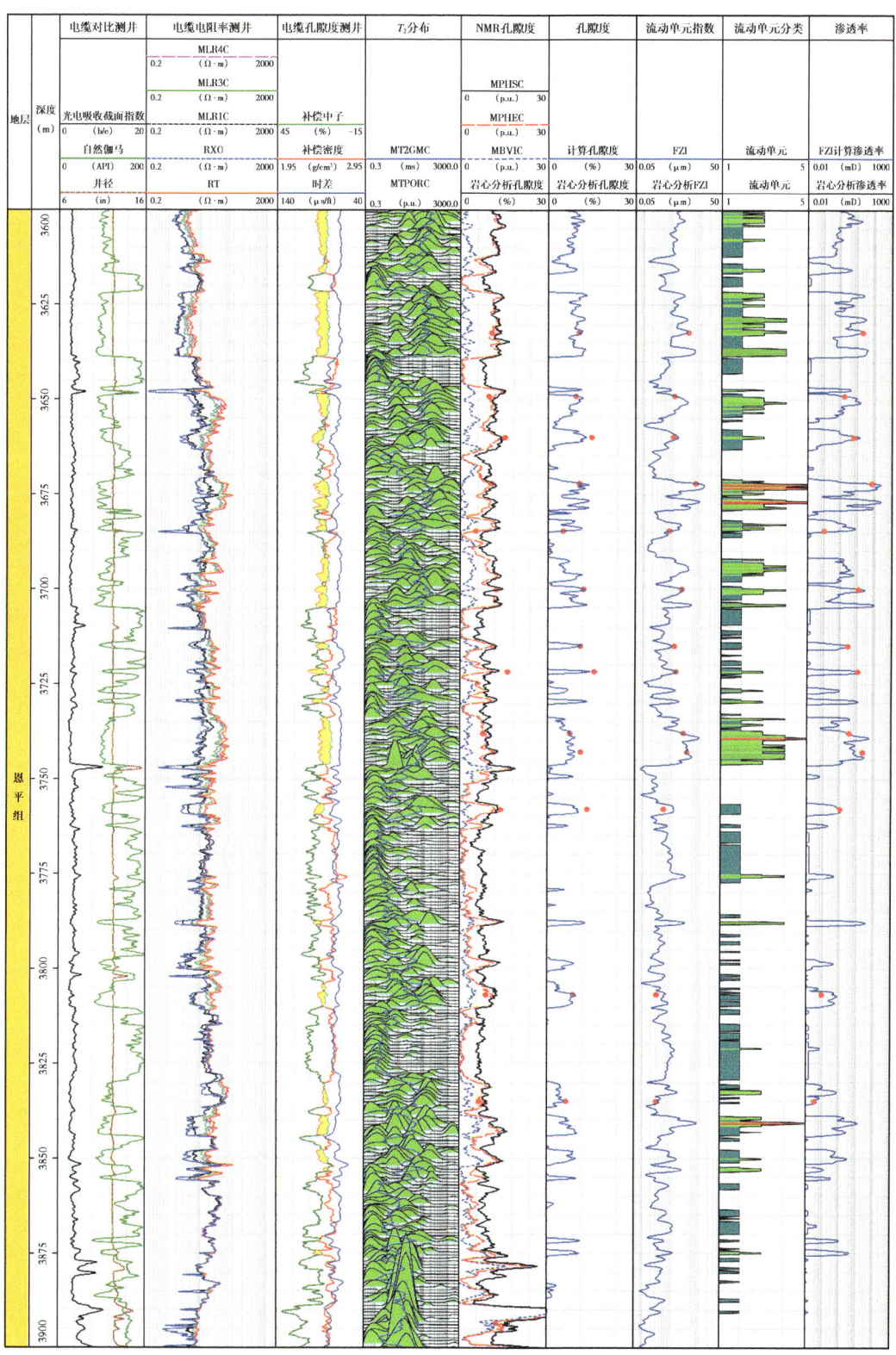

图 6.24　6B 井基于双向长短期记忆神经网络的致密砂岩储层渗透率测井解释成果图

表 6.2 5 类流动单元类型对应的测井响应及物性特征

类型	lg(FZI)（记为LF）	FZI（μm）	孔渗关系模型	岩性	测井响应		孔隙度（%）	渗透率（mD）	平均孔隙半径（μm）
					GR（API）	DEN（g/cm³）			
I类	LF>0.9	FZI>8.0	$K=3.2698e^{0.362\phi}$	粗砂和含砾粗砂	72~114（87）	2.35~2.51（2.42）	9.0~17.6（14.25）	101~3611（758）	7.6~12.4（10.1）
II类	0.47<LF≤0.9	3.0<FZI≤8.0	$K=0.5564e^{0.3896\phi}$	中—粗砂为主，含砾粗砂次之	79~108（90）	2.33~2.54（2.43）	7.0~15.2（12.06）	2.9~379（70）	2.0~12.7（5.5）
III类	0.15<LF≤0.47	1.4<FZI≤3.0	$K=0.118e^{0.371\phi}$	中—细砂为主，含砾粗砂次之	58~125（87）	2.35~2.55（2.46）	6.2~16.2（10.7）	0.56~48.0（6.76）	0.8~6.2（2.22）
IV类	0.35<LF≤0.15	0.45<FZI≤1.42	$K=0.0148e^{0.402\phi}$	中—细砂，少量粗砂和含砾中砂	56~135（93）	2.31~2.68（2.48）	5.0~16.1（9.8）	0.07~11.0（0.75）	0.38~3.0（1.06）
V类	LF≤-0.35	FZI≤0.45	$K=0.0025e^{0.389\phi}$	泥质粉砂岩、中—细砂岩为主	67~142（91）	2.38~2.69（2.55）	5.4~15（9.4）	0.01~0.96（0.08）	0.10~0.57（0.24）

注：表中括号内数字为平均值。

研究中，流动单元分类优选是分类建立测井渗透率解释模型的基础和前提，为复杂孔隙结构类型致密砂岩渗透率预测提供了保证，尤其是 FZI 正态累计概率图绘制方法修正了原来方法的不足。另外，利用双向长短期记忆神经网络预测储层 FZI 值，为流动单元分类提供了准确的 FZI 参数，是基于 FZI 概率分布图绘制和确定最佳分类数目的基础。

本章小结

与经典智能算法和集成学习相比，深度学习以其更深的网络架构和更先进的优化机制，在大数据加持和硬件持续进步的背景中广受追捧。在测井解释中，初步的研究也展示出深度学习良好的特征提取能力和深度架构灵活的延展能力。然而，由于当前油气领域存在典型的数据"孤岛"特征，部分重点开发区域的大型油气数据库不能共享，油气深度学习技术缺乏足够的大数据支撑，应用范围受限。一些小样本背景下的智能储层评价技术和面向数据"孤岛"的联邦学习技术在未来"油气科学+AI"的研究领域中发展潜力巨大。

第7章 最优化问题演化算法及应用

最优化是在一定条件下找到令目标函数值最大或最小的决策，从潜在的解集中选出的最合适决策就是所求的最优解，使目标达到最优的方案就是最优方案，而用于寻找最优方案的方法就是最优化方法。在地球物理解释中，最优化问题称为反演问题。机器学习与演化理论是求解最优化的问题的重要工具，两者均为人工智能算法。

在现代数学领域中，最优化算法特指基于梯度下降、牛顿法、最小二乘法等通过迭代计算逐步逼近最优解的算法。这些算法往往基于严格的数学理论和方法，追求精确的最优解。而遗传算法、模拟退火算法、模式搜索、神经网络等在解空间中进行启发式搜索的算法则称为元启发式算法。这些算法是基于经验、直觉或问题的启发式信息来指导搜索过程，在较短时间内找到可行解或近似最优解。演化算法则是一类模拟自然进化过程的元启发式算法，具有良好的全局搜索能力，能够在复杂的多峰问题中找到全局最优解。

遵循地球物理反演理论，本章将梯度下降、牛顿法、最小二乘法等算法称为线性反演算法，将遗传算法、模拟退火算法、模式搜索等算法称为非线性反演算法或演化算法。

7.1 线性反演算法

地球物理反演问题有线性反演与非线性反演之分。如果目标函数与模型参数是线性关系，反演问题为线性反演，线性反演算法主要包括最小二乘法、奇异值分解法、模平滑法等。

7.1.1 最小二乘法

最小二乘法（LSQR）法是 Paige 和 Sanders 在 1982 年提出的一种利用 Lanczos 迭代法求解最小二乘问题的方法。该方法计算量小，且能很容易地利用矩阵的稀疏性简化计算，适合求解大型稀疏矩阵问题。

方程 $Ax=b$ 的最小二乘问题 $\min\|Ax-b\|^2$ 可以通过双对角化来求解。假定 $U_k=[u_1, u_2, \cdots, u_k]$ 和 $V_k=[v_1, v_2, \cdots, v_k]$ 是正交矩阵，且 B_k 为如下的 $(k+1)\times k$ 的下双角矩阵：

$$B_k = \begin{bmatrix} \alpha_1 & \cdots & \cdots \\ \beta_2 & \alpha_2 & \cdots & \cdots \\ \vdots & & \vdots \\ \cdots & \cdots & \alpha_k \\ \cdots & \cdots & \beta_k \end{bmatrix} \quad (7.1)$$

用下列迭代方法可实现矩阵 $\boldsymbol{A}$ 的双对角分解：

$$\begin{cases} \beta_1 u_i = b, \alpha_i v_i = \boldsymbol{A}^{\mathrm{T}} u_i \\ \beta_{i+1} = \boldsymbol{A} v_i - \alpha_i u_i \quad i=1,2,\cdots \\ \alpha_{i+1} v_{i+1} = \boldsymbol{A}^{\mathrm{T}} \beta_{i+1} v_{i+1} \end{cases} \tag{7.2}$$

式中，$\alpha_i = 0$，$\beta_i = 0$。$\|u_i\| \equiv \|v_i\| = 1$。

式（7.2）又可写成如下形式：

$$\begin{cases} \boldsymbol{U}_k(\beta_1 e_1) = b \\ \boldsymbol{A}\boldsymbol{V}_k = \boldsymbol{U}_{k+1}\boldsymbol{B}^k \\ \boldsymbol{A}^{\mathrm{T}}\boldsymbol{U}_{k+1} = \boldsymbol{V}_k \boldsymbol{B}_k^{\mathrm{T}} + \alpha_{k+1} v_{k+1} e_{k+1}^{\mathrm{T}} \end{cases} \tag{7.3}$$

式中，e_{k+1}^{T} 表示 n 阶单位矩阵的第 $k+1$ 行。

设
$$\alpha_k = \boldsymbol{V}_k y_k, r_k = b - \boldsymbol{A}\alpha_k, t_{k+1} = \beta_1 e_1 - \boldsymbol{B}_k y_k \tag{7.4}$$

可以确定

$$r_k = b - \boldsymbol{A}x_k = \boldsymbol{U}_{k+1}(\beta_1 e_1) - \boldsymbol{A}\boldsymbol{V}_k y_k = \boldsymbol{U}_{k+1}(\beta_1 e_1) - \boldsymbol{U}_k \boldsymbol{B}_k y_k = u_{k+1} t_{k+1} \tag{7.5}$$

由于希望 $\|r_k\|$ 尽量小，且 $\boldsymbol{U}_{k+1}$ 理论上是正交矩阵，取 y_k 使 $\|t_k + 1\|$ 最小。解最小二乘问题 $\min\|\beta_1 e_1 - \boldsymbol{B}_k y_k\|$，这就构成了 LSQR 算法的基础。

7.1.2 截断奇异值分解法

奇异值分解（Singular Value Decomposition，SVD）算法可用来求解大多数的线性最小二乘问题。奇异值分解算法给出是 $\|\boldsymbol{A}x - b\|_2$ 最小意义下的一个最优解，但不满足非负约束条件。截断奇异值分解（Truncated Singular Value Decomposition，TSVD）算法通过缩减 $\boldsymbol{A}$ 迭代求解，降低了解的维数，丢掉了振荡最厉害的那部分的解分量，提高了运算速度。

假设已知一个初始解 x_0，令 $b_0 = \boldsymbol{A}x_0$，原方程可写为 $\boldsymbol{A}(x-x_0) = b-b_0$，即 $\boldsymbol{A}\Delta x = \Delta b$。若求得 $\|\boldsymbol{A}\Delta x - \Delta b\|_2$ 最小意义下的最优解 Δx，则 $x_0 + \Delta x$ 就是 $\|\boldsymbol{A}x - b\|_2$ 最小意义下的最优解 x。

由于是求解 Δx，因此在实现非负约束时，只将 x 小于零的分量改为零，再重新迭代计算 Δx，直到 x 所有分量都满足非负约束。以计算 Δx 和 Δb 代替了矩阵 $\boldsymbol{A}$ 的奇异值分解过程。在求解的过程中，矩阵 $\boldsymbol{A}$ 只需进行一次奇异值分解过程，这样大大减少了计算量从而减少计算时间。

7.1.3 BRD 方法

在测井核磁共振数据反演中，模（或幅度）平滑问题为：

$$\min\left\{\phi(f) = \frac{1}{2}\|Af - b\|_2^2 + \frac{\alpha}{2}\|f\|_2^2\right\} \tag{7.6}$$

式中，A 为核矩阵；b 为回波串数据；f 为待求解的 T_2 谱；α 为正则化参数。

对于非负约束的模平滑目标函数求解，通常采用 BRD 方法，该方法由 Butler、Reeds、Dawsons 于 1981 年提出。目前，主要有两种方式实现 BRD 方法，第一种方法是由 Dunn 等在 1994 年提出，其方法步骤如下：

（1）固定 α，可以找到 c，使它满足：

$$\left(M_{ij} + \alpha\delta_{ij}\right)c_j = b_i \tag{7.7}$$

式中，$M_{ij} = \sum_{x=1}^{n} A_{ix}A_{jx}$。

（2）f_x 为：

$$f_x = \max\left(0, \sum_{i=1}^{m} c_i A_{ix}\right) \tag{7.8}$$

（3）然后重新计算矩阵元 $M_{ij} = \sum_{x}' A_{ix}A_{jx}$，这次仅仅对使 $\sum_{i=1}^{m} c_i A_{ix}$ 为正值的 x 进行求和。新的 M_{ij} 用于步骤（1）求解新的 c。

（4）重复上述步骤，直到 c 停止改变，由步骤（2）给出 f_x 的最终值。

这种方法通常很有效，但有时步骤（1）中的方程直接迭代可能无法求解。此时可用 Bulter 等 1981 年提出的第二种方法求解，搜索下述凸函数的最小值：

$$\phi = \frac{1}{2}c^{\mathrm{T}}\left(\hat{M} + \alpha\hat{I}\right)c - c \cdot b \tag{7.9}$$

首先计算

$$\phi' = \frac{\partial \phi}{\partial c_i} = \sum_j \left(\hat{M} + \alpha\hat{I}\right)_{ij} c_j - b_i \tag{7.10}$$

$$\phi'' = \frac{\partial^2 \phi}{\partial c_i \partial c_j} = \left(\hat{M} + \alpha\hat{I}\right)_{ij} \tag{7.11}$$

得到新的 c，记为 c_{new}：

$$c_{\text{new}} = c_{\text{old}} - \gamma\Delta \tag{7.12}$$

式中，$\Delta = \phi'/\phi''$ 是等比序列 $\left(\frac{1}{2}\right)^0, \left(\frac{1}{2}\right)^1, \left(\frac{1}{2}\right)^2, \cdots$ 中最先满足下述条件的值：

$$\phi(c_{\text{new}}) < \phi(c_{\text{old}}) \tag{7.13}$$

通常情况下，当满足：

$$\left\|(\hat{M} + \alpha \hat{I})c - b\right\| / \|b\| \leq 10^{-6} \tag{7.14}$$

这一任意选定的误差时，停止搜索。

为搜索到 α 最优值，可利用 $\zeta(\alpha)$ 为单调递增函数求取满足下式的 α_{opt}：

$$\zeta(\alpha_{\text{opt}}) = \alpha_{\text{opt}}^2 (c \cdot c) = n\sigma^2 \tag{7.15}$$

7.1.4 LM-模平滑方法

LM-模平滑方法的目标函数与 BRD 方法相同，不同的是采用广义交叉验证方法选取正则化参数，并且利用 LM（Levenberg-Marquardt）算法求解。广义交叉验证方法是使得 GCV 函数值最小的正则化参数即为最佳正则化参数。对于本方法，GCV 函数为：

$$G(\alpha) = \frac{\|b - Kf_\alpha\|_2^2}{\text{trace}(I - KK^\#)} \tag{7.16}$$

式中，$f_\alpha = K^\# b$，$K^\# = (K^T K + \alpha L^T L)^{-1} K^T$。

根据广义交叉验证方法选取正则化参数后，利用 LM 算法对目标函数求解，为了使非负约束更简单，令 $f = \exp(x)$，求解步骤为：

（1）设置初始 x 为零向量，计算对应的初始解 f，设置最大迭代次数和迭代终止参数 ε_1、ε_2。

（2）对 x 进行更新：

$$x_{\text{new}} = x_{\text{old}} - (\phi'' + \mu I)^{-1} \phi' \tag{7.17}$$

μ 的初始值通常设置为 $\tau \cdot \max(\text{diag}(\phi''))$，$\tau$ 取 1.0×10^{-6}，之后的 μ 为：

$$\mu = \begin{cases} \mu \cdot \max\left(\dfrac{1}{3}, 1 - (2\rho - 1)^3\right), & \rho > 0 \\ 2\mu, & \rho \leq 0 \end{cases} \tag{7.18}$$

其中

$$\rho = \frac{2\phi_d}{x_d^T (\mu x_d - \phi')} \tag{7.19}$$

$$\phi' = (K \text{diag}(f))^T (Kf - b) + \alpha (\text{diag}(f))^T f \tag{7.20}$$

$$\phi'' = (K \text{diag}(f))^T (K \text{diag}(f)) + \alpha (\text{diag}(f))^T \text{diag}(f) \tag{7.21}$$

式中，$x_d = x_{\text{new}} - x_{\text{old}}$，$\phi_d = \phi(x_{\text{new}}) - \phi(x_{\text{old}})$，$\phi'$ 和 ϕ'' 分别为梯度和 Hessian 矩阵。

（3）重复步骤（2），直到满足 $\|x\|_d \leq \varepsilon_2 (\|x_{\text{old}}\| + \varepsilon_1)$ 或达到最大迭代次数。

7.2 线性反演应用实例

7.2.1 侵入校正与电阻率反演

在钻井过程中，由于钻井液侵入影响，径向上地层划分为冲洗带、侵入带及原状地层。双侧向测井响应是原状地层电阻率、冲洗带电阻率和侵入半径等模型参数向量（p）的非线性函数，记为 $R_{th}(p)$。利用反演方法可以求得地层真电阻率。

电阻率反演问题是，利用双侧向或双感应测井数据（观测数据，R_{ai}，$i=1, 2, \cdots, m$）来求解原状地层电阻率（R_t）、冲洗带电阻率（R_{xo}）和侵入半径（r_{in}）等地层参数。但由于地层模型参数和测井响应之间没有明确的解析关系，求解上述地层模型参数（p）通常采用 Marquardt 优化算法。该方法是一种非线性优化方法，通常采用逐次线性化的方法进行最小二乘求解，其特点是通过多次迭代求解线性化后的法方程，逐步逼近最优解。为此，首先将其在地层模型参数向量的某个初值 p^0 处作 Taylor 展开，并略去二次项及二次以上项：

$$R_{th}(p) = R_{th}(p^0) + A\Delta p \tag{7.22}$$

其中

$$A = \begin{bmatrix} \dfrac{\partial R_{th1}}{\partial \rho_1} & \cdots & \dfrac{\partial R_{th1}}{\partial \rho_n} \\ \vdots & & \vdots \\ \dfrac{\partial R_{thm}}{\partial \rho_1} & \cdots & \dfrac{\partial R_{thm}}{\partial \rho_n} \end{bmatrix} \tag{7.23}$$

式中，$R_{th}(p)$ 为计算的理论测井值构成的向量，即 $R_{th}(p) = (R_{th1}, R_{th2}, \cdots, R_{thm})$，$m$ 维；$p = (\rho_1, \rho_2, \cdots, \rho_n)^T$ 为待反演的地层模型参数向量，n 维；$\Delta p = p - p^0$ 是向量 p 的修正量向量；A 为 $m \times n$ 的 Jacobi 矩阵；$a_{ij} = \dfrac{\partial R_{thi}}{\partial \rho_j}$（$i=1, 2, \cdots, m$；$j=1, 2, \cdots, n$）为 Jacobi 矩阵元素，是第 i 点的视电阻率理论计算值 R_{thi} 关于第 j 个模型参数 ρ_j 的一阶偏导数（常称 Frechet 导数）。

根据式（7.23）得到理论测井值向量（R_{th}）与测井数据（R_a）的残差：

$$\varepsilon(p) = R_a - R_{th}(p) \approx R_a - R_{th}(p^0) - A\Delta p \tag{7.24}$$

记 $b = R_a - R_{th}(p^0)$ 为观测值向量 R_a 与某个给定地层模型（参数向量为 p^0）计算的理论测井值 $R_{th}(p^0)$ 之差，则式（7.24）变为：

$$A\Delta p = b - \varepsilon(p) \tag{7.25}$$

略去该式中的 $\varepsilon(p)$，得方程组：

$$A\Delta p = b \tag{7.26}$$

式（7.26）为关于地层模型参数修正量向量 Δp 的 $m \times n$ 线性方程组。

通常情况下，测井反演时测量值个数 m 要大于待反演参数个数 n，故式（7.26）为超定方程。该方程系数矩阵 A 的逆不存在或其部分奇异值为零，使得该方程可能无解或实际计算时解不稳定。1977年，Tikhonov 和 Arsenin 把这种问题归为不适定问题，并提出了求解不适定问题的正则化方法（Regularization Method），引入了正则化因子（即阻尼因子），将式（7.26）修正为

$$(A^T A + \alpha I)\Delta p = A^T b \tag{7.27}$$

式（7.27）为利用 Marquardt 算法进行反演计算的方程。求解出 Δp，则地层模型参数为

$$p = p^0 + \Delta p \tag{7.28}$$

式中，$p = (R_t, R_{xo}, r_{in})^T$ 是待反演的模型参数向量。

为验证算法的可靠性，用理想模型进行电阻率的正反演计算的相互验证。图 7.1（a）为 5 层的原状地层电阻率和冲洗带电阻率模型，图 7.1（b）为相应的各层侵入半径。首先，先计算设定理想地层模型的双侧向测井响应［图 7.1（c）］，作为待反演的观测数

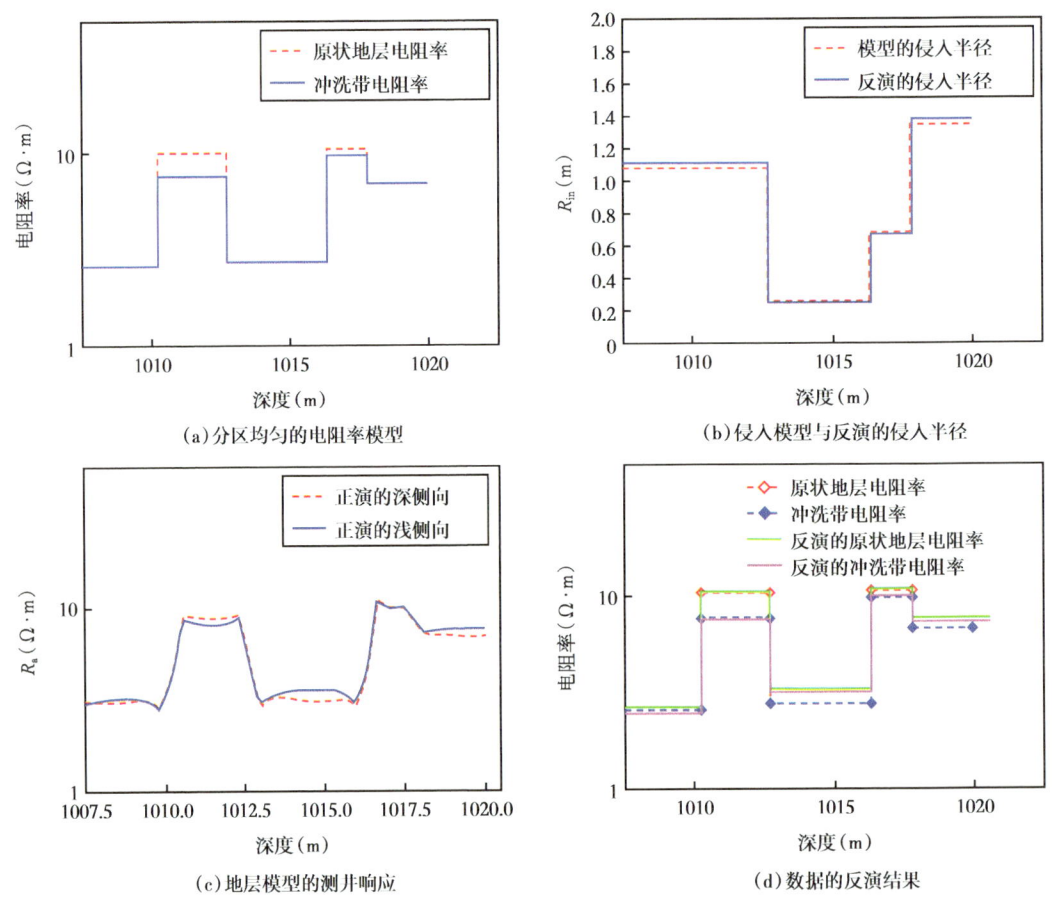

图 7.1　地层侵入模型和正反演结果

据。然后，选取适当的原状地层电阻率、冲洗带电阻率和侵入深度初始值作为反演初始模型，用正演方法合成测井数据，将之与观测数据比较，通过不断修正参数值使目标函数减小，直到取得极小值，此时的参数值即为求解结果［图7.1（d）］。从图中可以看出，反演结果与地层模型的电阻率、侵入深度参数基本一致，说明该反演算法是可靠的。

A7井为渤海湾海洋油田评价井，钻井液电阻率为0.1381Ω·m（27℃）和0.063Ω·m（84℃）。自然电位为正异常，说明钻井液相对地层水为盐水钻井液。图7.2显示了该井2230~2330m段的数据处理结果。该段岩性为砂岩，测量的深侧向电阻率约为6Ω·m，反演的原状地层电阻率约为10Ω·m，电阻率数值增高约4.0Ω·m，而反演的冲洗带电阻

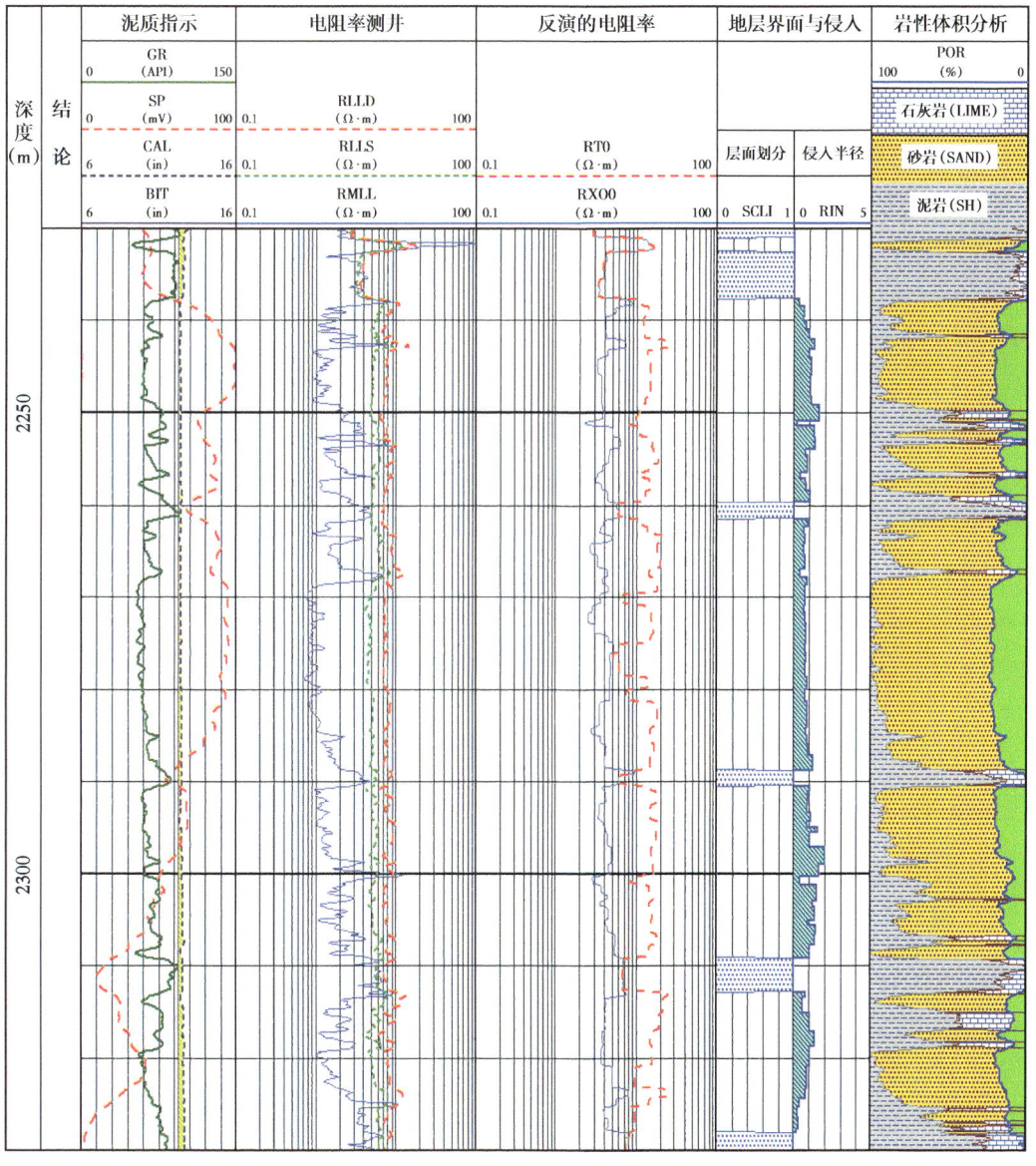

图7.2 A7井双侧向测井环境校正处理结果

率比浅侧向电阻率数值小约 1~2Ω·m。此时，原状地层电阻率（RT0）与冲洗带电阻率（RXO0）的正差异比原双侧向差异大，电阻率数据得到了校正，而且计算的侵入半径为 1.0~1.5m。在未反演之前，储层与非储层的电阻率差异较小（本井泥岩段电阻率为 2~4Ω·m），很难分辨流体的性质和计算流体的饱和度。反演后地层电阻率与冲洗带电阻率比值为 2~5 倍，解释为油层。2010 年 10 月测试日产油 8m³、产水 0.3m³，测试结果证实了解释结论。本井说明在侵入较深且钻井液电阻率较小的情况下，地层视电阻率测量不准确，钻井液侵入校正是必不可少的。

7.2.2 井地电位成像反演

井地电阻率成像法利用井套管作为电流源向井下供入大功率直流电流，在地表测量由地下介质的电性变化形成的电位分布，通过反演计算出地下介质的电阻率分布。利用真电阻率分布，可以判断注水运移方向、压裂方向以及监测剩余油饱和度。

在井地电阻率成像反演中，将从测井数据、周围井的动态数据等得到的电阻率值作为先验信息设置到三维反演电阻率模型中，作为反演的初始模型和约束条件，引导反演向在先验信息中能够确定的方向进行。

将地层电阻率信息设置到层状电阻率模型 ρ_r，构建出反演方程：

$$\left(\boldsymbol{G}^\mathrm{T}\boldsymbol{G}+\lambda\boldsymbol{C}^\mathrm{T}\boldsymbol{C}+\eta\boldsymbol{R}^\mathrm{T}\boldsymbol{R}\right)\Delta\rho=\boldsymbol{G}^\mathrm{T}\Delta d-\eta\boldsymbol{R}^\mathrm{T}\boldsymbol{R}\left(\rho_0-\rho_r\right) \tag{7.29}$$

式中，ρ 为模型参数向量；ρ_0 为初始模型参数向量；ρ_r 为约束反演的层状电阻率模型参数向量；$\boldsymbol{R}$ 为约束反演的层状地电模型的系数矩阵，$i=j$ 时 $R_{ij}=1$，$i\neq j$ 时 $R_{ij}=0$（$i, j=1, 2, \cdots, N$，N 为反演所设的单元总个数）；η 为所建立的地电层状模型约束的权重系数。

为了稳定这种严重欠定的反演问题，提高反演效率，采用层状约束阻尼最小二乘法，并通过由浅到深的深度约束对各个层段数据进行反演。通过已知监测井的测井数据确定油层深度，将油层深度和油层上部区域选作模型参数区，实现反演深度约束。在水平井和大斜度井的多层段井地电位测量反演时，由于每个层段线源的深度、长度与斜度存在差别，需要对注水层进行逐层反演。最上面的层位由于观测时电流源布置的原因，受下方观测层位影响较小，而下方层位可能会受上方层位的低阻异常体影响，所以先反演深度较小的层位，然后依次反演更深的层位。这样可以使各个层位在地面观测测网重叠部分的反演更加精确，反演出的异常体分布也更加接近实际地层。

设置理想模型，进行反演方法的正确性检验。图 7.3（a）为设立的地层模型，在地层剖面上设置了 1 个高阻体、2 个低阻体。通过正演得到地面电位异常，如图 7.3（b）所示。利用上述方法进行反演得到电阻率剖面，三个电阻率异常体与预设模型非常接近，说明上述反演方法是正确的。

在油田开发过程中，井地电位成像技术经常用来监测注水情况。分别在注水前、注水后进行地面电位的测量，图 7.4 为井地注水前及注水后地面电位响应。图 7.4（a）是注水前地表电位等值线图，图 7.4（b）是注水后地表电位等值线图。从两图对比可以看出，蓝色低电位的区域整体向南东方向扩散。由图7.4（b）可见，北西方向和西方向上有明显从射孔区域射出的高电位注水连通带。

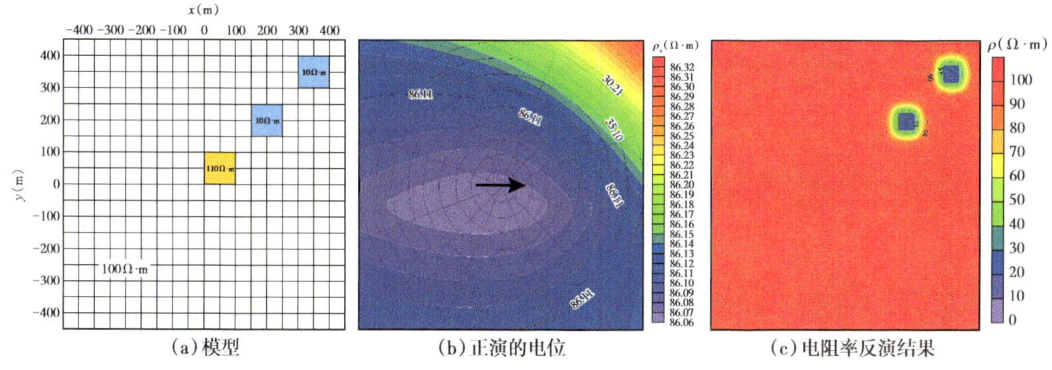

图7.3 反演方法正确性检验

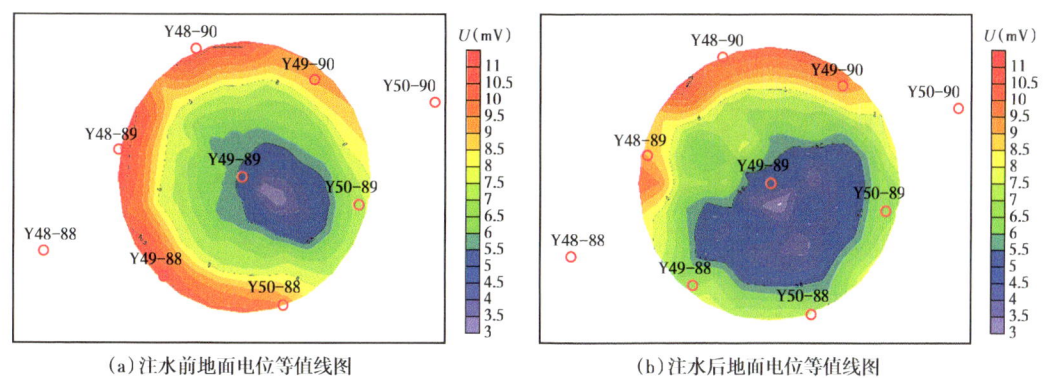

图7.4 注水前及注水后地面电位响应

图7.5（a）（b）分别为反演的注水前、注水后电阻率反演图像。从这两张切片图对比可以看出，高阻区域由于注水作业向射孔四周扩散，注水后较注水前高阻区域面积变大，150Ω·m的高阻区域整体向南东方向扩散。

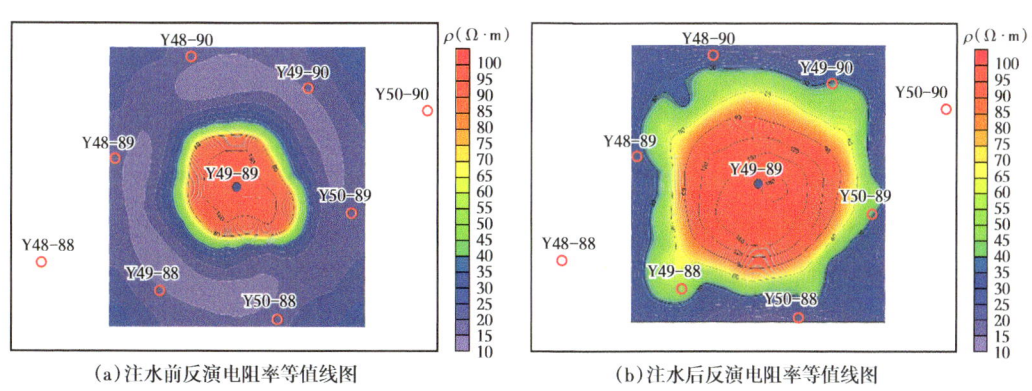

图7.5 注水前及注水后反演电阻率

图 7.6（a）为井地电阻率成像注水实际案例的目标层平面切片电阻率差等值线图，黑色虚线区域圈出了目标层注入的水体的形态。图 7.6（b）为目标层垂向切片电阻率差等值线图，中心的绿色区域描绘此次注入的水体，红色区域为扩散出来的高阻体。

从实际数据的反演结果可以看出，层状模型约束的井地电位反演可以很好压制反演的多解性，引导反演向更加接近实际地层电阻率情况的方向，实现对地下注入水体的准确三维反演，确保了实际资料反演结果的精度。

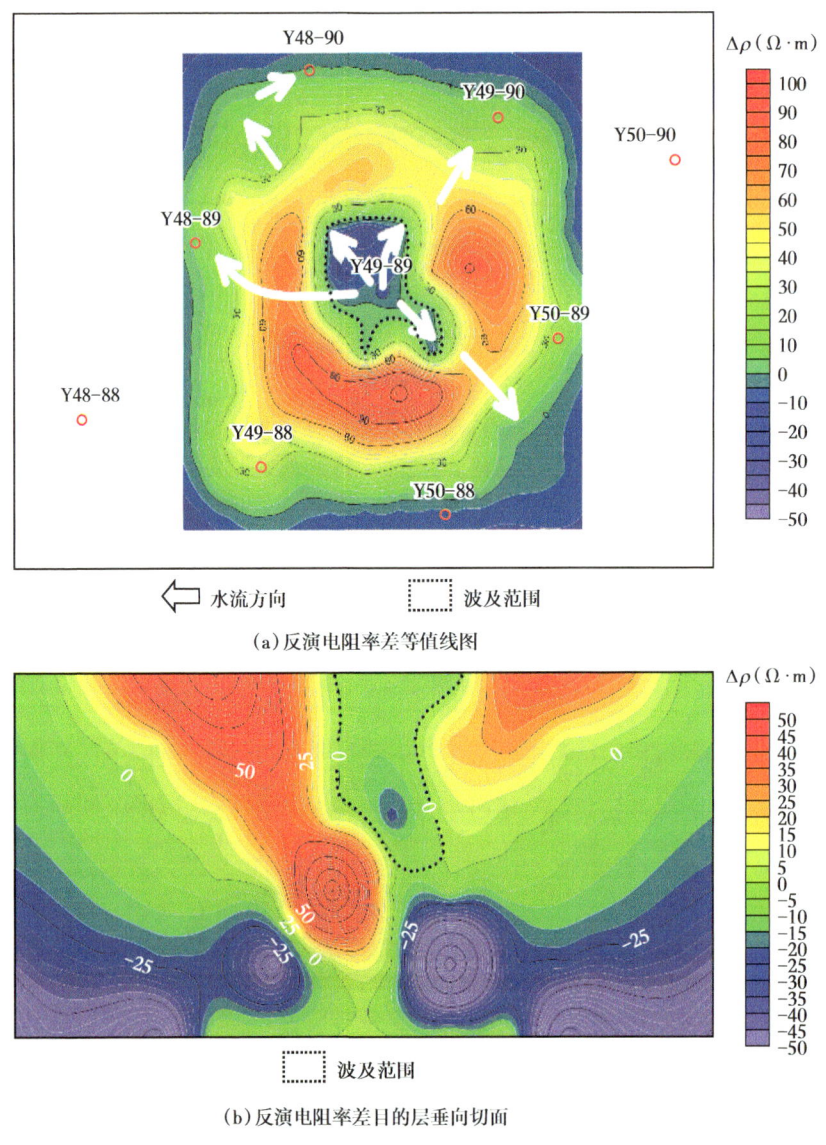

(a) 反演电阻率差等值线图

(b) 反演电阻率差目的层垂向切面

图 7.6 注水前及注水后反演电阻率差图

7.2.3 核磁共振测井 T_2 反演

根据核磁共振的理论分析，岩石核磁共振中测得的总磁化强度信号 $M(t)$ 由一系列大小不等的孔隙的磁化强度信号叠加而成。同时，在实际测井过程中，不可避免要受到噪声的影响。假设观测到回波有 n 个，弛豫组分有 m 种，可以写出联立方程组：

$$\begin{cases} M(1) = \sum_{j}^{n} P_j \times e^{-\frac{t(1)}{T_{2j}}} + \varepsilon(1) \\ M(2) = \sum_{j}^{n} P_j \times e^{-\frac{t(2)}{T_{2j}}} + \varepsilon(2) \\ \vdots \\ M(m) = \sum_{j}^{n} P_j \times e^{-\frac{t(m)}{T_{2j}}} + \varepsilon(m) \\ t(i) = i \times T_E \quad i = 1,2,3,\cdots,m \end{cases} \quad (7.30)$$

式中，P_j 为第 j 孔隙在总孔隙中所占的份额；T_{2j} 为第 j 种孔隙的 T_2 弛豫时间，即反演所用的 T_2 弛豫时间布点或基；T_E 为回波间隔时间；$\varepsilon(i)$ 为随机噪声，$i=1,2,3,\cdots,m$。

式 (7.30) 写成向量形式为：

$$\boldsymbol{y} = \boldsymbol{Mp} + \boldsymbol{\varepsilon} \quad (7.31)$$

式中，$\boldsymbol{y}$ 是 n 个元素的列向量；$\boldsymbol{M}$ 是 $m \times n$ 矩阵；$\boldsymbol{p}$ 是 m 个元素的列向量；$\boldsymbol{\varepsilon}$ 是 n 个元素的列向量，表示白噪声对观测回波的贡献。

核磁共振数据多指数拟合的关键，是如何从方程中求解出各类孔隙 T_2 弛豫时间以及孔隙在总孔隙中所占的份额，这就是我们所说的 T_2 分布。在求解 T_2 分布之前，还需要对回波串的噪声方差进行估计，基于小波去噪估计噪声方法对回波数据去噪，将去噪前后回波数据的差值作为噪声数据。

估计出回波数据的噪声方差，就可以采用 TSVD、LM-曲率平滑、BRD 等方法进行核磁共振 T_2 分布反演。图 7.7 展示了核磁共振 T_2 分布不同反演方法结果对比。可以看出，LM-曲率平滑方法和 BRD 方法反演结果最好。

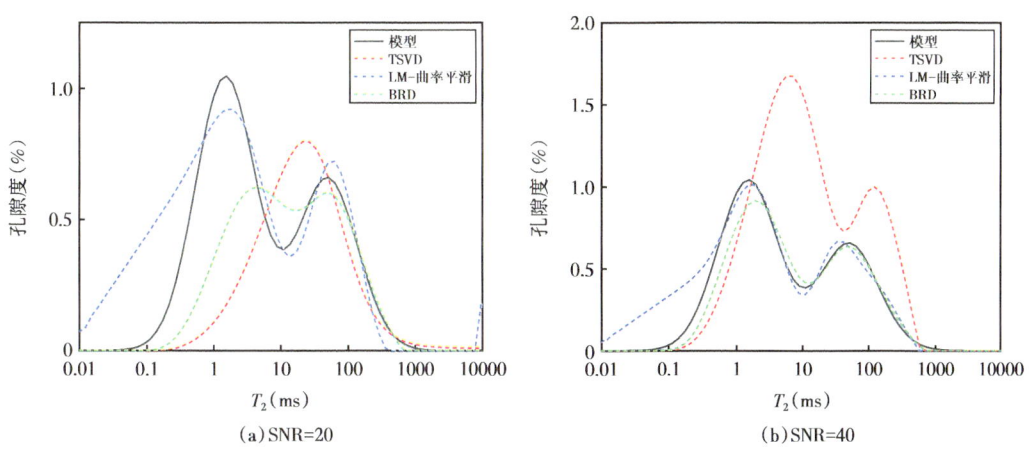

图 7.7　核磁共振 T_2 分布不同反演方法结果对比

7.2.4　二维核磁共振测井反演

核磁共振测井的目的是通过对地层孔隙流体中氢核 NMR 信号的观测，识别地层孔隙中的流体及其含量。对于地层岩石这类复杂的多孔介质，在梯度场条件下，核磁共振 T_2 弛豫包括表面弛豫、体积弛豫和扩散弛豫。

在 (T_2, D) 核磁共振测井中，设等待时间为 T_W，回波间隔为 T_E，扩散系数为 D。当 T_W 足够长时，CPMG 核磁共振信号可以写成如下形式：

$$A_{ik} = \sum_{l=1}^{p} \sum_{j=1}^{m} f_{lj} e^{-\frac{1}{12}\gamma^2 g^2 T_{E_k}^2 D_l t_i} e^{-t_i/T_{2j}} + \varepsilon_{ik} \tag{7.32}$$

式中，A_{ik} 是等待时间 T_W、回波间隔 T_{E_k} 的第 i 个回波的幅度；ε_{ik} 为噪声；p 为模型所设定的扩散系数个数；m 为模型所设定的横向弛豫时间个数；f_{lj} 为扩散系数为 D_l、横向弛豫时间为 T_{2j} 的信号幅度。式（7.32）也可以写成矩阵的形式：

$$A_{ik} = E_{ik,lj} f_{lj} + \varepsilon_{ik} \tag{7.33}$$

其中

$$E_{ik,lj} = e^{-\frac{1}{12}\gamma^2 g^2 T_{E_k}^2 D_l t_i} e^{-t_i/T_{2j}}, i=1,\cdots,N_{E_k}; k=1,\cdots,q; l=1,\cdots,p; j=1,\cdots,m$$

式中，N_{E_k} 为第 k 个回波串的回波个数。

通过求取上述线性方程组，就可以得到扩散系数为 D_l、横向弛豫时间为 T_{2j} 的信号幅度 f_{lj}，以 (T_2, D) 图的形式表现出来，就可以进行流体评价。

在 (T_2, T_1) 二维核磁共振测井中，核磁共振测井的目的是计算多孔介质的孔隙度、孔隙结构和流体识别。新一代的核磁共振测井仪可以测量多个等待时间 (T_W) 下的自旋回波串数据。对于多孔介质，假设测量了 s 组不同等待时间的回波串，其回波幅度除了存在指数衰减项 $e^{-t_i/t_{2j}}$，还增加了极化因子项 $1-e^{-T_{W,s}/T_{1r}}$。CPMG 核磁共振信号可以写成如下形式：

$$b_{is} = \sum_{j=1}^{m} \sum_{r=1}^{p} f_{jr} \left(1 - e^{-T_{W,s}/T_{1r}}\right) e^{-t_i/T_{2j}} + \varepsilon_{is} \tag{7.34}$$

式中，b_{is} 为等待时间为 $T_{W,s}$ 时第 s 个回波串的第 i 个回波的幅度；f_{jr} 为对应纵向弛豫时间是 T_{1r} 和横向弛豫时间是 T_{2j} 时的氢核数；ε_{is} 等待时间为 $T_{W,s}$ 时，第 s 个回波串的第 i 个回波的噪声。

式（7.34）也可以写成矩阵的形式：

$$b_{is} = A_{is,jr} f_{jr} + \varepsilon_{is} \tag{7.35}$$

$$A_{is,jr} = \left(1 - e^{-T_{W,s}/T_{1r}}\right) e^{-t_i/T_{2j}}, i=1,\cdots,N_{E,s}; s=1,\cdots,w; r=1,\cdots,p; j=1,\cdots,m$$

式中，$A_{is,jr}$，$N_{E,s}$ 为等待时间为 $T_{W,s}$ 的回波数；w 为等待时间个数；p 和 m 分别为数值模拟中划分的 T_2 和 T_1 组分数目。

方程（7.35）也可以写为：

$$Ax = b \qquad (7.36)$$

利用反演的方法求解式（7.36），就可以得到纵向弛豫时间为 T_{1r}、横向弛豫时间为 T_{2j} 的信号幅度 f_{jr}，即可得到氢核数的（T_2，T_1）二维分布，就可以进行定性或定量流体评价。

矩阵 $A_{m \times n}$（数据核）是一个大型稀疏矩阵。$A_{m \times n}$ 由设置的核磁共振测井观测方式、观测参数及网格剖分的大小决定，构建得到的 $A_{m \times n}$ 属于严重病态矩阵。采用几种不同的反演算法进行实验。

为了检验算法的效果，构造了一个具有多峰结构的二维模型，流体组分在二维图中均服从高斯分布形态。模拟过程中，在扩散系数（D）、横向弛豫时间（T_2）两个维度上进行网格剖分，剖分时均采用对数均匀布点。假设在完全极化的条件下，即等待时间（T_W）足够长，磁场梯度为 4.0×10^{-3}T/cm，在每个深度点设置 6 个回波间隔（T_E）的回波串。为了确保采集周期的一致，其不同 T_E 组合取 [0.6ms，1.2ms，2.4ms，4.8ms，9.6ms，19.2ms]。对应每一个回波串，回波个数为 INT（1440/T_E）（其中 INT 代表数值取整）。根据观测参数及模型参数合成多组回波串。正演模拟得到 6 组回波串，如图 7.8 所示。

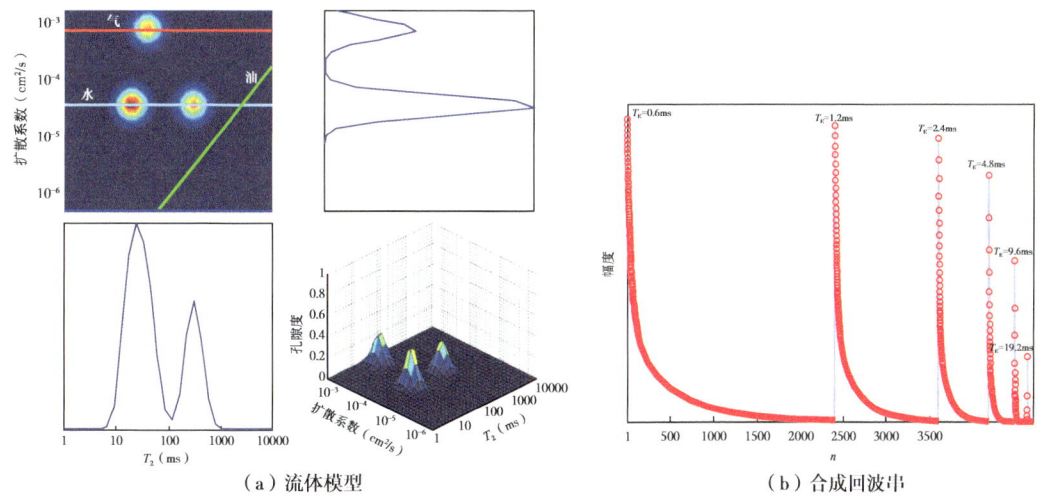

（a）流体模型　　　　　　　　　　（b）合成回波串

图 7.8　流体模型和回波串数值模拟结果

反演时，选定 LSQR 和改进 TSVD 算法的迭代次数均为 800。图 7.9 为利用 LSQR 和改进 TSVD 算法的反演结果。图 7.9（a）为 LSQR 反演结果，二维谱图中气信号识别较好，在一维 T_2 分布上的短 T_2 部分（1~100ms）重叠较好，但是在长 T_2 部分（100~10000ms）重叠不好，而且扩散系数与模型参数重复性差，不能实现流体的定性分析和流体的定量计算。图 7.9（b）为 TSVD 方法的反演结果，反演得到的二维谱图与模

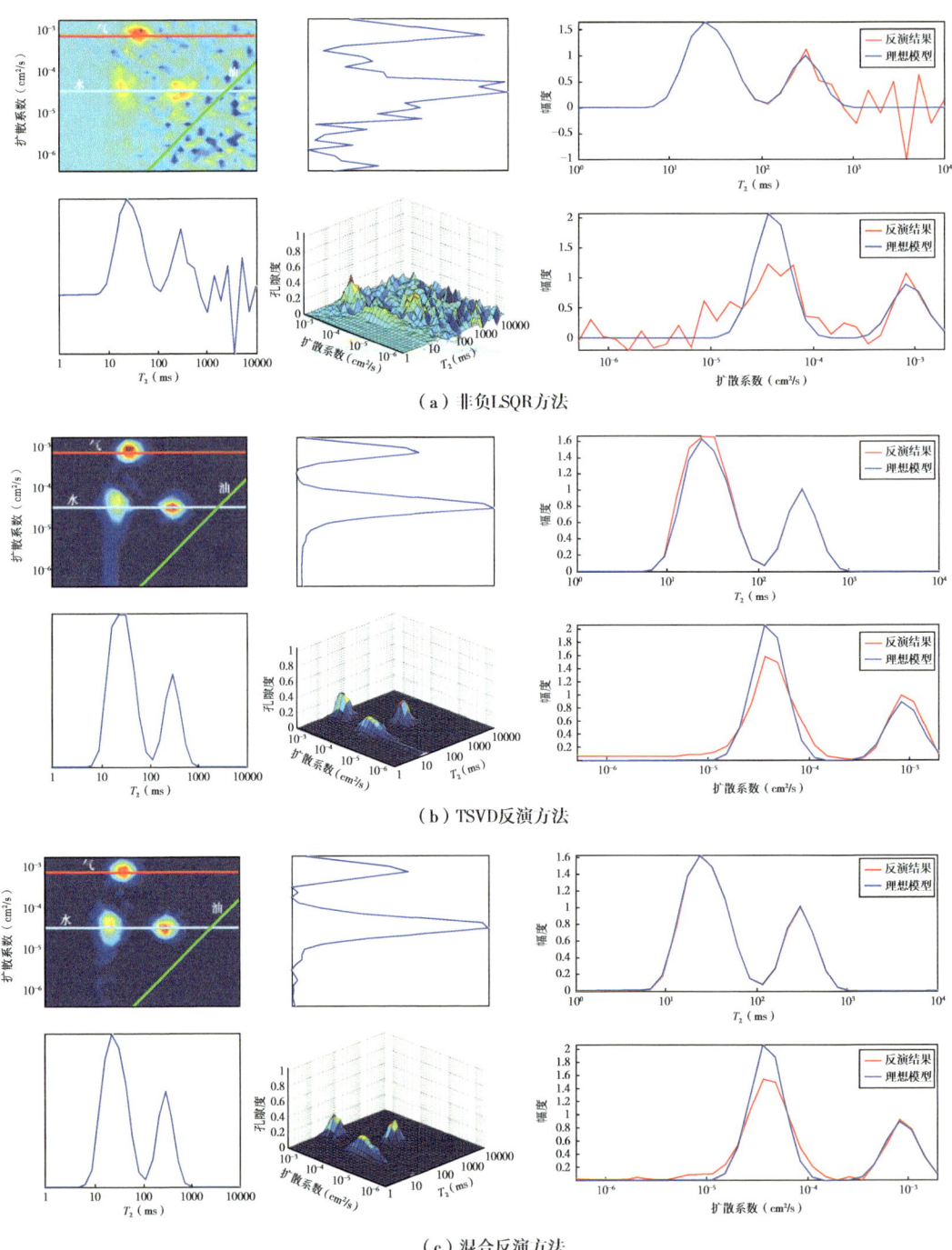

图 7.9 (T_2, D)二维核磁共振流体不同反演方法结果对比

型匹配较好,能够实现流体的定性分析要求,在长 T_2 组分(100~10000ms)重叠较好,但是短 T_2 组分(1~100ms)重叠较差,而且扩散系数比 LSQR 算法效果要好。从图 7.9(a)和图 7.9(b)可以看出,LSQR 算法对短 T_2 组分的反演效果较好,且 TSVD 方法对长 T_2

组分的反演效果较好。为此，采取 TSVD 和 LSQR 的混合算法，即先用 LSQR 进行反演，计算结果作为初值，然后再用 TSVD 算法进行反演。

7.3 非线性反演算法

如果目标函数与待求参数是非线性关系，反演问题为非线性反演，非线性反演算法主要有遗传算法、模拟退火算法、模式搜索、神经网络等。前述神经网络等机器学习算法也是解决非线性反演问题的利器。

7.3.1 遗传算法

遗传算法（Genetic Algorithm，GA）是一种通过模拟自然进化过程搜索最优解的方法，它根据生存竞争、优胜劣汰的原则，借助复制、交换、突变等操作，从初始解一步步逼近所要解决问题的最优解。

遗传算法是一种启发式算法，本质上是一种演化算法。该算法通过多个具有基因编码的个体组成一个种群，每个个体是带有染色体特征的实体。因为仿照基因进行编码十分复杂，通常利用二进制编码将其简化。初代种群产生之后，根据适者生存与优胜劣汰的准则，依次演化得出越来越优良的解。然后，按照种群个体与问题的适应度分别对每代进行个体挑选，并借助遗传算子进行个体基因的组合交叉与变异，产生能够代表新解集的种群。该方法与自然进化类似，与前生代种群相比，后生代种群对环境的适应能力更强，待求问题的最优解就是将末代种群中的最优个体进行解码得到的。

从算法流程角度来说，遗传算法的三个主要步骤分别为：选择、交叉、变异。其基本步骤如下：

（1）随机产生指定个体数目的初始种群，每个个体都是染色体的基因编码。

（2）个体的适应度由轮盘策略确定，并对它是否符合优化准则进行判断。如果符合，就输出最佳个体与它所代表的最优解，计算中止；若不符合，则继续执行步骤（3）。

（3）根据适应度选择再生个体，个体适应能力越强，被选中的概率越高。同样，适应能力弱的个体被淘汰的概率越高。

（4）根据一定的交叉概率与交叉方法，产生新的个体。

（5）根据一定的变异概率与变异方法，产生新的个体。

（6）由交叉与变异生成下一代种群，转向执行步骤（2）。

图 7.10 为遗传算法流程图。

7.3.2 模拟退火算法

模拟退火算法（Simulate Anneal，SA）是基于蒙特卡罗迭代求解法的一种启发式随机搜索算法，是解决非线性反演问题的有效方法之一。模拟退火算法来源于固体退火原理，将固体加温至充分高，再让其缓慢降温（即退火），使之达到能量最低点。反之，如果急速降温，则不能达到最低点。

模拟退火法加温时，固体内部粒子随温度提高升变为无序状，内能增大。缓慢降温时，粒子渐趋有序，在每个温度上都达到平衡态。在常温时，粒子达到基态，内能减为最小。根据 Metropolis 准则，粒子在温度 T 时趋于平衡的概率 P 为

$$P = \exp[-E/(kT)] \tag{7.37}$$

式中，E 为温度 T 时的内能；k 为 Boltzmann 常数。

将内能 E 视为目标函数值，温度 T 视为控制参数 t。由初始解 i 和控制参数初值 t 开始，对当前解重复进行"新解 → 计算目标函数差 → 接受或舍弃"的迭代，并逐步衰减 t 值，算法终止时的当前解即为所得近似最优解。

从算法流程角度来说，模拟退火算法的步骤如下：

（1）初始化，随机生成一个初始解，并设置温度参数 T 和退火参数 t。

（2）迭代，在每个温度下，根据当前解执行随机搜索操作，生成一个新的解。如果新的解比当前解更好，则更新当前解。

（3）降温，根据退火参数 t 降低温度 T。

（4）判断是否结束，如果温度 T 降低到一个预设的阈值，或者迭代次数达到预设阈值，则结束算法；否则，继续执行步骤（2）。

图 7.11 为模拟退火算法流程图。

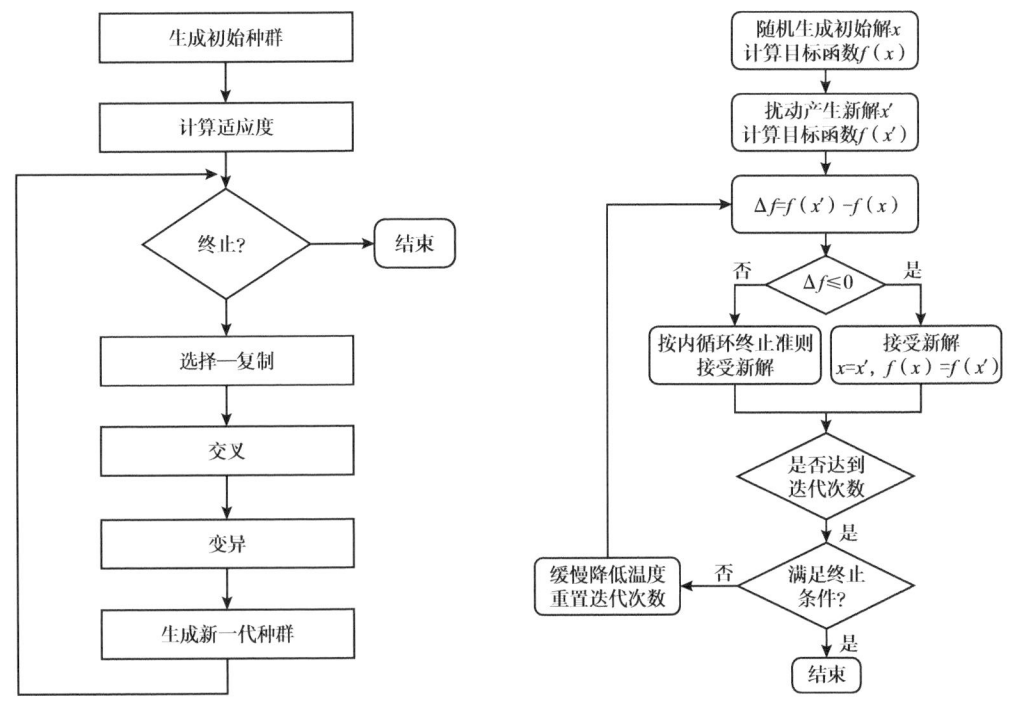

图 7.10　遗传算法流程图　　　　图 7.11　模拟退火算法流程图

7.3.3 模式搜索算法

模式搜索算法是一种直接解决无约束多维极值问题的方法,求解过程中不需要进行导数计算。其方法为沿函数的下降方向或者沿给定方向进行搜索,因此,它是一个搜索—试探—前进的多次迭代过程。

模式搜索算法主要由两类移动过程构成:探测移动和模式移动。沿坐标轴方向的移动是探测移动,沿相邻两个探测点连线方向上的移动是模式移动。沿着函数值下降最快的方向,交替进行移动模式,模式搜索方法的示意图如图 7.12 所示。在点 x_k 处,探测搜索是沿着坐标轴方向的箭头方向进行搜索,模式搜索是沿着连接点 x_k 与 x_{k+1} 的箭头方向进行搜索。

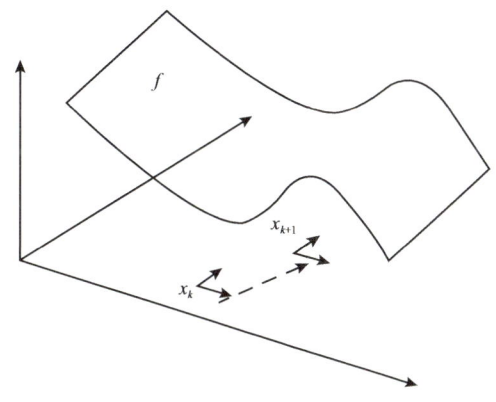

图 7.12 模式搜索法示意图

用模式搜索方法对无约束问题 $\min f(x), x \in \mathbf{R}^n$ 进行求解的步骤如下:

(1)给点初始点 $x^{(0)}$,初始步长 $\boldsymbol{\delta}^0 = (\delta_1^0, \delta_2^0, \cdots, \delta_n^0)^\mathrm{T} > 0$,加速系数 $\gamma > 0$,收缩系数 $\theta \in (0,1)$ 与精度 $\varepsilon > 0$,置 $k=0$。

(2)令 $y = x_k$。

(3)从 y 出发,依次与坐标轴平行的单位矢量 $e_j (j=1,\cdots,n)$ 探测移动。

①正向探测:若 $f(y + \delta_j^k e_j) \geqslant f(y)$,则 $y = y + \delta_j^k e_j$,否则进行负向探测。

②负向探测:若 $f(y - \delta_j^k e_j) \geqslant f(y)$,则 $y = y - \delta_j^k e_j$,否则令 $y = y$。

(4)令 $x_{k+1} = y$,若 $f(x_{k+1}) < f(x_k)$,则对 x_{k+1} 沿加速方向 $p_k = x_{k+1} - x_k$ 作模式移动。令 $y = x_{k+1} + \gamma p_k$,$\delta_{k+1} = \delta_k$,$k = k+1$,转步骤(3),反之转步骤(5)。

(5)若 $|\delta_k| < \varepsilon$,那么迭代停止,输出 x_k。反之,当 $x_{k+1} \neq x_k$ 时,令 $y = x_{k+1}$,$\delta_{k+1} = \delta_k$,$k = k+1$,转步骤(3)。当 $x_{k+1} = x_k$ 时,令 $y = x_{k+1}$,$\delta_{k+1} = \theta \delta_k$,$k = k+1$,转步骤(3)。

7.4 非线性反演应用实例

7.4.1 核磁共振测井 TDA 分析改进与流体体积计算

在双 T_W 观测模式中,对应于长等待时间(T_{W_L})和短等待时间(T_{W_S})的回波串幅度分别表示为：

$$M_{T_{W_L}}(t)=\sum_{i=1}^{n}M_{0i}\left(1-e^{-\frac{T_{W_L}}{T_{1i}}}\right)e^{-\frac{t}{T_{2i}}}+M_o(0)\left(1-e^{-\frac{T_{W_L}}{T_{1o}}}\right)e^{-\frac{t}{T_{2o}}}+M_g(0)\left(1-e^{-\frac{T_{W_L}}{T_{1g}}}\right)e^{-\frac{t}{T_{2g}}} \quad (7.38)$$

$$M_{T_{W_S}}(t)=\sum_{i=1}^{n}M_{0i}\left(1-e^{-\frac{T_{W_S}}{T_{1i}}}\right)e^{-\frac{t}{T_{2i}}}+M_o(0)\left(1-e^{-\frac{T_{W_S}}{T_{1o}}}\right)e^{-\frac{t}{T_{2o}}}+M_g(0)\left(1-e^{-\frac{T_{W_S}}{T_{1g}}}\right)e^{-\frac{t}{T_{2g}}} \quad (7.39)$$

两表达式相减，得：

$$\Delta M(t)=\sum_{i=1}^{n}M_{0i}\left(e^{-\frac{T_{W_S}}{T_{1i}}}-e^{-\frac{T_{W_L}}{T_{1i}}}\right)e^{-\frac{t}{T_{2i}}}+M_o(0)\left(e^{-\frac{T_{W_S}}{T_{1o}}}-e^{-\frac{T_{W_L}}{T_{1o}}}\right)e^{-\frac{t}{T_{2o}}}$$
$$+M_g(0)\left(e^{-\frac{T_{W_S}}{T_{1g}}}-e^{-\frac{T_{W_L}}{T_{1g}}}\right)e^{-\frac{t}{T_{2g}}} \quad (7.40)$$

定义 $\Delta\alpha_{wi}$、$\Delta\alpha_o$、$\Delta\alpha_g$ 分别为水、油、气的极化函数：

$$\begin{cases}\Delta\alpha_{wi}=e^{-\frac{T_{W_S}}{T_{1i}}}-e^{-\frac{T_{W_L}}{T_{1i}}}\\ \Delta\alpha_o=e^{-\frac{T_{W_S}}{T_{1o}}}-e^{-\frac{T_{W_L}}{T_{1o}}}\\ \Delta\alpha_g=e^{-\frac{T_{W_S}}{T_{1g}}}-e^{-\frac{T_{W_L}}{T_{1g}}}\end{cases} \quad (7.41)$$

所以，式（7.40）就变为：

$$\Delta M(t)=\sum M_{0i}e^{-\frac{t}{T_{2i}}}\Delta\alpha_{wi}+M_o(0)e^{-\frac{t}{T_{2o}}}\Delta\alpha_o+M_g(0)e^{-\frac{t}{T_{2g}}}\Delta\alpha_g \quad (7.42)$$

由于在作双 T_W 观测设计时，已考虑到在 T_{W_S} 中水应完全极化，即 $\Delta\alpha_{wi}=0$，则式（7.40）变为

$$\Delta M(t)=M_o(t)e^{-\frac{t}{T_{2o}}}\Delta\alpha_o+M_g(0)e^{-\frac{t}{T_{2g}}}\Delta\alpha_g \quad (7.43)$$

通过车间刻度，磁化强度可以转化为孔隙度。同时，考虑到含氢指数校正，则孔隙度差函数为：

$$\Delta\phi(t) = \phi_o \mathrm{HI}_o e^{-\frac{t}{T_{2o}}} \Delta\alpha_o + \phi_g \mathrm{HI}_g e^{-\frac{t}{T_{2g}}} \Delta\alpha_g + \varepsilon \tag{7.44}$$

式中，$\Delta\phi(t)$ 为 CPMG 序列采集双 T_W 回波串得到的孔隙度差；ϕ_o 为从回波串差得到的含油孔隙度；ϕ_g 为从回波串差得到的含气孔隙度；HI_o 为油的含氢指数；HI_g 为气的含氢指数；ε 为噪声。

要由式（7.44）计算出油、气的孔隙度，必须已知储层条件下的油、气横向弛豫时间 T_{2o}、T_{2g} 和纵向弛豫时间 T_{1o}、T_{1g}。尽管可以用一些经验公式来求这些特征弛豫时间参数，但对勘探新区的钻井来说，储层流体类型及其核磁共振弛豫特性事先是不知道的，方程（7.44）就变成了非线性问题。因此，必须求助于非线性反演算法来求解这一问题，从而计算出准确的储层孔隙度参数、各相流体的弛豫特性参数和流体体积。

当流体弛豫参数未知时，选择遗传算法进行反演计算。选择的目标函数为：

$$Q_{\min} = \sum_{i=1}^{m} \left[\mathrm{echodiff}(i) - \left(\phi_o \mathrm{HI}_o e^{-\frac{t}{T_{2o}}} \Delta\alpha_o + \phi_g \mathrm{HI}_g e^{-\frac{t}{T_{2g}}} \Delta\alpha_g \right) \right]^2 \tag{7.45}$$

式中，$\mathrm{echodiff}(i)$ 为长、短不同等待时间观测到的回波差；m 为回波个数；$Q_{\min}$ 为观测到的回波数据与模型理论数值的残差平方和。

采用遗传算法求解上述目标函数。基因表达采用二进制编码，编码中对各参数的左边界采用全 0 二进制编码，右边界则为全 1 二进制编码，位于区间内的参数值则为 0 和 1 的混合编码，码串长度为 15 位。在反演时，待反演参数的初值和计算根据流体的核磁共振弛豫参数范围进行约束。

采取网格搜索的方法来确定遗传算法种群大小、终止代数、交叉概率和变异概率等运行参数。图 7.13 为目标函数残差平方和随迭代次数的变化关系。从图中可以看出，迭代次数小于 60 时，遗传算法的收敛速度比较快。同时，残差平方和随迭代次数呈台阶状减小特征。此外，通过改变交叉率和变异率，可以发现这些参数对收敛的速度及最优值也有一定影响。通过多次试算与结果对比，最终确定最优运行参数值如下：种群大小为 80，终止代数为 70，交叉概率为 0.90，变异概率为 0.0015。为提高精度，反演时可以根据初步反演结果对参数范围重新限定。

为了验证方法的可靠性，先后设置了油水两相、气水两相、油气水三相共三种岩石模型，油、水的纵、横向弛豫持续时间和组分孔隙度等参数如表 7.1 所示。设回波间隔为 1.2ms，短等待时间为 1.5s，长等待时间为 5.6s，油气含氢指数分别为 1.0 和 0.4。利用预设模型和给定参数，根据核磁共振测井双 T_W 响应机理，生成双 T_W 观测回波串。反演时，所用的标准基为 4ms、8ms、16ms、32ms、64ms、128ms、256ms、512ms、1024ms。此外，对气水两相、油气水三相模型采用 10 的幂指数、30 个基进行反演。图 7.14 展示了油水两相和油气水三相模型的合成数据反演结果。

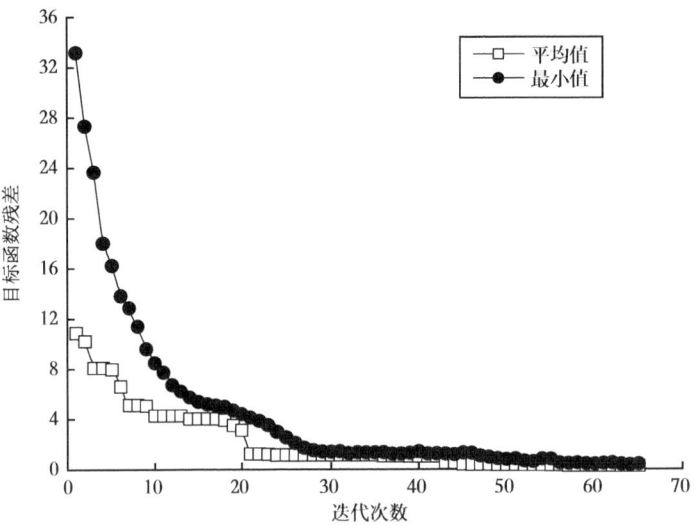

图 7.13 遗传算法目标函数残差平方随迭代次数的递减关系

表 7.1 流体反演结果与模型参数对比

模型与结果		油的纵、横向弛豫时间		含油体积	气的纵、横向弛豫时间		含气体积
		T_{1o} (ms)	T_{2o} (ms)	ϕ_o (%)	T_{1g} (ms)	T_{2g} (ms)	ϕ_g (%)
油水	模型参数	4000	900	5.00	—	—	—
	反演结果	3856	918	4.93	—	—	—
气水	模型参数	—	—	—	5000	50.0	5.00
	反演结果	—	—	—	4688	48.3	4.99
油气水	模型参数	4000	900	5.00	5000	50.0	0.50
	反演结果	3218	910	4.99	4020	46.5	0.59

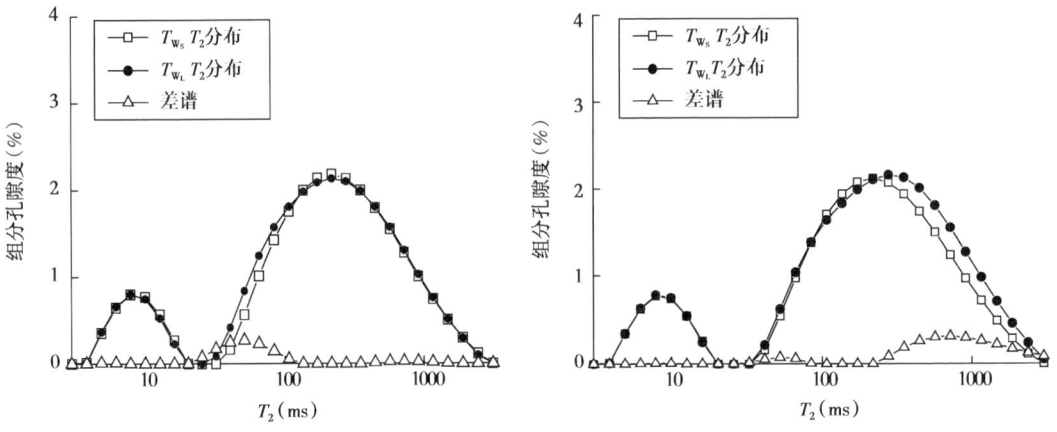

图 7.14 油水两相或油气水三相模型的合成数据反演结果

选择来自中国东部一口 MRIL-C 型测井数据进行验算,测井时双等待时间对为 T_{W_L}=5.6s,T_{W_S}=1.5s,回波数 N_E=210,回波间隔 T_E=1.2ms。先计算出了长短不同等待时间的回波差,利用遗传算法反演了油气的纵向弛豫时间(T_{1oil}、T_{1gas})、横向核磁共振弛豫时间(T_{2oil}、T_{2gas})和各相流体的体积。然后,利用 LSQR 方法反演了短 T_W 的 T_2 分布和差谱。最后,利用遗传算法和短 T_W 的反演结果作为初始解对长等待时间进行局部反演。遗传算法搜索的 T_{2oil}、T_{2gas} 的数值约为 950ms 和 40ms。计算出组分孔隙度、束缚流体体积(MBVI)、有效孔隙度(MPHE)等参数以及冲洗带含水体积(BVWE)、油气体积(HC)、含水饱和度(SWXO)等参数,结果如图 7.15 所示。

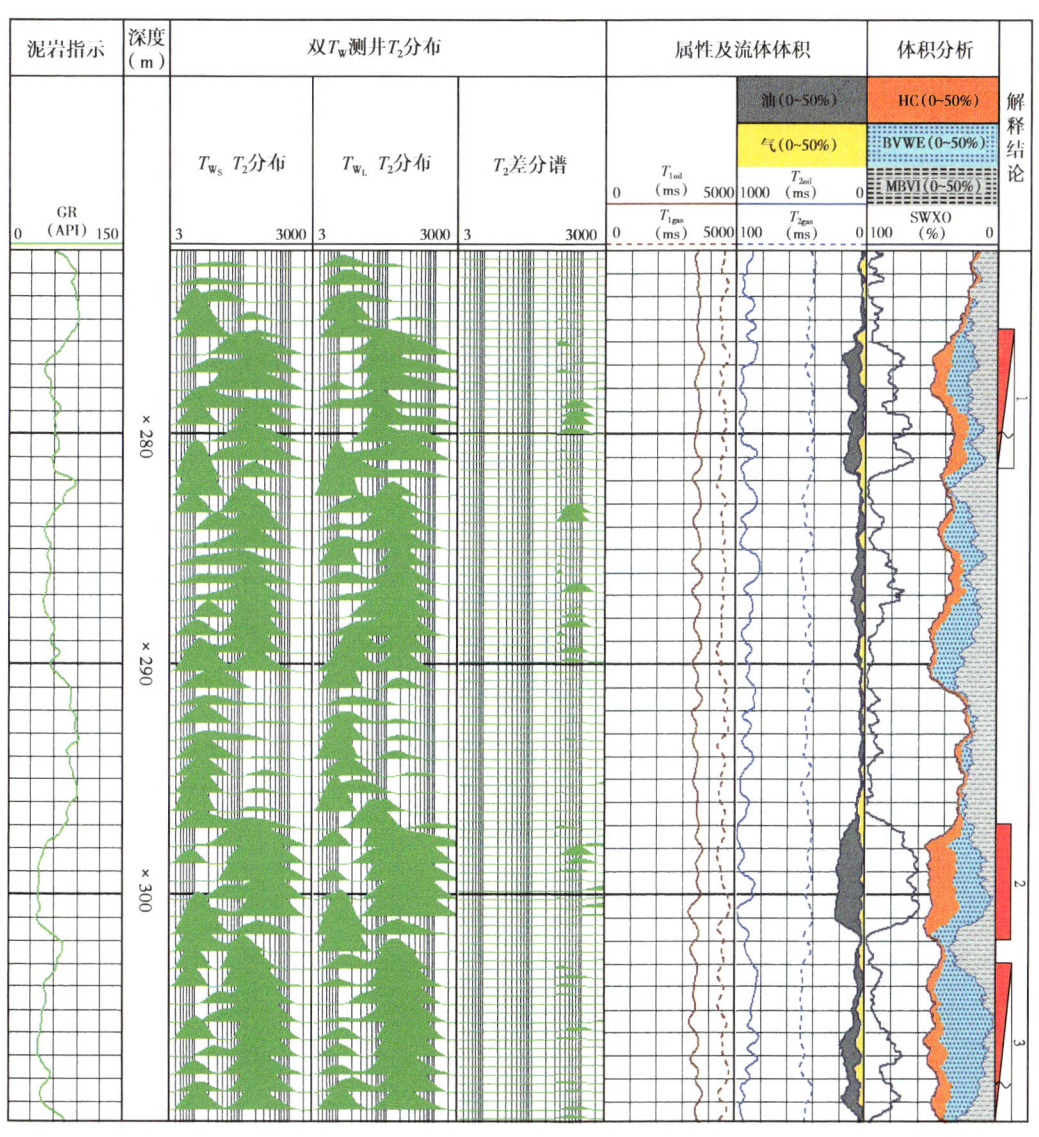

图 7.15 核磁共振双 T_W 测井处理与解释成果

根据自然伽马和核磁共振测井处理结果，共解释了3个层。第1层含烃体积约为5%，计算的冲洗带含烃饱和度约为20%。第2层含烃体积约为10%，计算的冲洗带含烃饱和度约为38%。第3层与第1层计算结果相近。从处理的差谱来看，第2层的长弛豫组分（搜索的横向弛豫时间为950ms）信号最强，而且长短不同等待时间的T_2分布在弛豫时间为900ms处存在较高幅度差，第1层和第3层相对稍差。经分析与对比，解释第2层为油层，其他两层为油水同层。第2层初产试油结果产油量为95.66t/d，无水。本方法计算的冲洗带含烃饱和度符合上述结论。

7.4.2 油湿条件下核磁共振测井TDA分析与反演

在油湿条件下，当含油水两相时，油既受表面弛豫影响又受自由弛豫影响，水只受自由弛豫影响，CPMG序列采集的回波串幅度表示为：

$$M(t)=\sum_{j=1}^{n} M_{\mathrm{oil}j} e^{-\frac{t}{T_{2\mathrm{oil}j}}} + M_{\mathrm{water}} e^{-\frac{t}{T_{2\mathrm{water}}}} \tag{7.46}$$

式中，$M(t)$为t时刻的磁化强度，A/m；$T_{2\mathrm{oil}j}$为第j种组分的油的横向弛豫时间，ms；$M_{\mathrm{oil}j}$为第j种组分的油的磁化强度，A/m；M_{water}为水的磁化强度，A/m；$T_{2\mathrm{water}}$为水的横向弛豫时间，ms。

在双等待时间采集模式下，假设储层岩石饱和油或完全饱和水，长等待时间和短等待时间的CPMG序列采集的回波串幅度表示为：

$$M_{\mathrm{L}}(t)=\sum_{j=1}^{n} M_{\mathrm{oil}j} \left(1-e^{-\frac{T_{\mathrm{W_L}}}{T_{1\mathrm{oil}}}}\right) e^{-\frac{t}{T_{2\mathrm{oil}j}}} + M_{\mathrm{water}} \left(1-e^{-\frac{T_{\mathrm{W_L}}}{T_{1\mathrm{water}}}}\right) e^{-\frac{t}{T_{2\mathrm{water}}}} \tag{7.47}$$

$$M_{\mathrm{S}}(t)=\sum_{j=1}^{n} M_{\mathrm{oil}j} \left(1-e^{-\frac{T_{\mathrm{W_S}}}{T_{1\mathrm{oil}}}}\right) e^{-\frac{t}{T_{2\mathrm{oil}j}}} + M_{\mathrm{water}} \left(1-e^{-\frac{T_{\mathrm{W_S}}}{T_{1\mathrm{water}}}}\right) e^{-\frac{t}{T_{2\mathrm{water}}}} \tag{7.48}$$

式中，$M(t)$长极化时间下t时刻的磁化强度，A/m；$M_{\mathrm{S}}(t)$为短极化时间下t时刻的磁化强度，A/m；$T_{1\mathrm{oil}}$为油的纵向弛豫时间，ms；$T_{1\mathrm{water}}$为水的纵向弛豫时间，ms。

不同等待时间磁化强度相减，假设水完全极化，其矢量差可以反映流体性质：

$$\Delta M(t)=\sum_{j=1}^{n} M_{\mathrm{oil}j} \left(e^{-\frac{T_{\mathrm{W_S}}}{T_{1\mathrm{oil}}}} - e^{-\frac{T_{\mathrm{W_L}}}{T_{1\mathrm{oil}}}}\right) e^{-\frac{t}{T_{2\mathrm{oil}j}}} + M_{\mathrm{water}} \left(e^{-\frac{T_{\mathrm{W_S}}}{T_{1\mathrm{water}}}} - e^{-\frac{T_{\mathrm{W_L}}}{T_{1\mathrm{water}}}}\right) e^{-\frac{t}{T_{2\mathrm{water}}}} \tag{7.49}$$

通常情况下，认为$M_{\mathrm{water}}\left(e^{-\frac{T_{\mathrm{W_S}}}{T_{1\mathrm{water}}}} - e^{-\frac{T_{\mathrm{W_L}}}{T_{1\mathrm{water}}}}\right)$为0，式（7.49）则变为$\Delta M(t)=\sum_{j=1}^{n} M_{\mathrm{oil}j}\left(e^{-\frac{T_{\mathrm{W_S}}}{T_{1\mathrm{oil}}}} - e^{-\frac{T_{\mathrm{W_L}}}{T_{1\mathrm{oil}}}}\right) e^{-\frac{t}{T_{2\mathrm{oil}j}}}$，反演问题被简化，传统数据处理流程均依据该假设条件。但是，

通常情况下，小孔隙中的水完全极化，部分大孔隙中的水没有完全极化（假定不含天然气）。

为此，核磁共振测井的磁化强度可以转变成孔隙度，考虑到含氢指数（HI）校正，则有

$$\phi(t) = \sum_{j=1}^{n} \phi_{\text{oil}j} \text{HI}_{\text{oil}} \left(e^{-\frac{T_{\text{WS}}}{T_{\text{1oil}}}} - e^{-\frac{T_{\text{WL}}}{T_{\text{1oil}}}} \right) e^{-\frac{t}{T_{\text{2oil}j}}} + \phi_{\text{water}} \text{HI}_{\text{water}} \left(e^{-\frac{T_{\text{WS}}}{T_{\text{1water}}}} - e^{-\frac{T_{\text{WL}}}{T_{\text{1water}}}} \right) e^{-\frac{t}{T_{\text{2water}}}} \quad (7.50)$$

式中，$\phi(t)$为核磁共振双T_{W}测井数据计算的孔隙度差；ϕ_{water}为地层冲洗带含水孔隙度；$\phi_{\text{oil}j}$为第j种组分地层冲洗带含油孔隙度；HI_{oil}为地层冲洗带含氢指数；$T_{\text{2oil}j}$为第j种组分油的横向弛豫时间，s；T_{1oil}为油的纵向弛豫时间，s；T_{1water}为水的纵向弛豫时间，s；T_{2water}为水的横向弛豫时间，s。

如果油的横向、纵向弛豫时间未知，冲洗带含油体积、含水体积以及含水饱和度与观测参数是非线性的，需要利用非线性反演算法进行求解。因此，本例采用模拟退火方法进行求解。为了考察模拟退火方法的可靠性，先后设置了不同油水含量三种模型，设置长等待时间为6s，短等待时间为1.5s，回波间隔为0.9ms，油水的含氢指数为1。

利用预设模型和给定参数以及油水含量，根据核磁共振测井双T_{W}响应机理，通过正演生成双T_{W}观测回波串。然后，利用模拟退火算法对其进行非线性反演。反演时，设置初始温度为100℃，终止温度为1℃，Markov链长为1000，衰减参数为0.95，步长因子为0.02。图7.16为目标函数中的残差平方和随迭代次数增加而递减的特征图，可以看出，当迭代次数小于80时，衰减较快，迭代次数超过100时逐渐稳定。

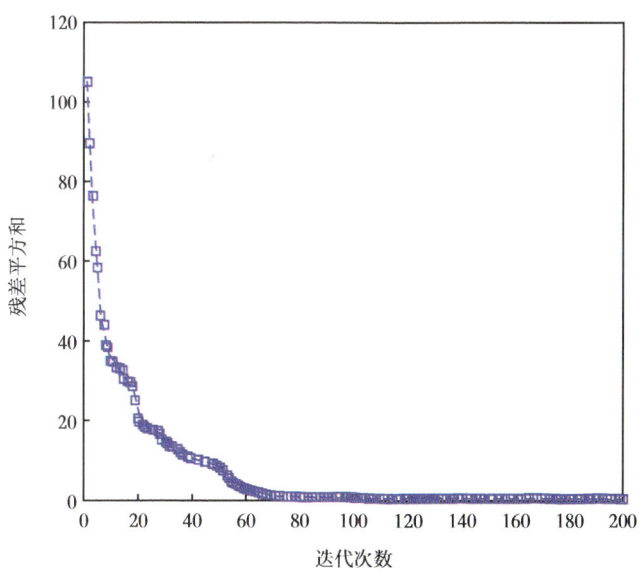

图7.16　模拟退火反演中残差平方和递减特征图

模拟得到流体的弛豫参数以及含油体积、含油饱和度，结果如表7.2所示。对比原来计算含油饱和度的方法，新方法计算的含油体积与模型一致，验证该方法是正确

的。通常情况下小孔隙中的水完全极化，部分大孔隙中的水没有完全极化。在油湿条件下，利用原来的油水体积计算方法，选取固定的弛豫参数，对回波串进行线性反演。计算结果偏大，而新方法消除了水不完全极化以及润湿条件的影响，计算的油水体积准确。

表7.2 反演结果与模型参数对比

模型与方法		油的纵向弛豫时间 T_{1o}(ms)	水的纵向、横向弛豫时间		含油饱和度(%)	含水饱和度 S_{WNMR}(%)	相对误差(%)
			T_{1w}(ms)	T_{2w}(ms)			
模型Ⅰ	S_o=80%	4000	800	300	80.0	20.0	/
	原来方法	3000	500	500	86.0	14.0	7.50
	模拟退火算法	3959	918	379	79.1	20.9	1.10
模型Ⅱ	S_o=50%	4000	800	300	50.0	50.0	/
	原来方法	3000	500	500	58.0	42.0	16.00
	模拟退火算法	3799	690	296	49.4	50.6	1.20
模型Ⅲ	S_o=20%	4000	800	300.00	20.0	80.0	/
	原来方法	3000	500	500	25.0	75.0	6.25
	模拟退火算法	3875	797	285	19.5	80.5	2.50

针对研究区储层岩石油湿条件，采用上述方法进行了数据处理。利用模拟退火算法，搜索出流体的弛豫参数，得到孔隙中的含油体积以及含油饱和度。计算了各组分孔隙百分含量，得到长短等待时间下的 T_2 分布及有效孔隙度。图7.17为L184井核磁共振测井解释成果图，第4、第5、第6道分别为长等待时间 T_2 分布、短等待时间 T_2 分布与差分谱，第8道为计算的冲洗带含油饱和度，第9道为电阻率计算的原状地层含油饱和度与核磁共振计算的束缚水饱和度，第10道为流体指示曲线，第11道为油水体积分析。

根据核磁共振的弛豫机理，地层含油时，长等待时间核磁共振有效孔隙度 ϕ_{eL} 大于短等待时间核磁共振有效孔隙度 ϕ_{eS}，两者差值 ϕ_e 越大说明含油体积越高，且储层孔隙度也越好。为此，构建了有效孔隙度差与核磁共振冲洗带含油饱和度的 ϕ_e—$S_{o,NMR}$ 识别图版，如图7.18所示。由图7.17可知，在L184井2411~2416m层段，自然伽马较低，T_2 谱呈双峰形态，差谱有信号显示。原状地层含油饱和度与核磁共振计算束缚水饱和度之和小于1，有效孔隙度差为0.5%左右，计算的冲洗带含油饱和度为10%左右，阵列感应深浅电阻率的比值为100左右，指示曲线为2，解释为油水同层。试油结果为日产油4.64t，日产水6t，显示油水同层，表明解释结果准确。

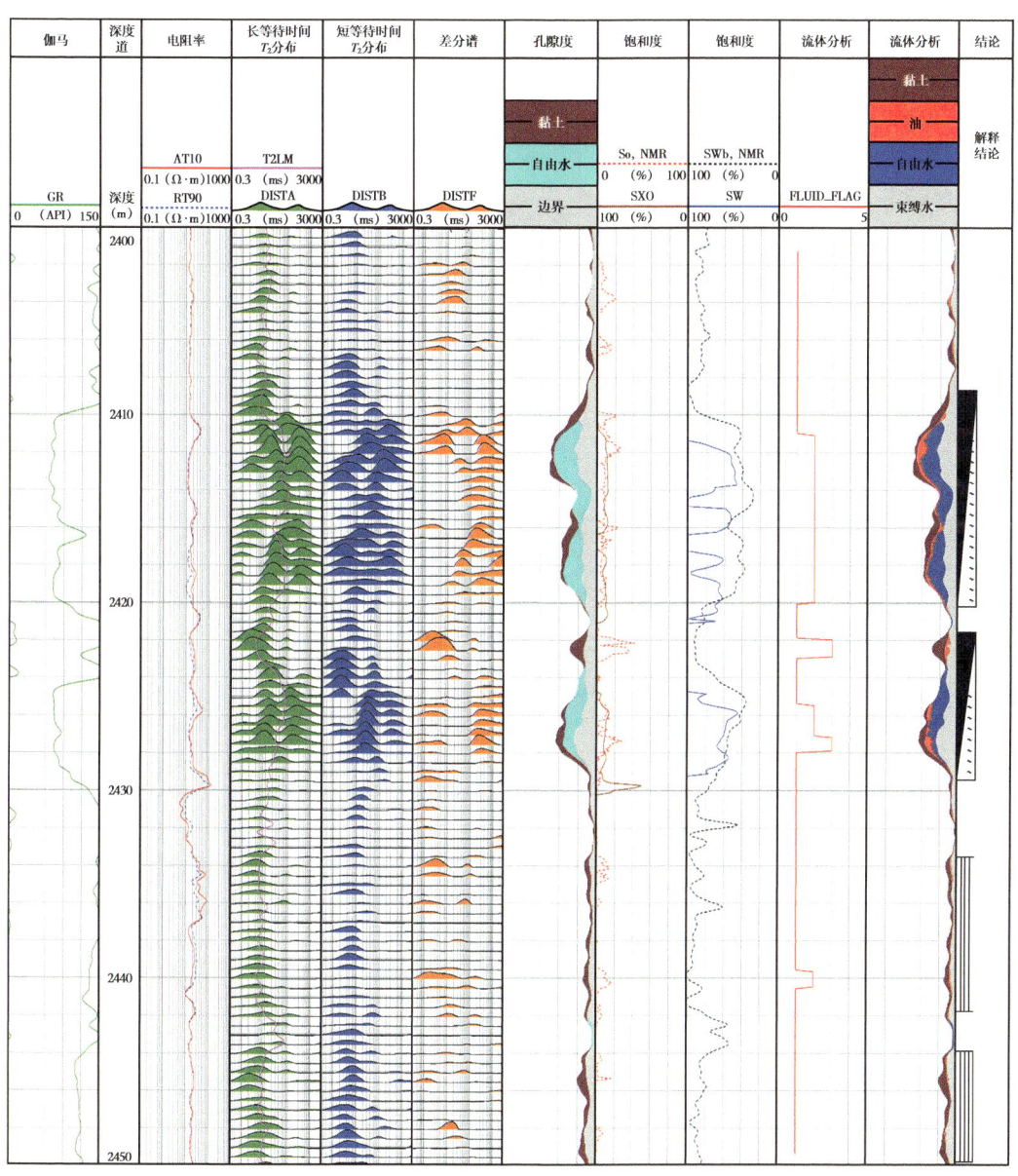

图 7.17　L184 井核磁共振测井解释成果图

7.4.3　页岩矿物含量测井最优化解释

7.4.3.1　基本原理

最优化测井解释是将所有的测井信息、测量误差、测井响应方程和地质经验综合成一个多维信息复合体，应用最优化的数学方法进行处理，得到该复合体的最优解。这个过程是从所有的可能解释结果中找出最佳的、最合理的解释结果的过程。

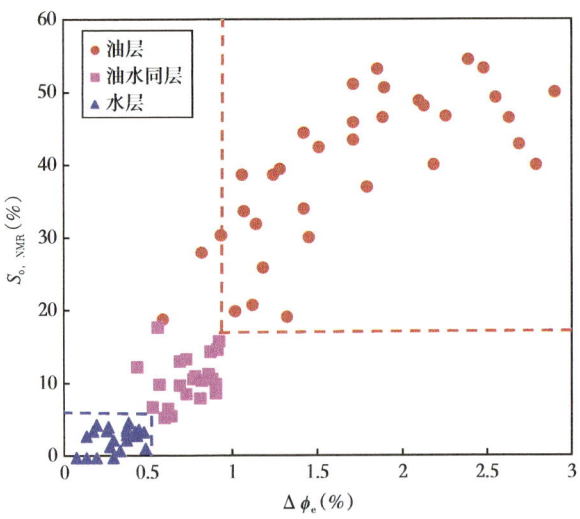

图 7.18　核磁共振有效孔隙度差与核磁共振冲洗带含油饱和度的 ϕ_e—$S_{o,NMR}$ 交会图

根据体积模型可以得到如下测井响应方程组：

$$\begin{cases} \rho = V_{m1}\rho_{m1} + V_{m2}\rho_{m2} + \cdots + V_{mi}\rho_{mi-1} + V_{mi}\rho_{mi} \\ \Delta t = V_{m1}\Delta t_{m1} + V_{m2}\Delta t_{m2} + \cdots + V_{mi}\Delta t_{mi-1} + V_{mi}\Delta t_{mi} \\ \quad\quad\quad\quad\quad\quad\quad\quad\quad \vdots \\ \phi = V_{m1}\phi_{m1} + V_{m2}\phi_{m2} + \cdots + V_{mi-1}\phi_{mi-1} + V_{mi}\phi_{mi} \\ 1 = V_{m1} + V_{m2} + \cdots + V_{mi-1} + V_{mi} \end{cases} \quad (7.51)$$

式中，ρ、Δt、ϕ 分别为密度、声波时差、中子孔隙度等测井值；V_{mi} 为第 i 种矿物的体积；ρ_{mi}、Δt_{mi}、ϕ_{mi} 分别为地层中第 i 种矿物的密度、声波时差、中子孔隙度。

上述方程组用矩阵的形式可表示为：

$$\boldsymbol{L} = \boldsymbol{A}\boldsymbol{x} \quad (7.52)$$

其中

$$\begin{cases} \boldsymbol{A} = \begin{bmatrix} \rho_{m1} & \rho_{m2} & \cdots & \rho_{mi} \\ \Delta t_{m1} & \Delta t_{m2} & \cdots & \Delta t_{mi} \\ \vdots & \vdots & & \vdots \\ 1 & 1 & 1 & 1 \end{bmatrix} \\ \boldsymbol{L} = (\rho, \Delta t, \cdots, \phi, 1)^T \\ \boldsymbol{X} = (V_{m1}, V_{m2}, \cdots, V_{mi})^T \end{cases} \quad (7.53)$$

为了获得最优解，应当采用尽量多的测井信息。要使计算得到的理论测井值逼近实际测井值，可以根据非线性加权最小二乘法的原理寻找最优解。在寻找最优解的过程中，为了得到合理的解释结果，应对未知量 x 加以一定的约束条件，如地层中任一种矿物的体积分数应当介于 0~1 之间，即存在约束条件：

$$0 \leqslant V_{mi} \leqslant 1, \quad i = 1, 2, 3, \cdots \quad (7.54)$$

综上所述，应用最优化方法进行测井解释的数学模型可以表示为：

$$\min F(\pmb{x},\pmb{a}) = \min \sum_{i=1}^{m} \frac{a_i - f_i(\pmb{x},\pmb{z})}{\sigma_i^2 + \tau_i^2} \tag{7.55}$$

约束条件为：

$$\begin{cases} g_j(\pmb{x}) \geq 0, & j=1,2,k,p \\ h_k(\pmb{x}) = 0, & k=1,2,k,q \end{cases} \tag{7.56}$$

式中，$\pmb{a}$ 经过环境校正的实际测井值向量；$\pmb{x}$ 为未知储层参数及矿物相对含量向量；$\pmb{z}$ 为区域性解释参数向量；σ_i 为第 i 种实际测井值的测量误差；τ_i 为第 i 种测井响应方程的误差；$f_i(\pmb{x}, \pmb{z})$ 为第 i 种测井响应方程；$F(\pmb{x}, \pmb{a})$ 为最优化测井解释的目标函数；$g_j(\pmb{x})$ 为对 $\pmb{x}$ 的第 j 种不等式约束；$h_k(\pmb{x})$ 为对 $\pmb{x}$ 的第 k 种等式。

为了更好地验证反演结果的可靠性，可以将求得的解重新代回原来的方程组中，重构得到相应的测井曲线。通过比较原始测井曲线与重构测井曲线的一致性，可以判断反演结果的优劣。

7.4.3.2 最优化测井解释流程

图 7.19 为最优化测井解释基本流程。

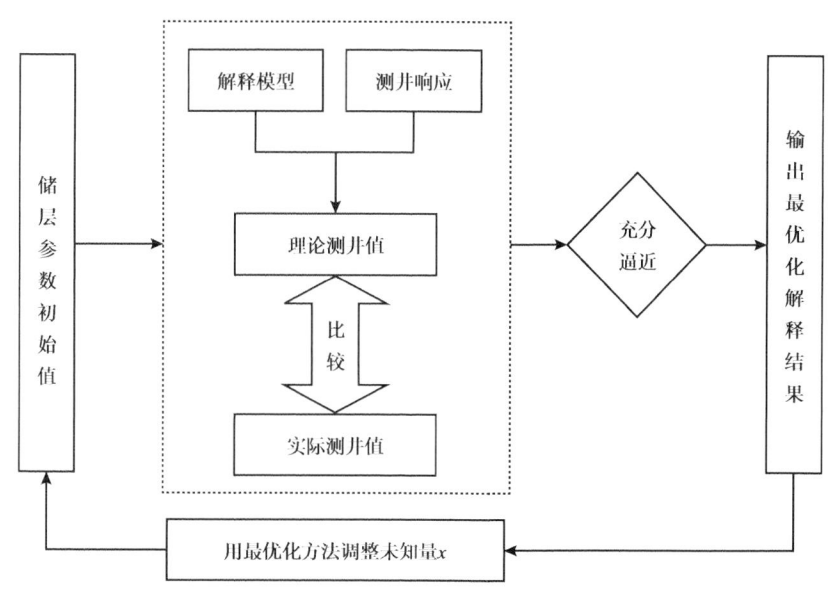

图 7.19 最优化测井解释基本流程图

7.4.3.3 理想模型的验证

为了验证最优化测井解释方法的可靠性，设置了理想模型进行检验。首先，预设地层模型，其参数见表 7.3。根据表中矿物组分和孔隙度含量区间，随机设置了 100 个地层模型，每个地层模型在设定范围内随机变化，但均满足归一化条件。然后，利用遗传算法最优化测井解释方法计算得到孔隙度以及各种矿物含量。最后，通过重构得到自然伽马、自然电位、电阻率、补偿中子、补偿密度、补偿声波等测井曲线验证反演结果的可靠性。另外，还对反演结果与预设模型的矿物含量进行了对比，两者一致性较好，验证了最优化方法的适用性（图7.20）。

表7.3 地层模型参数设置

矿物	含量（%）	矿物	含量（%）	组分	含量（%）
石英	40~50	白云石	5~10	孔隙	5~10
黏土	20~30	黄铁矿	5~10		
长石	10~20	干酪根	5~10		

7.4.3.4 应用实例和效果分析

本例首先利用遗传算法作为最优化方法，不断修改页岩储层体积模型中各矿物的测井响应参数，不断缩小岩石体积模型矿物含量与真实页岩矿物含量间的误差，从而得到最接近实际页岩储层矿物含量的最优化结果。

图7.21为HY1井九门冲组含气页岩矿物含量的最优化测井解释结果。

图中第2~6道分别为多矿物最优化模型方法求解得到的矿物含量与全岩矿物X射线衍射定量分析结果对比，两者一致性较好。其中，石英的平均相对误差最小，为7.56%；白云石的平均相对误差最大，为35.6%。第8道为利用多矿物最优化模型方法求解得到的矿物含量剖面，与第7道实验室全岩矿物X射线衍射矿物含量剖面结果较为吻合。

为了进一步考察和对比不同最优化算法的性能，分别进行模式搜索法、遗传算法和模拟退火法对比实验。实验中，选定中子、密度、声波、自然伽马、体积光电吸收截面、铀、钍、钾共8种测井数据进行反演，求取石英、长石、白云石、铁矿、黏土、干酪根含量以及孔隙度大小，记录反演结果与岩石物理实验结果的平均相对误差见表7.4。

表7.4 不同最优化算法的反演实验对比

不同优化算法	黏土（%）	石英（%）	长石（%）	白云石（%）	铁矿（%）	干酪根（%）	孔隙度（%）	总体（%）
模式搜索法	10.39	8.22	17.40	56.4	20.47	16.13	22.52	21.66
遗传算法	13.55	8.62	11.40	53.83	33.53	15.49	18.67	22.16
模拟退火法	17.10	8.32	11.91	51.1	34.1	14.05	30.96	23.93

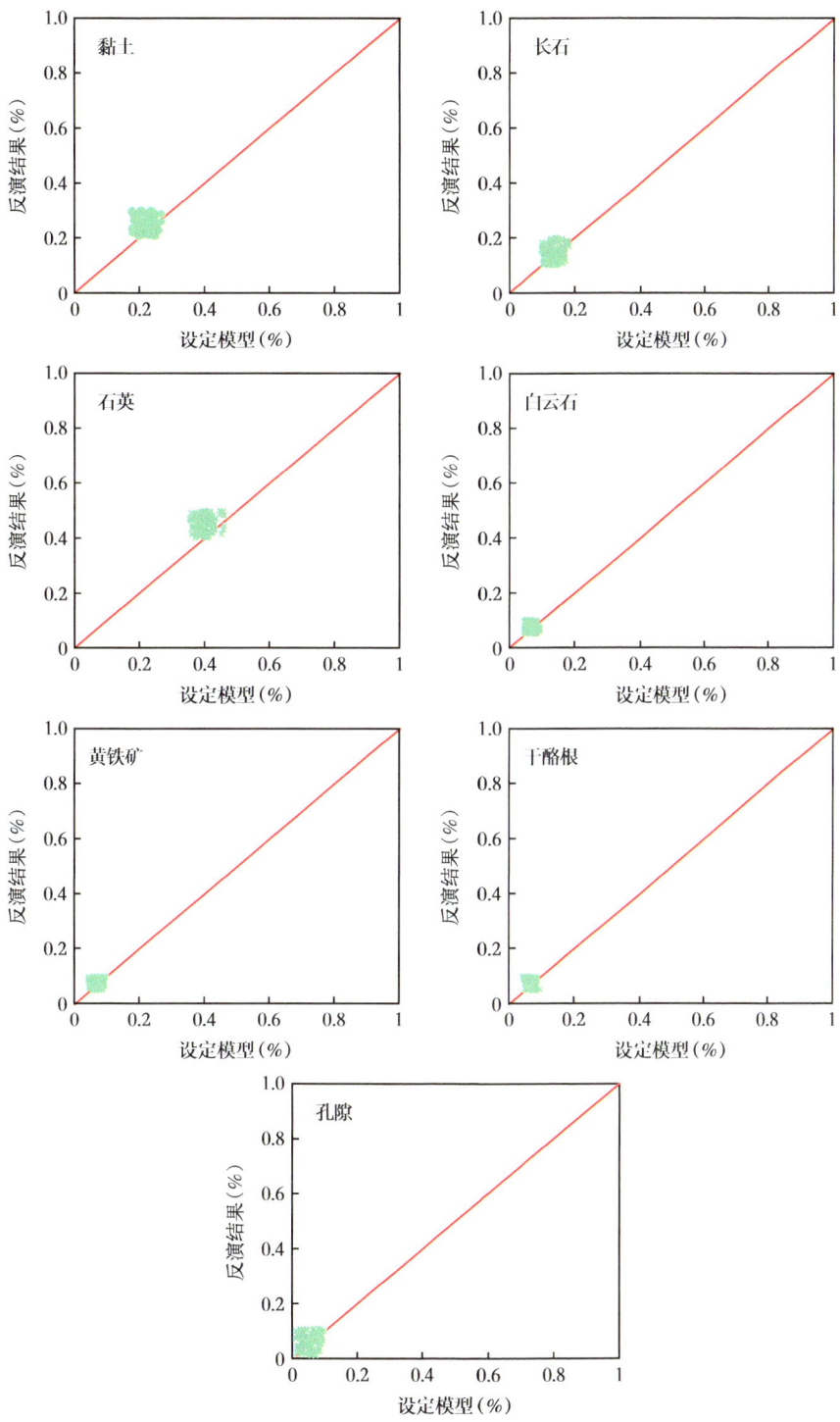

图 7.20 理想模型组分含量与最优化结果对比

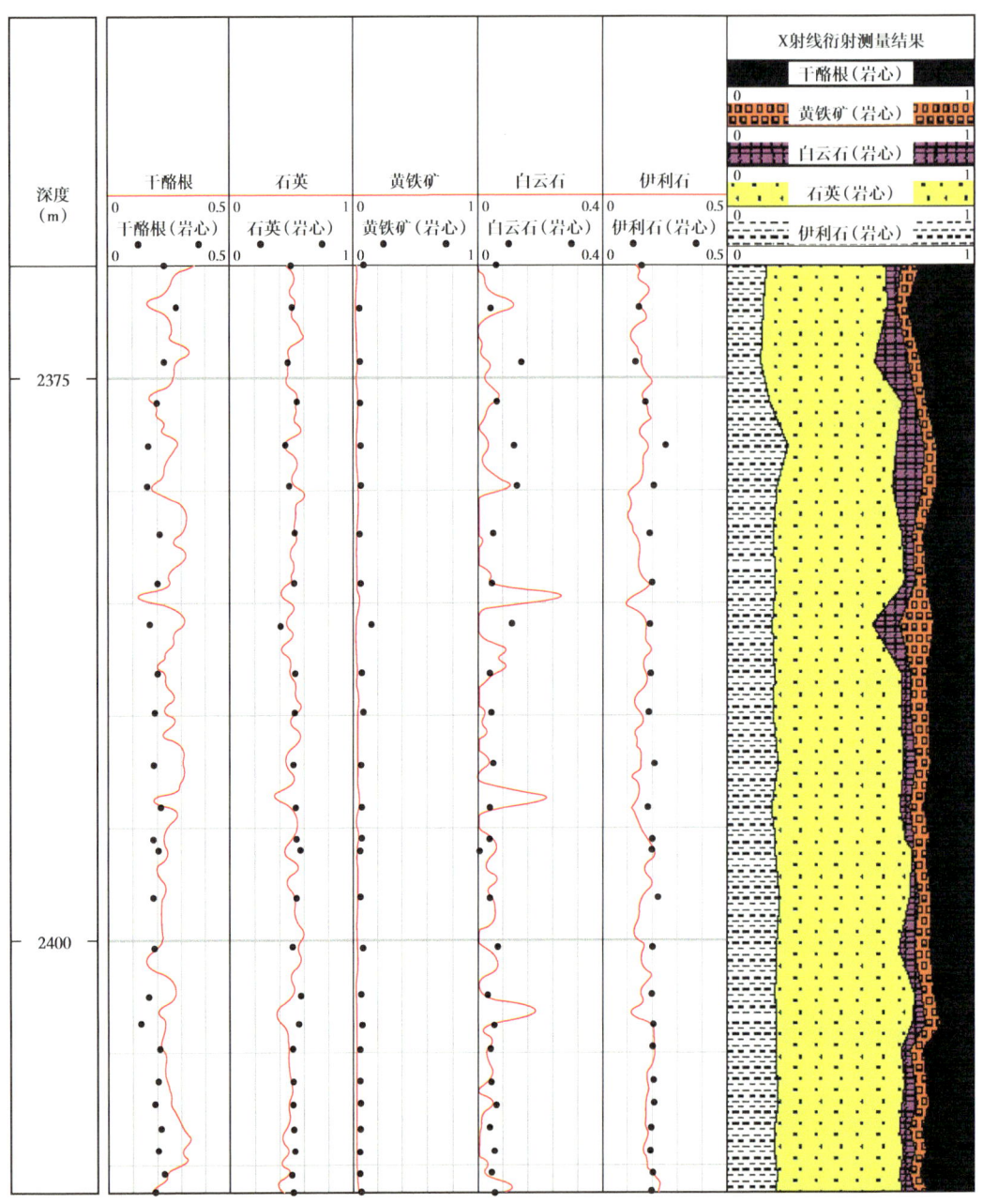

图 7.21　HY1 井最优化矿物含量测井解释成果图

通过对比发现，模式搜索法在所有矿物含量预测中的平均相对误差最小。为了进一步验证模式搜索法反演结果的可靠性，利用反演的矿物组分等参数重构了测井曲线。图 7.22 展示了模式搜索法重构测井曲线与原始测井曲线的对比。红色实线代表原始测井曲线（无后缀），蓝色虚线为重构的测井曲线（多次反演结果均值，后缀为 S），黑线为重构的测井曲线边界值（多次反演结果边界值，后缀为 B），阴影部分为测井响应的置信区间。

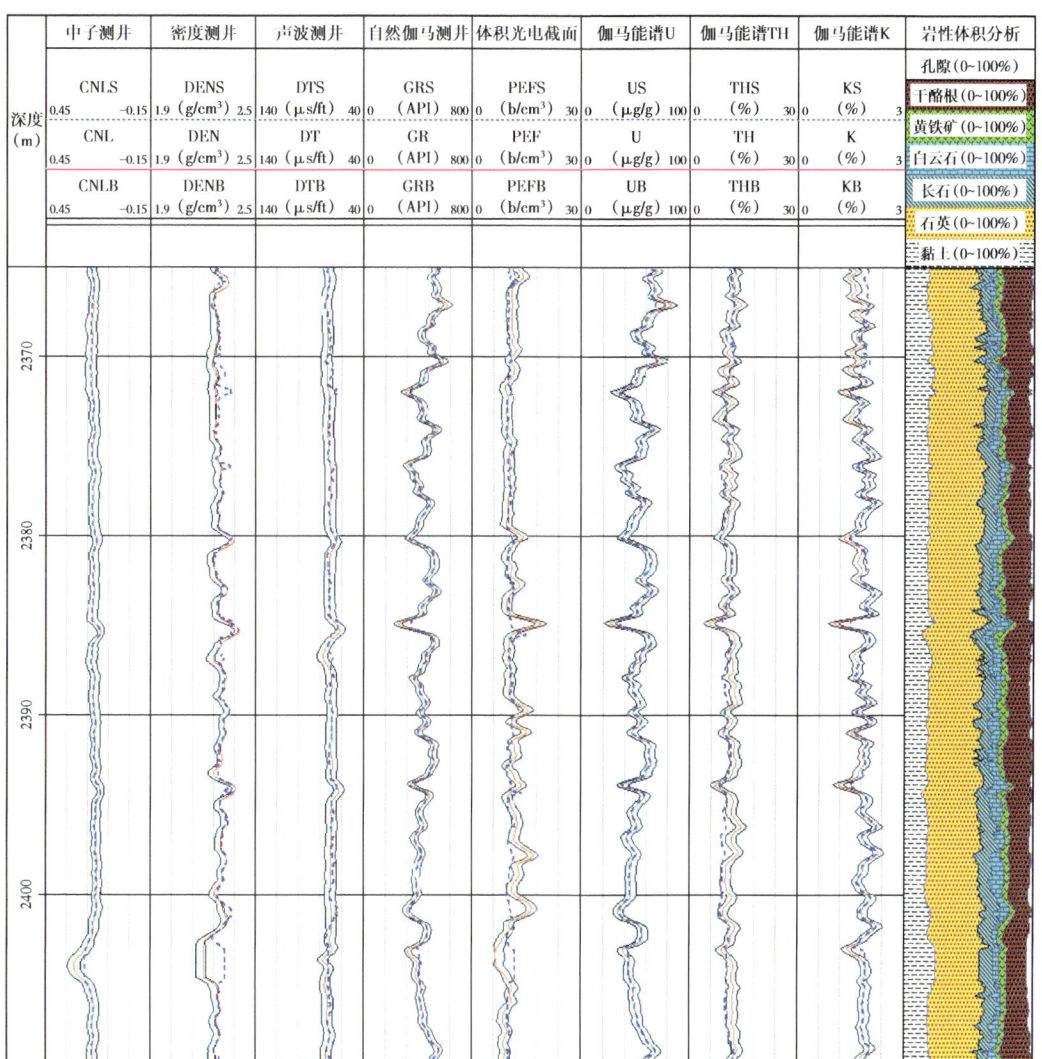

图 7.22　基于模式搜索法的重构测井曲线与最优化矿物含量测井解释成果图

本章小结

本章介绍了地球物理最优化问题求解方法——地球物理反演。地球物理反演是一种最优化问题，同聚类、机器学习等算法共同组成了智能算法体系。地球物理反演问题中，观测数据是源头，物理模型和目标函数是核心，针对不同问题选择不同反演算法可以达到求解地下物理模型或地质模型的目的。为了实现地质目标求解最优化，还要用到自然边界条件、已知结果等先验条件进行约束。而在机器学习中，敏感的观测数据和已知的先验信息是源头，足量、高质量的标签数据是必需要素，针对不同问题选择不同智能算法可以达到求解地下物理参数或地质参数的目的。同样，为了提高智能预测结果的可信度，还要用到物理模型或领域知识进行约束。可以看出，两类智能算法体系、流程相似，一起构成了地球物理智能分析的"大厦"。

第 8 章 物理模型与机器学习联合驱动范式及应用

物理模型是基于岩石模型和物理原理推导出的理论模型，遵循因果律，是地球物理解释的"根"，属于知识体系范畴；机器学习是从观测数据和先验信息出发，遵循关联性，是地球物理解释的"源"，属于数理统计范畴。两者各有优势，不能孤立研究，有机联合是必由之路，也是大势所趋。物理模型与机器学习联合驱动简称模型—数据联合驱动，本章将数据—模型联合驱动的智能测井解释方法分为数据引导的物理建模流程和物理引导的机器学习流程。

8.1 物理模型与专家知识

在机器学习中嵌入机理模型和专家知识是一种重要的数—模双驱手段，主要包括测井响应、地震响应、经验与认识等专家知识，以及形成的地层、储层、流体、裂缝等识别图版方法，此外，还包括一些用于进行储层评价的岩石物性模型。

8.1.1 专家知识与测井响应

专家知识是在长期的井筒数据解释实践过程中形成的业内共识的经验与认识。以有机页岩评价为例，我国在长期的油气勘探实践中，积累了大量关于页岩分布、沉积环境、有机质类型等的基本认识，有些认识可能与其他国家存在差异，例如美国页岩以海相沉积为主，我国页岩主要赋存于陆相层系。表 8.1 展示了美国与中国有机页岩的储集空间类型对比。当然，这些差异也普遍存在于我国不同研究区域间。例如鄂尔多斯盆地长 7 段及松辽盆地青山口组以陆源沉积为主，而北疆地区芦草沟组及大港沧东凹陷孔店组二段以内源沉积为主。这些基础认识可以为智能算法搭建和模型训练提供一些基础约束信息。

表 8.1 美国与中国有机页岩的储集空间类型对比

盆地	美国					中国	
	阿巴拉契亚	福特沃斯	北路易斯安那州盐盆	密歇根	得克萨斯州西南	南方	中国松南
页岩名称	Marcellus	Barnett	Haynesville	Antrim	Eagle Ford	龙马溪组	青一段
层位	泥盆系	泥盆系	侏罗系	泥盆系	上白垩统	上奥陶统	上白垩统

续表

盆地	美国					中国	
	阿巴拉契亚	福特沃斯	北路易斯安那州盐盆	密歇根	得克萨斯州西南	南方	中国松南
TOC(%)	3~12	3~13	4.0	0.3~24	1~7	0.46~7.13	0.13~4.26
R_o(%)	0.6~3.0	1.1~1.7	2.2~3.0	0.4~0.6	1.5	>2.0	0.5~1.2
石英	10~60	35~50	20	20~41	20	33.9~80.3	20~33
孔隙度(%)	10	5~6	7~11	9	4~10	1.17~8.61	7
孔隙类型	有机孔	有机孔、粒间孔	有机质孔、粒间孔	粒内孔	有机孔、粒内孔	有机质孔、粒间孔	粒间孔、有机质孔
含气量(m³/t)	1.68~2.8	8.5~9.9	2.8~9.4	1.1~2.8	8(吸附气)	0.63~9.63	0.67~1.5

测井响应是指地下结构、构造、流体等对测井仪器测量信号的影响。通过测井响应分析，可以为地下储层评价提供岩性、流体、孔隙度、渗透率等信息。

另外，一些测井响应规律可以为智能模型的输入优选提供帮助。例如，有机页岩的高放射性主要由高浓度的铀或者铀离子造成，自然伽马测井值比一般非烃源岩的高。富含有机质的泥岩层，由于干酪根和油气的存在，其电阻率较高，一般在几百到几千欧姆米之间变化，总是比不含有机质的相同岩性的地层电阻率高。表8.2展示了页岩气储层测井响应特征，通过这些测井响应规律，可以对智能算法输入参数进行初步的筛选。

表8.2 页岩气储层测井响应特征

测井曲线	输出参数	曲线特征	影响因素
自然伽马	自然放射性	高值(>100API)局部低值	泥质含量越高，自然伽马值越大；有机质中可能含有高放射性物质
井径	井眼直径	扩径	泥质地层显扩径；有机质的存在使井眼扩径更加严重
声波时差	时差曲线	较高，有周波跳跃	泥岩密度＜页岩密度＜砂岩密度；有机质丰度高，声波时差大；含气量增大，声波值变大，遇裂缝发生周波跳跃；井径扩大
中子孔隙度	中子孔隙度	高值	束缚水使测量值偏高；含气量增大使测量值偏低；裂缝地区的中子孔隙度变大
地层密度	地层密度	中低值	含气量大时密度值低；有机质使测量值偏低；裂缝地层密度值偏低；井径扩大
岩性密度	有效光电吸收指数	低值	烃类引起测量值偏小；气体引起测量值偏小；裂缝带局部曲线降低
深浅电阻率	深探测电阻率 浅探测电阻率	总体低值，局部高值。深浅测向几乎重合	地层渗透率、泥质和束缚水均使电阻率偏低；有机质干酪根电阻率极大，测量值局部为高值

测井响应与专家认识不仅是传统地层评价的基础，更应是井筒数据挖掘与智能解释的基础。在数据驱动的潮流下，更应注重地质、岩石物理等基本认识与规律的结合，为数据驱动的方法提供更可靠的约束和指导。

8.1.2 解释图版

在测井解释中，通常利用测井数据和岩心、录井、测试等先验信息建立图版，用该图版进行研究区未知井段的储层评价。这些图版包括能够确定地层岩性、孔隙度信息的中子—密度测井交会图、声波—中子交会图、密度—声波交会图、骨架岩性识别图（MID）、M-N 交会图等。此外，还可以通过电阻率—孔隙度交会图、孔隙结构指数—电阻率交会图等来评价地层含油气性。

图 8.1 为中国鄂尔多斯盆地某研究区的深侧向电阻率与孔隙度交会图，图中干层、气层与水层的界限较明显。当孔隙度小于 5% 时，储层为干层。当孔隙度大于 5%，电阻率小于 50Ω·m 时，储层为水层。这些基本的信息可以为数据驱动的智能模型提供先验知识的约束，提高智能模型的应用效果，降低预测输出出错的风险。

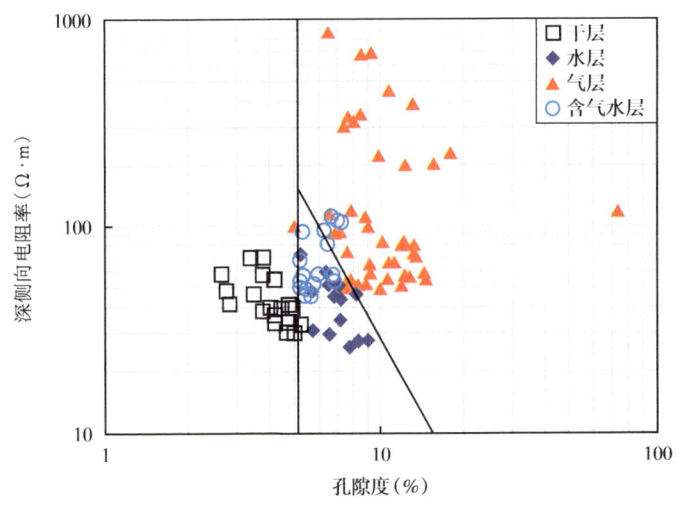

图 8.1　电阻率—孔隙度交会图

8.1.3 岩石物理模型

岩石物理模型是测井解释的基础。它将岩石物理性质与测井响应之间的关系进行数学描述。通过岩石物理模型，可以将采集的测井数据转化为岩石物理参数，从而提供岩性、储层性质、流体等相关信息。

岩石物理模型的构建有两个主要手段。第一个手段是理论推导，通过对岩石物理现象的深入理解和物理定律的应用，对岩石的物理过程进行理论分析和数学建模，推导出岩石物理参数与测井响应之间的关系式。第二个手段是基于岩石物理实验构建经验公式。通过岩石物理实验，测量岩石的各种物理性质，并将实验结果与测井响应进行关联。利用数据分析和统计方法，建立经验公式来描述岩石物理参数与测井响应之间的关系。

例如，基于岩石体积模型进行理论推导，可以得到孔隙度计算模型。以泥质砂岩的体积模型为例，可以通过声波时差测井、中子测井和密度测井得到孔隙度公式。

声波时差测井的声波孔隙度 ϕ_A 如下：

$$\phi_A = \frac{\Delta t - \Delta t_{ma}}{\Delta t_f - \Delta t_{ma}} - V_{sh} \frac{\Delta t_{sh} - \Delta t_{ma}}{\Delta t_f - \Delta t_{ma}} \quad (8.1)$$

式中，Δt_{ma} 为致密砂岩骨架的声波时差（石英矿物的声波时差），约为 55.5μs/ft；Δt_f 是钻井液滤液的声波时差，约为 189μs/ft；Δt_{sh} 是泥质骨架的声波时差，约为 55.5μs/ft；V_{sh} 是黏土的体积。

中子测井的中子孔隙度 ϕ_N 为：

$$\phi_N = \frac{\phi_N - \phi_{N,ma}}{\phi_{N,f} - \phi_{N,ma}} - V_{sh} \frac{\phi_{Nsh} - \phi_{Nma}}{\phi_{N,f} - \phi_{Nma}} \quad (8.2)$$

式中，$\phi_{N,ma}$ 为致密砂岩中子孔隙度，即石英的中子孔隙度，约为 -0.02；$\phi_{N,f}$ 为钻井液的中子孔隙度，约为 1.0；$\phi_{N,sh}$ 为页岩的中子孔隙度，约为 0.3。

密度测井的密度孔隙度 ϕ_D 为：

$$\phi_D = \frac{\rho_b - \rho_{ma}}{\rho_f - \rho_{ma}} - V_{sh} \frac{\rho_{sh} - \rho_{ma}}{\rho_f - \rho_{ma}} \quad (8.3)$$

式中，ρ_{ma} 为致密砂岩的骨架密度（石英密度），约为 2.65g/cm³；ρ_f 是钻井液滤液的密度，约为 1.0g/cm³；ρ_{sh} 是页岩的密度，约为 2.2g/cm³。

此外，也可以利用统计方法构建岩石物理模型。例如，根据研究区岩心孔隙度测量结果，建立孔隙度公式。比较常用的是一元回归经验公式，也可以选择与孔隙度相关的多种测井数据，建立多元回归经验公式。

对于渗透率模型，通常利用统计方法构建经验公式，如 Timur 公式：

$$K = \frac{0.136 \phi^{4.4}}{S_{wb}^2} \quad (8.4)$$

式中，ϕ 为有效孔隙度，%；S_{wb} 为储层束缚水饱和度，%。

针对不同的研究区，可以仿照这个公式形式构建适用的经验模型，但是公式中的指数是不同的。

对于含水饱和度模型，通常使用阿尔奇方程：

$$S_w = \sqrt[n]{\frac{abR_w}{R_t \phi^m}} \quad (8.5)$$

式中，R_t 为储层电阻率，通常选取深探测电阻率；a、b、m 和 n 为常数，来自岩心岩石物理实验，如环江油田延长组长 8 段 $a=1.570$，$b=1.0101$，$m=1.691$，$n=2.078$。

当然，对不同的油气藏，还有不同的饱和度模型，例如针对泥质砂岩的印度尼西亚公式、W-S 模型等，针对碳酸盐岩储集体的 Aguilera 三孔隙模型等，针对复杂孔隙结构储层的 BAM 模型、"双水"模型、李宁模型、双孔介质模型等。

上述孔隙度、渗透率、饱和度模型统称为储层参数岩石物理模型，在测井解释中又称为解释模型，是传统测井解释理论的重要组成部分。在机器学习数据准备和训练过程中，可以结合这些解释模型，使得智能模型具有更好的精度和泛化能力。

8.2 模型—数据联合驱动范式

按照数据与模型所占权重的大小，数据—模型联合驱动范式可分为数据引导的物理建模模式（Data-driven physical modeling）和物理引导的机器学习模式（Physics-informed machine learning，PIML）。其中，数据引导的物理建模模式主要指基于关键正反演参数的智能测井解释流程、考虑层位岩性区块的智能测井解释流程等。物理引导的机器学习模式是数—模双驱主要的模式，可从数据集准备、智能算法准备、训练、预测与输出等角度出发，将知识模型与智能模型结合起来，每个角度又可围绕敏感数据、知识数据、损失函数等元素进行针对性研究（图 8.2）。通过物理知识嵌入，可以弥补数据样本少、质量控制难的缺点，可以为智能模型赋值初值，加快收敛速度，提高最小极值的收敛能力，还可以使得学习网络具有潜在的物理背景，推广能力更好。

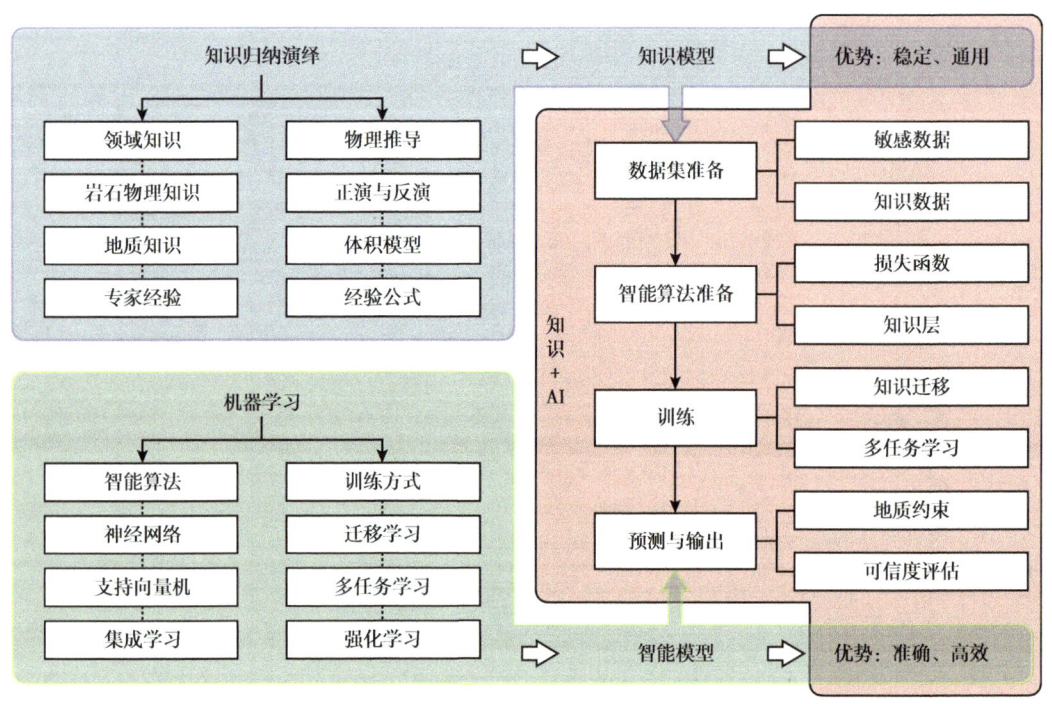

图 8.2 物理引导的机器学习模式物理知识嵌入

物理引导的机器学习模式,包括物理模型数据集增广、岩石物理知识迁移和知识驱动样本加权(图8.3)。其中,(1)物理模型数据集增广的数—模双驱方法是在数据集构建过程中,将岩石物理模型的计算结果与其他测井数据共同作为特征数据,岩心岩石物理实验数据作为标签数据构建训练集,实现物理模型和数据联合驱动的智能模型训练;(2)岩石物理知识迁移的数—模双驱模式是通过测井数据和物理模型计算结果构建源域训练集,建立预训练模型,再利用岩心实验结果对神经网络进行微调实现具有物理模型知识背景的智能模型训练;(3)知识驱动样本加权的数—模双驱方法是通过计算机器学习预测结果与模型、标签数据的相对偏差,根据偏差赋值训练样本权重,实现样本质量的自动评估,减弱质量差的样本给小样本训练模型带来的负面影响。

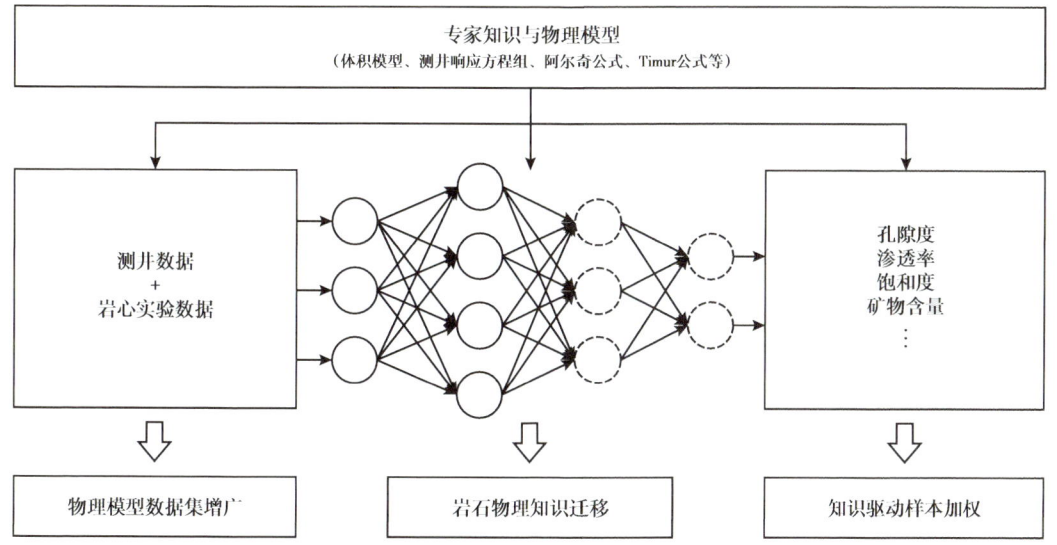

图 8.3 物理模型与数据联合驱动的测井智能解释方法

8.2.1 物理模型数据集增广的数—模双驱方法

物理模型数据集增广的数—模双驱方法是在智能模型的输入端或输出端引入物理模型。

对于输入端,是在数据集构建过程中,将岩石物理模型的计算结果和其他测井数据作为特征数据,将岩心岩石物理实验数据作为标签数据,一起输入智能算法中进行训练。然后,将其他岩石物理模型计算结果和测井数据输入到训练得到的模型中,得到最终输出 Y_M:

$$Y_M = F(X, M) \quad (8.6)$$

式中,$F(\cdot)$ 为智能模型;X 为测井数据;M 为岩石物理模型的计算结果,如基于体积模型计算得到的孔隙度、Timur 方程计算得到的渗透率、Archie 公式计算得到的含水饱和度等。

此方法不仅将物理模型约束项直接引入输入数据中,在输入端将岩石物理模型计算结果与筛选的敏感测井数据一同作为训练集进行训练,还可以提前设定权重来调整约束项比重,更加灵活地改善预测结果。

对于输出端,通常利用专家知识或图版对智能预测结果进行约束。例如,智能模型通常用储层段的岩心数据进行训练,缺少非储层段数据的训练。因此,在流体识别或储层参数预测过程中,需要利用计算的泥质含量对预测结果进行约束,防止智能模型在非储层段预测出错误的结果。另外,在流体智能识别中,也应加入地质规律约束和校正,以防同一小层中出现油、气、水分布不符合物理规律的情况。

8.2.2 岩石物理知识迁移的数—模双驱方法

迁移学习是一种利用已有知识或模型来帮助新模型学习新任务或领域的方法。当已有模型具备基本的岩石物理知识时,在此基础上进一步学习新的领域知识将更容易,训练得到的模型也具有更好的泛化能力。

迁移学习给定一个源域 D_s 和源域上的学习任务 T_s,可表示为:

$$D_s = \{(x_s, y_s)\} \tag{8.7}$$

式中,x_s 表示源域的样本;y_s 表示源域的标签。

另外,还给出目标域 D_t 和目标域上的学习任务 T_t,可表示为:

$$D_t = \{(x_t, y_t)\} \tag{8.8}$$

式中,x_t 表示目标域的样本;y_t 表示目标域的标签。

利用迁移学习可为目标域的模型引入获取源域 D_s 和学习任务 T_s 中的知识,能够解决标注数据稀缺性,降低小样本数据部分质量差的风险(图8.4)。

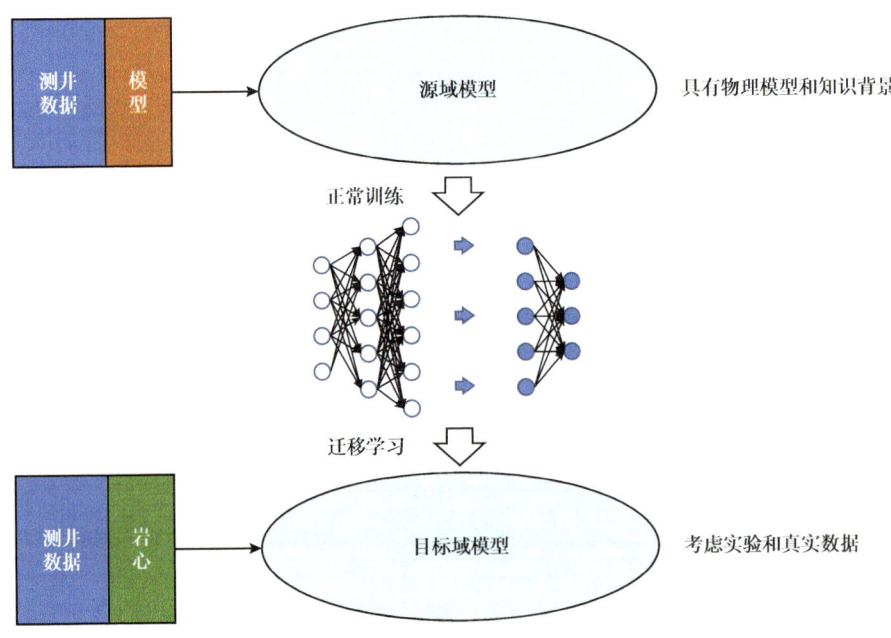

图 8.4 基于岩石物理知识迁移的智能测井解释示意图

因此，迁移学习可以为数据—模型双驱的测井解释提供一种有效的思路。首先，根据油气藏储层地质特点，构建岩石物理模型、经验公式，得到基于机理模型的测井解释结果。然后，结合敏感测井数据和基于模型的测井解释结果构建源域训练集，以深度神经网络为机器学习算法，训练得到预学习模型。最后，结合敏感测井数据和岩心结果构建目标域训练集，冻结预训练模型的浅层神经元，对深层次神经元和输出层进行微调，实现目标训练模型构建。最终，利用知识迁移模型，对未知测井数据进行解释。

8.2.3　知识驱动样本加权的数—模双驱方法

在训练数据集中，样本"生而不等"，不同样本的质量可能存在优劣之分。在智能算法优化领域，一些研究者认为，质量差的样本恰恰是学习器需要着重学习的，例如 boosting 学习策略；另外一些研究者则认为，质量差的样本是由于标注数据有误，强行拟合可能会降低模型的泛化能力。

对于小样本特征的井筒数据，较少的样本数量标志着智能模型对异常数据具有较高的敏感性。少量的优质数据难以纠正异常数据带来的负面影响，异常数据也难以为智能模型提供泛化能力方面的帮助。而且，井筒标签数据受测量、扩径、校正等方面的影响，容易与真实地层深度、物性参数存在偏差。因此，对样本质量进行评估和加权，更有益于智能模型着重学习优质样本特征，提供智能模型的精度和可靠性。

为了对样本质量进行评估和加权，需要借助物理模型。物理模型可以提供对数据的物理规律和约束的理解，从而帮助评估样本的质量（图 8.5）。因此，通过计算机器学习预测结果与模型、标签数据的相对偏差，根据偏差赋值训练样本权重，可以实现基于物理模型的样本质量自动评估与调整，减弱质量差的样本给小样本训练模型带来的负面影响，这有助于提高模型的准确性和泛化能力。

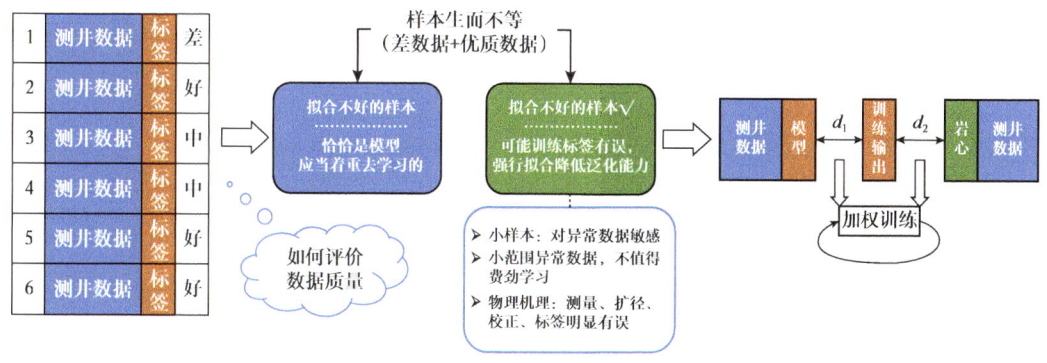

图 8.5　知识监督的样本加权与样本质量控制示意图

在知识驱动的样本加权约束策略中，首先根据油气藏储层地质特点，构建岩石物理模型、经验公式，得到基于机理模型的测井解释结果。同时，筛选敏感测井数据，结合岩心实验数据构建训练集，每个样本赋值等价的初始权重，利用深度神经网络进行模型训练并得到预测输出。然后，分别计算机器学习预测结果与模型、标签数据的相对偏差，通过偏差均值计算得到样本新权重。以权重修正的训练样本作为输入，对深度神经网络进行重新训练，得到最佳智能模型。最后，将盲井数据输入到智能模型中，能够对储层孔隙度、渗透率、饱和度等储层参数进行智能预测。

8.3 应用案例

8.3.1 基于物理模型数据集增广的致密砂岩储层参数智能预测

8.3.1.1 数据准备与智能处理流程构建

鄂尔多斯盆地长 8 组致密砂岩储层为长庆油田的主力油气层，孔隙度、渗透率和饱和度预测是测井解释的主要任务。该区域一共收集了 1047 组岩心实验数据，与对应深度的测井数据一起作为训练数据集。测井数据输入包括自然伽马、声波时差、中子、密度和电阻率测井数据。

对于孔隙度预测，引入了包括式（8.1）、式（8.2）和式（8.3）在内的孔隙度模型，分别利用这三个模型计算得到声波孔隙度、中子孔隙度和密度孔隙度。将这三个孔隙度模型计算结果作为增广数据，与常规测井数据构成的数据集一起输入智能模型中进行训练。本例智能算法采用回归委员会机器，专家包括 BP 神经网络、极限学习机（ELM）和小波神经网络（WNN）。

对于渗透率预测和含水饱和度模型构建，工作流程与上述孔隙度预测相同。当预测渗透率时，训练数据包括自然伽马、声波时差、中子、密度、电阻率测井数据，再加上基于式（8.4）计算得到的渗透率作为增广数据。当预测含水饱和度时，训练数据包括自然伽马、声波时差、中子、密度、电阻率、计算孔隙度，再加上基于式（8.5）计算得到的含水饱和度作为增广数据。图 8.6 展示了基于物理模型增广数据集的智能测井解释流程。从左到右分别为输入的测井数据和岩石物理模型增广数据、专家层的三个专家、组合器的组合策略和输出层四个部分。

8.3.1.2 模型参数与组合策略优选

本例委员会机器专家均采用单隐含层的人工神经网络，利用网格搜索法确定最优网络参数。表 8.3 展示了 BPNN、WNN、ELM 在孔隙度、渗透率和含水饱和度预测中的最优神经元数量和学习率。

另外，优选了最佳的专家输出组合策略。分别考虑基于测试相对误差的组合策略和基于遗传算法的组合策略。前者通过每个专家测试集的相对误差来确定专家表现，因此，基于相对误差计算的高权重将被分配给表现更好的专家，较小的权重分配给性能较低的专家。后者根据遗传算法（GA）进行启发式优化，基于三个专家的输出和数据集的标签来确定误差最小的权重。两类组合策略的对比结果如图 8.7 所示，在孔隙度、渗透率、饱和度预测中，遗传算法组合策略的平均相对误差均低于基于测试相对误差的组合策略。表 8.4 展示了利用遗传算法优选的孔隙度、渗透率、饱和度模型的专家权重。

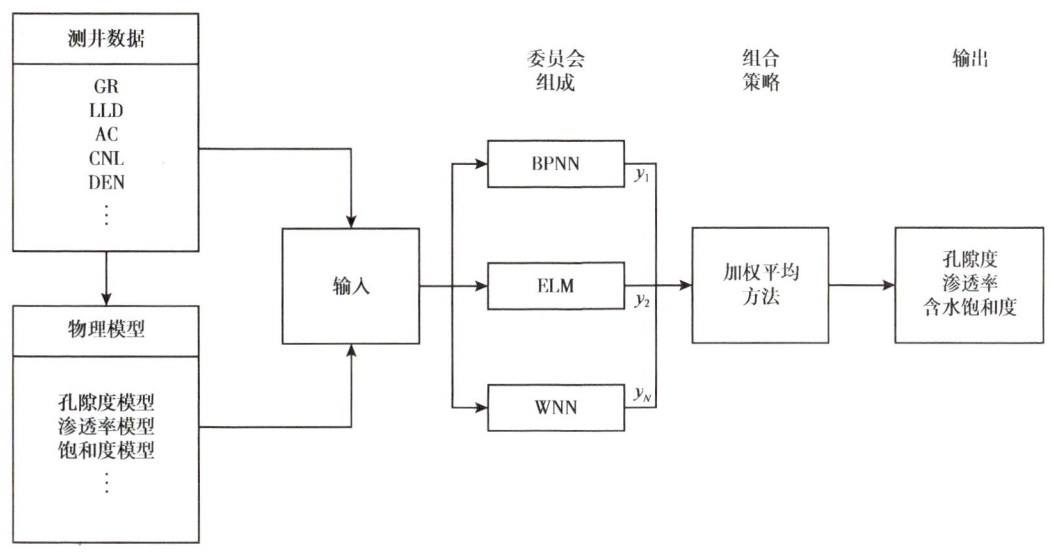

图 8.6 基于物理模型数据集增广的智能测井解释流程

表 8.3 BPNN、WNN、ELM 在孔隙度、渗透率和含水饱和度预测中的最优参数

模型参数	孔隙度	渗透率	含水饱和度
BPNN 隐含层神经元数量	32	38	31
BPNN 学习率	0.62	0.81	0.77
WNN 隐含层神经元数量	22	31	26
WNN 学习率	0.72	0.81	0.91
ELM 隐含层神经元数量	31	39	24
ELM 学习率	0.92	0.69	0.75

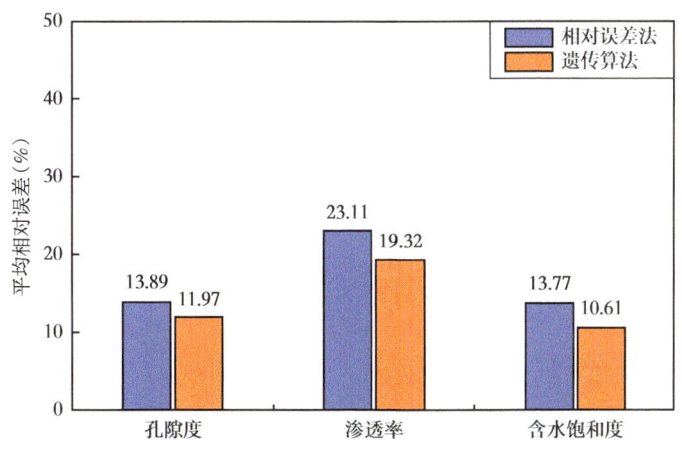

图 8.7 基于相对误差法和遗传算法组合策略的孔隙度、渗透率和含水饱和度预测误差

表 8.4 遗传算法优选的孔隙度、渗透率、饱和度模型专家权重

权重	孔隙度模型权重	渗透率模型权重	饱和度模型权重
BPNN	0.3346	0.5643	0.2742
ELM	0.2695	0.2994	0.1510
WNN	0.3959	0.1363	0.5748

8.3.1.3 物理模型数据增广误差对比

利用最优专家权重,将三个专家的输出组合起来,得到回归委员会机器输出。图 8.8 为不引入物理模型数据增广的 BPNN、ELM、WNN 和回归委员会机器的孔隙度、渗透率、饱和度预测结果相对误差。三个专家的孔隙度预测结果相对误差范围从 11.43% 到 14.63%,回归委员会机器预测结果的相对误差最小,为 10.23%。对于渗透率和含水饱和度的预测结果,也可得出相似结论。

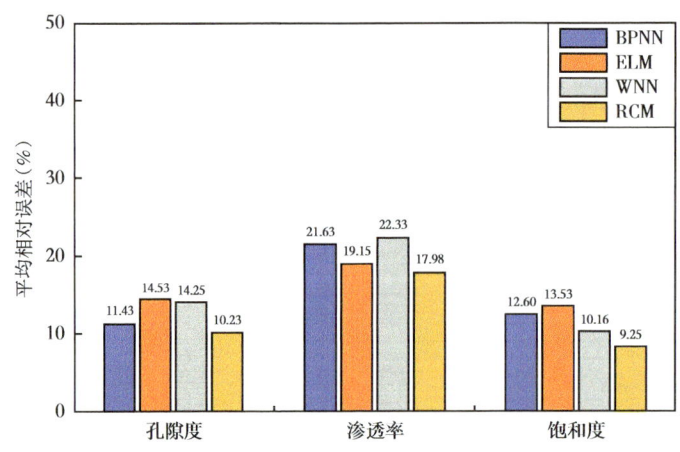

图 8.8 不引入物理模型数据增广的 BPNN、ELM、WNN、回归委员会机器(RCM)孔隙度、渗透率、饱和度预测结果对比

图 8.9 展示了基于物理模型数据集增广方法的 BPNN、ELM、WNN 和回归委员会机器预测的孔隙度、渗透率、饱和度预测结果相对误差。可以看出,物理模型驱动的三个专家预测孔隙度平均相对误差在 8.26%~10.23% 之间,物理模型驱动的回归委员会机器预测平均相对误差为 7.43%。三个专家预测渗透率的平均相对误差在 17.45%~18.49% 之间,回归委员会机器预测结果平均相对误差为 14.65%。三个专家预测的饱和度平均相对误差均高于 7.72%,回归委员会机器预测平均相对误差为 6.33%。与图 8.8 相比,基于物理模型数据集增广的储层参数智能预测结果更准确。

图 8.10 为基于物理模型数据增广的 M224 井孔隙度、渗透率和含水饱和度测井解释成果图。第 3 道展示了物理模型计算渗透率、数—模双驱预测渗透率和岩心渗透率,第

5 道展示了物理模型计算含水饱和度、数—模双驱预测含水饱和度和岩心含水饱和度，第 6 道展示了物理模型计算孔隙度、数—模双驱预测孔隙度和岩心孔隙度。从图中可知，基于物理模型数据增广方法预测的孔隙度、渗透率和含水饱和度与岩心数据的一致性比单纯数据驱动的智能预测结果更好。表 8.5 列出了 M224 井三种方法测井解释结果误差对比，基于物理模型数据增广的测井解释结果精度更高。

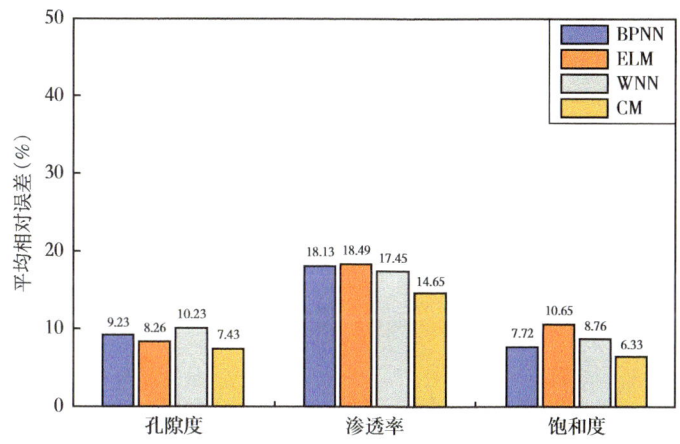

图 8.9　基于物理模型数据增广的 BPNN、ELM、WNN、回归委员会机器孔隙度、渗透率、饱和度预测结果对比

8.3.2　基于知识迁移的有机页岩地层剖面智能测井解释

地层剖面测井解释是页岩气储层品质评价的重要环节。对页岩矿物组成和孔隙流体含量进行准确计算，能够为后续页岩物性和地球化学参数计算、含气性评价、岩石力学分析、压裂层位设计等流程提供可靠支撑。

8.3.2.1　岩石物理体积模型构建与矿物含量最优化求解

本例首先构建了以黏土、石英、长石、碳酸盐、黄铁矿、干酪根、孔隙（填充束缚水和自由气）作为组分的岩石体积模型。结合自然伽马、声波、密度、中子、吸收截面指数测井数据，构建测井响应方程组。根据地质、测井资料设置页岩测井特征值作为已知量，利用遗传算法作为最优化方法，计算得到不同矿物组分和孔隙组分含量。图 8.11 为最优化地层组分反演结果及测井曲线重构图。其中，与原始测井曲线相比，GR、DT、CNL、DEN、PEF 重构平均相对误差分别为 8.28%、3.92%、7.32%、3.06%、5.85%。重构测井曲线与原始测井曲线较为一致，矿物及孔隙组分最优化反演结果合理。

然而，通过与岩心全岩矿物含量对比，最优化黏土、石英、长石、碳酸盐、黄铁矿、干酪根和孔隙组分含量的平均绝对偏差较大，分别为 17.18%、9.44%、8.93%、2.21%、4.65%、12.48% 和 4.41%。单纯依靠岩石物理模型和最优化理论难以对地层剖面进行准确预测。另一方面，由于样本数量少、样本质量不稳定等因素，利用测井数据

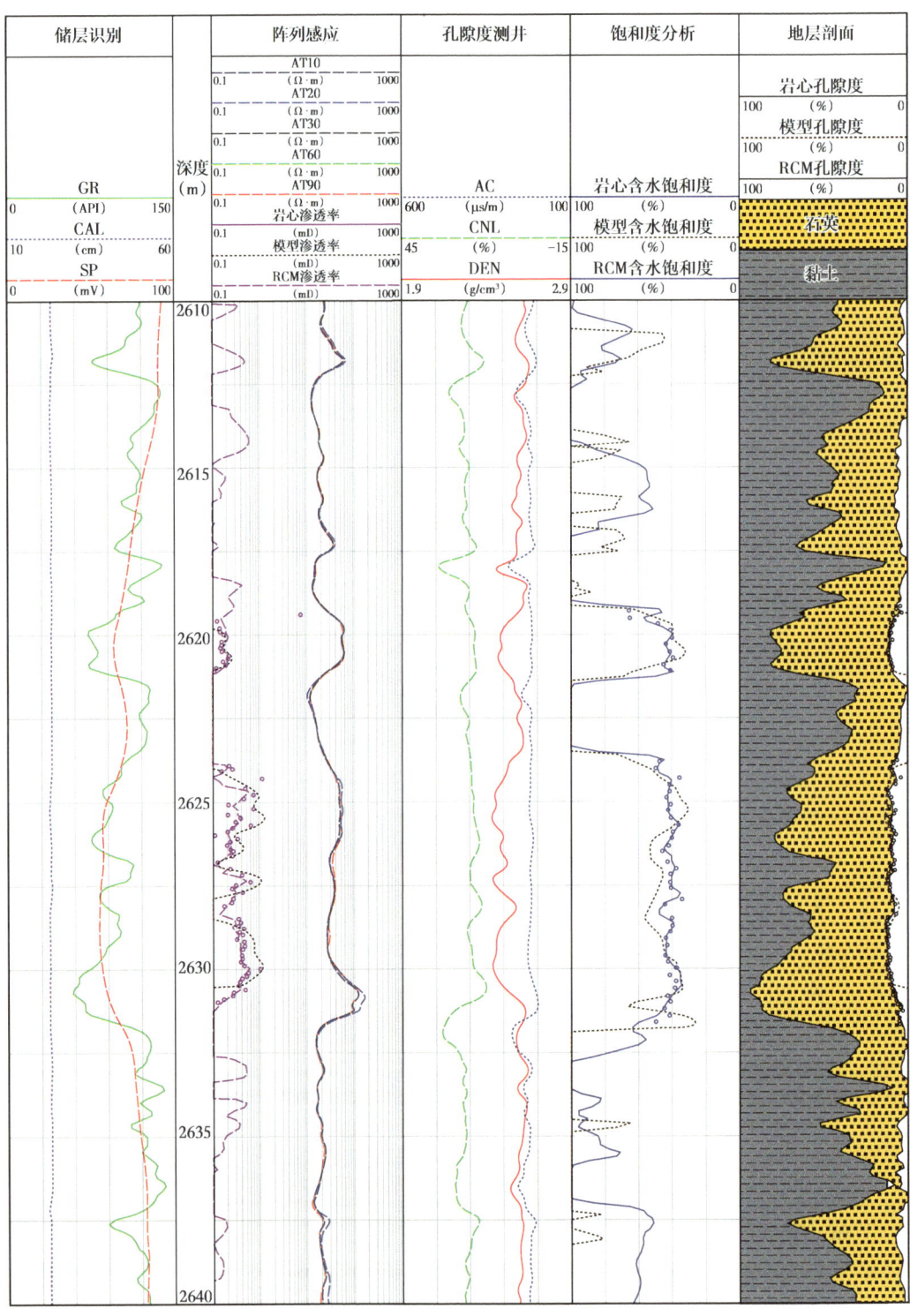

图 8.10 基于物理模型数据增广的 M224 井孔隙度、渗透率和含水饱和度测井解释成果图

和岩心全岩矿物分析结果构建训练集，直接采用机器学习算法进行训练的方法也不适用。因此，只有将岩石物理模型与机器学习相结合，才能够发挥各自优势，提高智能测井解释的可靠性。

表 8.5　不同方法计算孔隙度、渗透率和饱和度平均相对误差

计算方法	物理模型	数据驱动智能算法	数—模双驱智能算法
孔隙度预测相对误差（%）	16.81	10.33	6.91
渗透率预测相对误差（%）	39.63	17.62	13.79
含水饱和度预测相对误差（%）	20.13	10.83	6.85

8.3.2.2　岩石物理模型知识迁移学习

本例将岩石物理响应方程最优化计算结果作为标签，结合敏感测井数据构建源域训练集，共 901 组数据。将全岩矿物分析数据作为标签，结合敏感测井数据作为目标域训练集，共 80 组数据。两个训练集均按 4∶1 随机划分得到训练集和测试集。

然后，构建 6×32×128×256×128×64×32×8 结构的深度神经网络。为防止过拟合，每层隐含层间加入 Dropout 层。迭代次数设置为 400，批次设置为 32，优化算法采用 Adam 算法，损失函数采用均方根误差。

以源域训练集作为输入，对深度神经网络进行训练，得到源域模型。通常，神经网络浅层次神经元参数主要与岩石物理模型学习任务相关，深层次神经元参数主要与目标任务相关。因此，在利用源域模型对目标训练集进行迁移训练时，对源域模型的前 4 层神经元进行冻结处理，保留岩石物理模型相关的参数。这些冻结的神经元不参与训练过程中的参数优化和误差反馈，只进行参数传递。最后 2 层神经元与输出层不进行冻结，可以根据测井数据与岩心实验数据构建的训练集进行微调训练。

重新设置神经网络参数，迭代次数为 400，批次设置为 32，优化算法为 Adam 算法，损失函数为均方根误差。以目标训练集作为输入，对冻结处理后的源域模型进行训练，得到知识迁移模型。图 8.12 为知识迁移算法与数据驱动的机器学习算法训练和测试误差对比。图 8.12（a）为基于知识迁移目标模型的训练和测试结果，与岩心数据相比，其训练平均相对误差为 5.26%，测试平均相对误差为 15.15%。图 8.12（b）为直接利用目标域数据集进行训练的数据驱动机器学习算法，其训练平均相对误差为 7.45%，测试平均相对误差为 18.56%。这表明，物理机理与数据联合驱动的机器学习方法在训练收敛能力和模型推广能力方面更具优势。

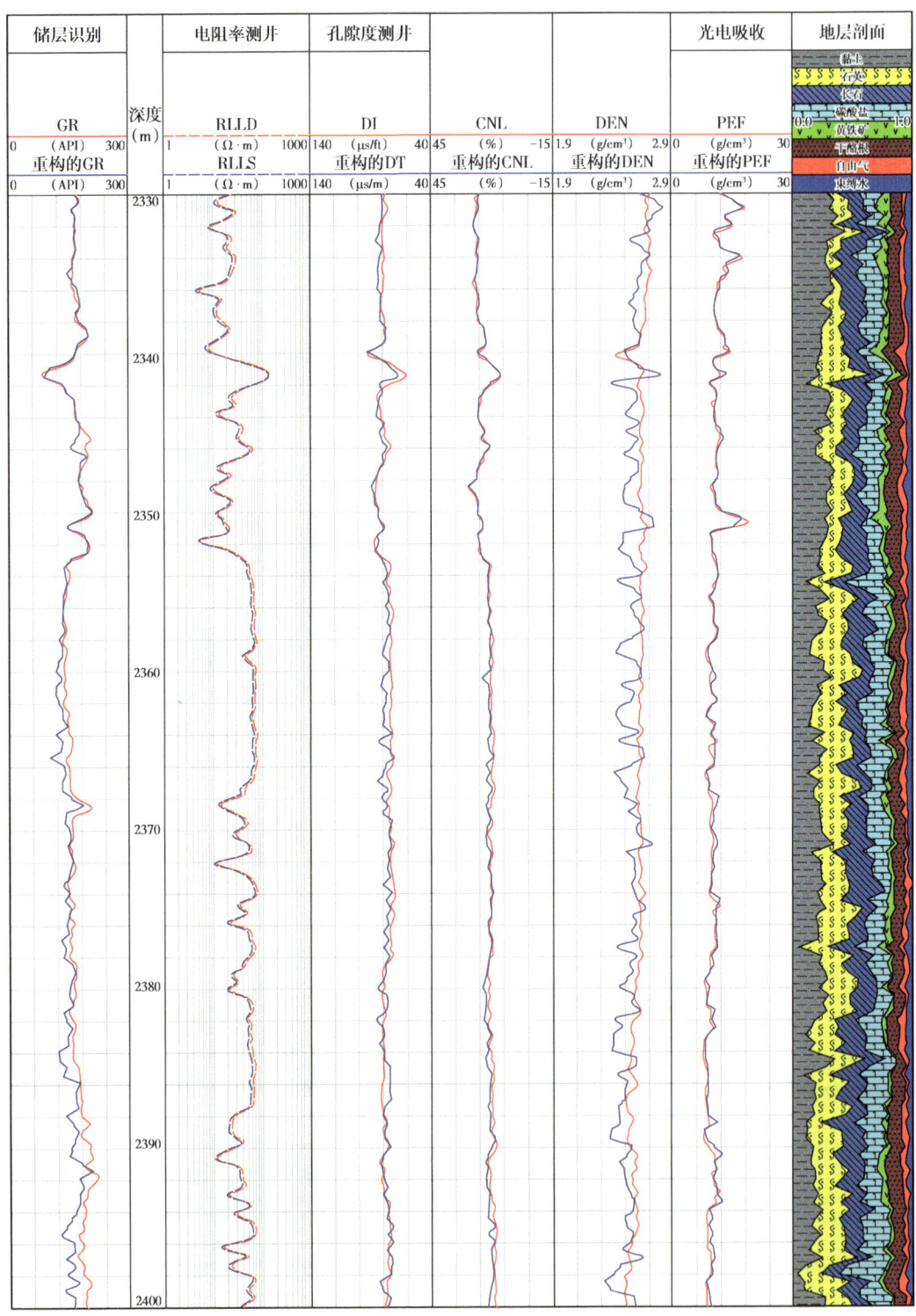

图 8.11 最优化页岩组分反演结果及测井曲线重构对比图

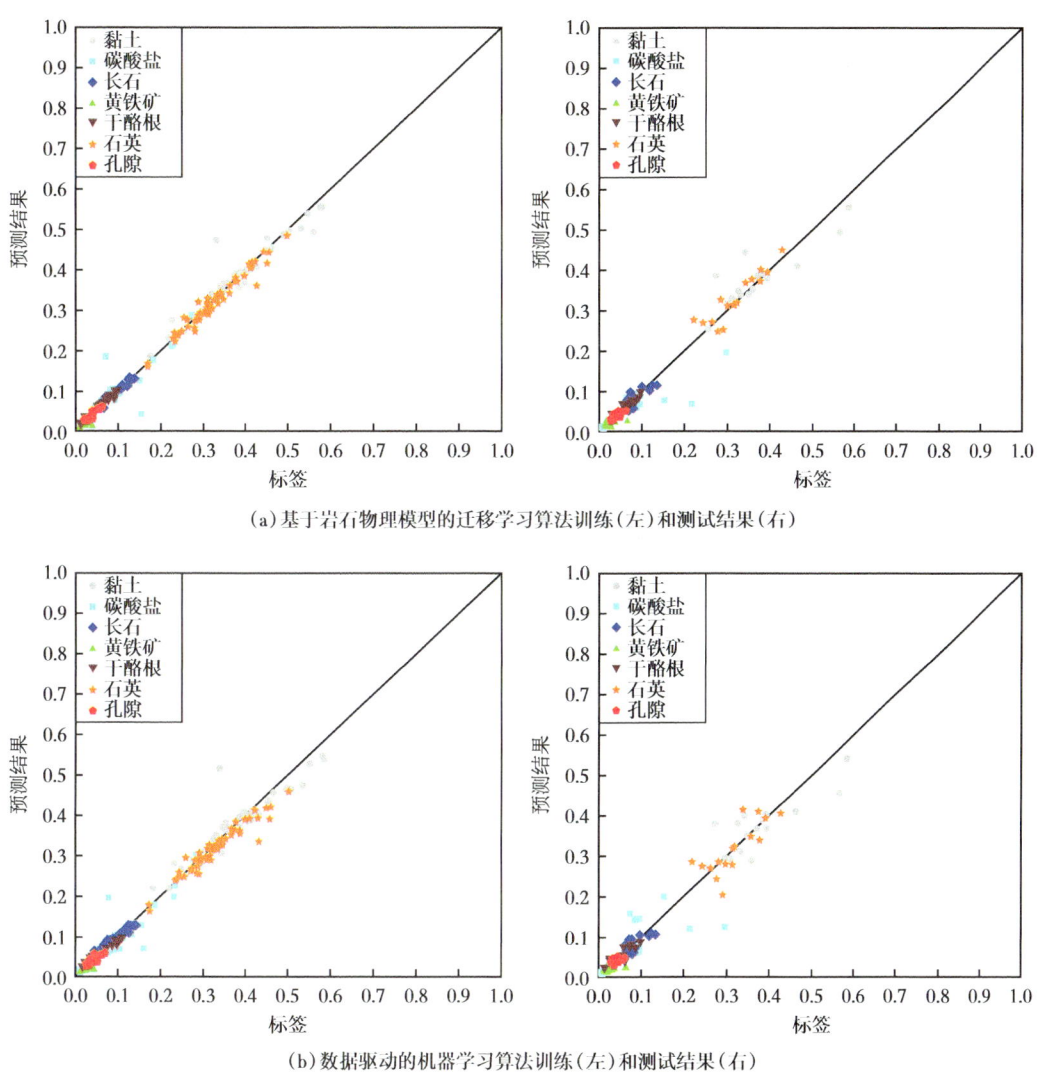

(a) 基于岩石物理模型的迁移学习算法训练(左)和测试结果(右)

(b) 数据驱动的机器学习算法训练(左)和测试结果(右)

图 8.12 知识迁移算法与数据驱动机器学习算法训练和测试误差对比

利用知识迁移模型对研究区 J1 井目标井段进行矿物含量和孔隙组分预测（图 8.13）。通过与全岩矿物分析结果对比，本方法预测的石英、长石、碳酸盐、黄铁矿、黏土、干酪根和孔隙组分平均相对误差分别为 5.62%、11.14%、27.5%、16.87%、6.53%、12.05% 和 7.54%。总体矿物及孔隙组分的平均相对误差为 12.46%。

8.3.2.3 知识迁移模型稳健性对比研究

为验证知识迁移算法在训练样本质量差时训练模型的稳定性，在一部分数据集中的标签数据中加入随机噪声。分别设置相对原始标签数值大小 5%、10%、15%、20%、25%、30% 的随机噪声，记录不同算法的训练和测试误差。表 8.6 展示了加入原始标签数值大小 5% 的随机噪声的标签数据。

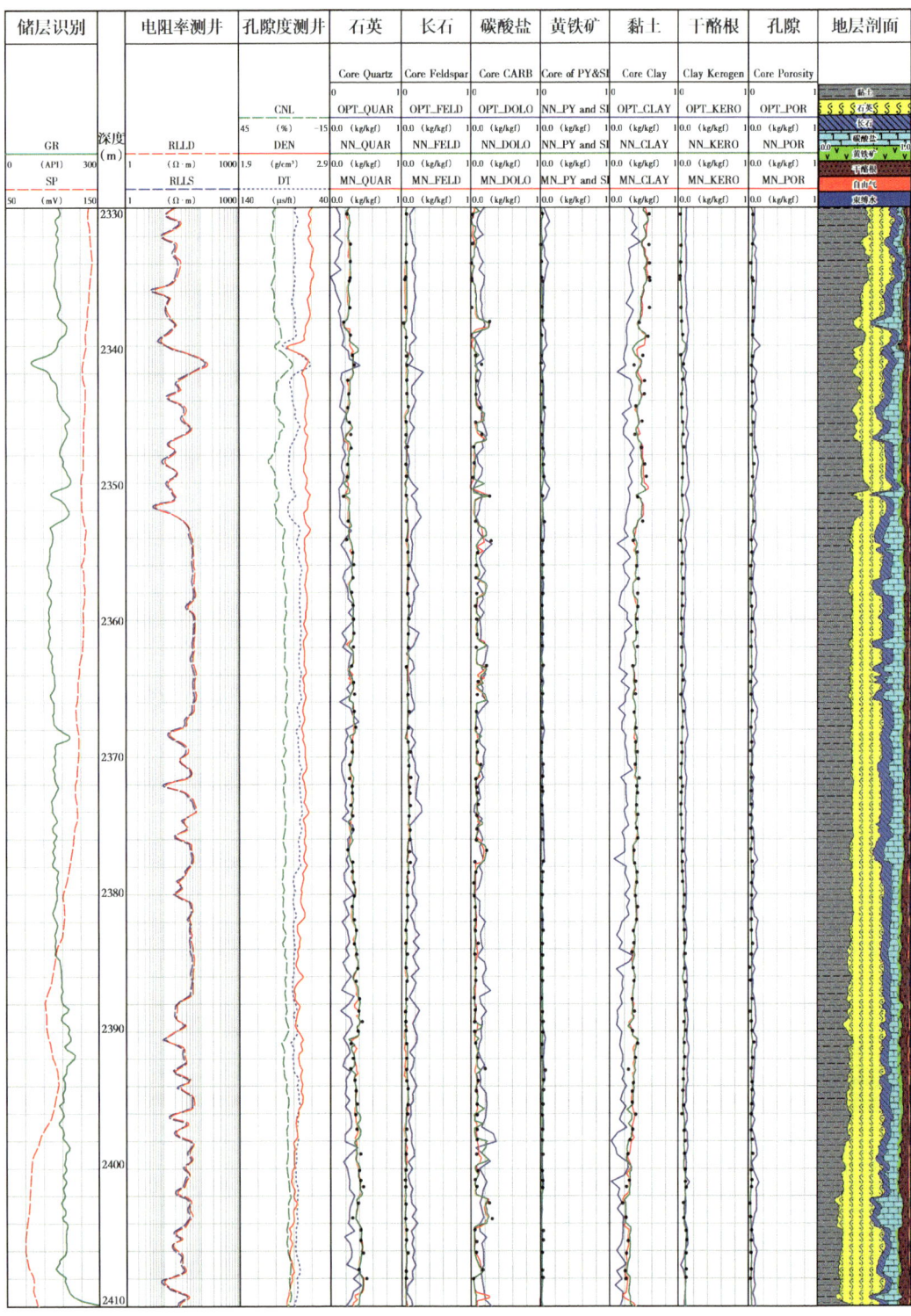

图 8.13 基于岩石物理模型与机器学习联合驱动的页岩剖面测井解释成果图

第 8 章 物理模型与机器学习联合驱动范式及应用

表 8.6 原始标签与加入随机噪声的标签数据

序号	原始标签							加入随机噪声标签数据						
	M1	M2	M3	M4	M5	M6	M7	M1	M2	M3	M4	M5	M6	M7
1	0.402	0.070	0.111	0.026	0.055	0.290	0.046	0.416	0.085	0.108	0.026	0.056	0.295	0.047
2	0.399	0.056	0.101	0.024	0.060	0.316	0.043	0.397	0.049	0.101	0.023	0.058	0.310	0.043
3	0.379	0.058	0.084	0.026	0.071	0.338	0.044	0.390	0.067	0.090	0.025	0.072	0.322	0.043
4	0.408	0.062	0.081	0.026	0.066	0.310	0.048	0.413	0.063	0.082	0.029	0.071	0.289	0.049
5	0.388	0.067	0.084	0.025	0.067	0.328	0.042	0.400	0.055	0.089	0.025	0.066	0.342	0.042
6	0.348	0.075	0.075	0.029	0.071	0.358	0.043	0.345	0.061	0.074	0.030	0.073	0.367	0.045
7	0.349	0.101	0.071	0.026	0.074	0.334	0.046	0.366	0.109	0.070	0.023	0.070	0.338	0.046
8	0.329	0.060	0.086	0.025	0.078	0.380	0.043	0.310	0.055	0.081	0.027	0.073	0.393	0.043
9	0.341	0.075	0.070	0.027	0.080	0.374	0.034	0.370	0.072	0.076	0.027	0.083	0.391	0.036
10	0.347	0.068	0.076	0.025	0.080	0.363	0.042	0.327	0.053	0.069	0.026	0.078	0.354	0.044
......														

注：M1 为黏土，M2 为碳酸盐，M3 为长石，M4 为铁矿，M5 为干酪根，M6 为石英，M7 为孔隙（自由气与束缚水）。

图 8.14 为不同标签噪声比例对知识迁移模型和机器学习模型训练和测试误差影响。随着噪声比例的增加，知识迁移算法和机器学习算法的训练误差介于 5.26%~10.35% 之间，没有明显的变化趋势。两者测试误差随着噪声比例的增加逐渐升高，表明标签噪声与智能模型的推广能力存在负相关关系。值得注意的是，知识迁移算法在不同噪声比例的情况下，其测试误差均显著小于机器学习算法。这表明，知识迁移算法在具备一定岩石物理知识的情况下，对训练集噪声的抗干扰能力更强。

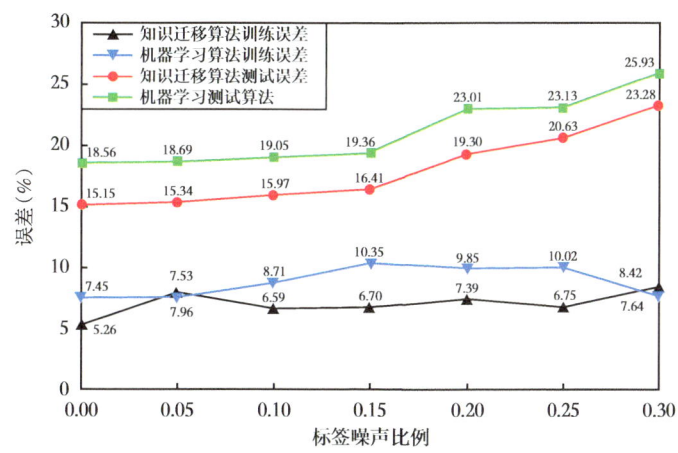

图 8.14 不同标签噪声比例对知识迁移模型和数据驱动机器学习模型训练和测试误差影响

另外，为进一步验证知识迁移算法在待预测的测井数据质量差时预测结果的可靠性，在待预测的测井数据中加入随机噪声。分别设置相对原始测井数据数值大小 5%、

10%、15%、20%、25%、30%的随机噪声，记录不同算法的训练和测试误差。表8.7展示了加入原始测井数据数值大小5%的随机噪声的测井数据。

表8.7 原始测井数据与加入随机噪声的测井数据

序号	原始测井数据						加入噪声的测井数据					
	GR（API）	AC（μs/ft）	CNL（%）	DEN（g/cm³）	lg（RD）（Ω·m）	PEF（b/cm³）	GR（API）	AC（μs/ft）	CNL（%）	DEN（g/cm³）	lg（RD）（Ω·m）	PEF（b/cm³）
1	134.89	72.12	15.06	2.62	1.85	10.76	126.46	74.90	15.49	2.73	1.85	10.26
2	149.27	73.92	15.41	2.62	1.83	10.28	141.60	77.51	15.42	2.50	1.91	9.48
3	156.74	73.08	13.73	2.61	1.86	11.12	163.43	72.54	14.97	2.53	1.93	10.71
4	141.71	72.02	13.75	2.64	1.90	9.98	146.90	75.26	14.45	2.68	1.94	9.62
5	152.33	75.66	14.92	2.61	1.82	8.28	143.68	71.49	14.61	2.59	1.73	8.89
6	164.22	74.26	14.68	2.60	1.56	9.18	168.07	76.33	15.87	2.73	1.67	8.49
7	171.75	74.82	16.63	2.61	1.53	9.89	178.83	72.93	16.62	2.72	1.62	10.20
8	159.36	73.72	14.53	2.64	1.69	9.47	152.38	70.99	14.44	2.69	1.78	9.08
9	156.59	72.33	16.14	2.65	1.63	10.34	152.07	68.58	15.98	2.71	1.68	9.84
10	155.10	73.14	14.68	2.61	1.62	9.91	150.93	77.15	13.73	2.68	1.71	10.62
……												

图8.15为不同测井数据噪声比例对知识迁移模型和机器学习模型预测结果误差影响。随着噪声比例的增加，知识迁移算法和机器学习算法的预测误差逐渐升高，表明待预测井的测井数据噪声与智能模型预测能力存在负相关关系。值得注意的是，知识迁移算法在不同噪声比例的情况下，其预测误差均显著小于机器学习算法。这表明，知识迁移算法在具备一定岩石物理知识的情况下，对输入数据噪声的抗干扰能力更强，预测结果更可靠。

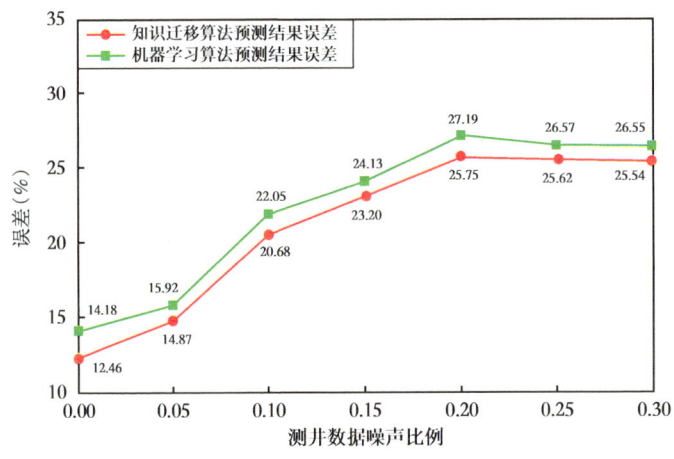

图8.15 不同测井数据噪声比例对知识迁移模型和数据驱动机器学习模型预测结果的影响

8.3.3 利用物理模型进行样本加权的致密砂岩储层参数智能预测

在利用机器学习算法构建测井解释模型过程中，由于仪器、人员操作、数据记录等因素，测井数据和岩心实验数据难免存在质量差的情况。在样本数量少的情况下，智能模型对样本质量敏感。因此，可以通过知识模型与机器学习模型的差异来修正样本权重，有助于减弱、消除样本质量差给机器学习模型带来的不利影响，改善机器学习模型在实际预测中的可靠性和稳健性，提高测井解释结果的精度。

本实例以我国西部某盆地致密砂岩储层为例，采集的测井数据包括自然伽马测井（GR）、声波测井（AC）、补偿密度测井（DEN）、中子密度测井（CNL）、电阻率测井（RT）。首先，开展体积模型构建与测井解释模型求解。利用式（8.1）、式（8.2）、式（8.3）、式（8.4）、式（8.5）计算模型孔隙度、渗透率和饱和度，将计算结果记为 A。然后，分别选取对孔隙度、渗透率、饱和度敏感的测井系列，结合岩心孔隙度、渗透率、饱和度岩心实验数据构建训练集，共 1496 组数据。同时，将数据集整体以 5∶1 的比例随机分为训练集和测试集。

机器学习算法采用深度神经网络。通过设置合适的迭代次数和批次大小，构建 Adam 优化算法和均方根误差损失函数，利用深度神经网络开展模型训练。在训练过程中，每个样本赋值相等的初始权重。在模型训练好后，将训练数据重新输入到模型中，可得到机器学习输出结果，记为 B。

利用式（8.9）、式（8.10）计算机器学习模型与知识模型、标签的偏差。对于孔隙度和饱和度，利用知识模型计算结果 A、机器学习模型输出 B 及对应标签数据，计算机器学习模型与知识模型、标签的平均偏差：

$$d_i=\frac{|a_i-b_i|+|a_i-c_i|}{2},\ i=1,2,3,\cdots,n \tag{8.9}$$

式中，a_i 为第 i 组数据 A；b_i 为第 i 组数据 B；c_i 为第 i 组数据的标签。

对于渗透率，由于数据值范围较大，可通过求取知识模型计算结果 A、机器学习模型输出 B 及对应标签数据的对数，计算机器学习模型与知识模型、标签的平均偏差：

$$d_i=\frac{|\lg a_i-\lg b_i|+|\lg a_i-\lg c_i|}{2} \tag{8.10}$$

当偏差大时，样本可信度差，应赋值小的权重；当偏差小时，样本可信度高，应赋值大的权重。因此，可利用下式计算所有数据对应的权重：

$$\alpha=1-\frac{d-d_{\min}}{d_{\max}-d_{\min}} \tag{8.11}$$

以新权重修正的训练样本作为输入，重新设置合适的迭代次数、批次大小，构建 Adam 优化算法和均方根误差损失函数，利用深度神经网络进行储层参数预测模型训练。通过反复执行上述偏差计算和修正样本权重的步骤，直到模型损失达到预设值或最大迭代次数，得到最佳智能模型。

图 8.16 为数据驱动机器学习与模型监督样本加权方法的孔隙度、渗透率、饱和度预测结果对比。本方法孔隙度测试相对误差可降低 2.42%，渗透率测试对数相对误差可降低 0.04，饱和度测试相对误差可降低 0.69%，这表明，本方法精度更高、泛化能力更好。

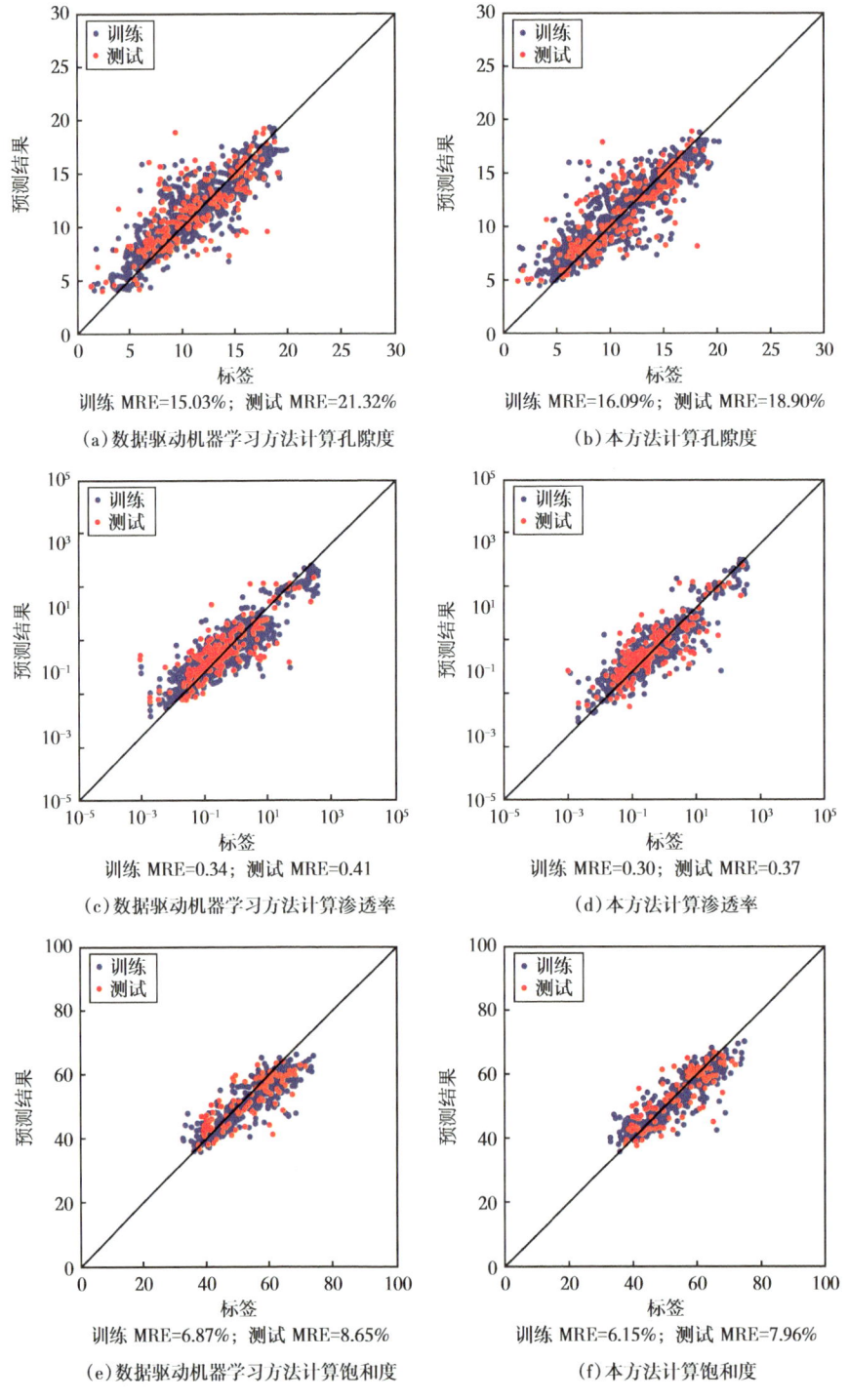

图 8.16　数据驱动机器学习与模型监督样本加权方法孔隙度、渗透率、饱和度预测结果对比

最后，利用最佳智能模型，将某井目标井段测井数据作为输入，可得到孔隙度、渗透率、饱和度计算结果（图8.17）。其中，孔隙度测试结果相对误差为10.28%，渗透率测试对数相对误差为0.33，饱和度测试相对结果误差为7.42%。

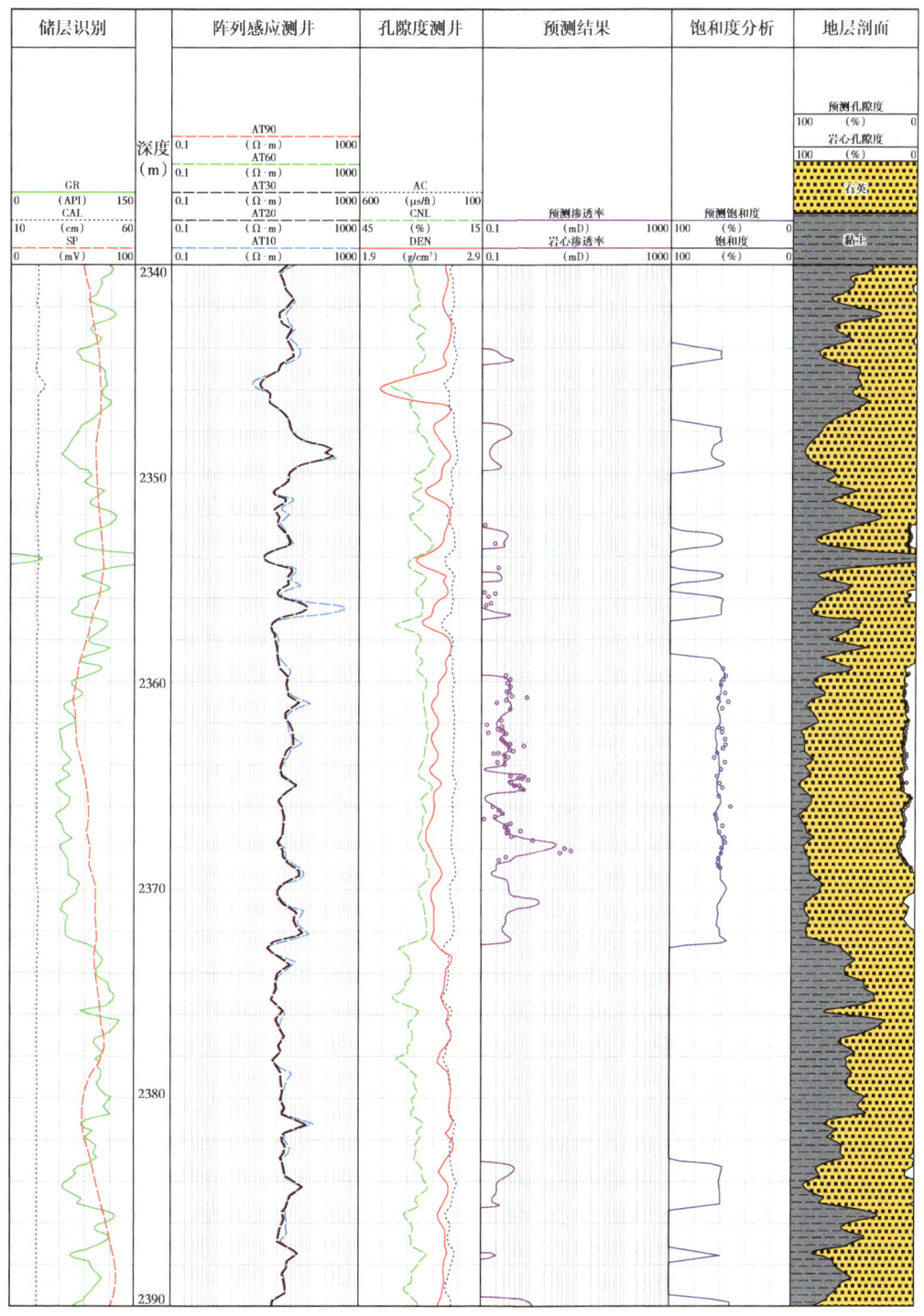

图8.17 基于物理模型样本加权的致密砂岩孔隙度、渗透率、饱和度测井智能解释成果图

本章小结

本章详细介绍了数据—模型联合驱动的测井解释范式，主要包括数据引导的物理建模流程和物理引导的机器学习流程，并结合案例详细阐述了物理模型数据集增广、岩石物理知识迁移、知识驱动样本加权等数—模双驱思路。相比单纯数据驱动的机器学习方法，引入物理模型能够显著提高测井解释模型对小样本、差样本的学习能力，提高解释模型的精度、稳健性和泛化能力。机器学习模型是通过对数据的学习、训练而构建的解释模型，有时可解释性差。在井筒数据挖掘与智能解释中，单纯采用没有地质约束的数据驱动策略容易导致训练模型预测结果与客观认识大相径庭。即使训练模型的评价指标相当好，但其对未知样本空间的预测结果仍不会令人信服。因此，将物理模型约束引入机器学习中将是未来井筒智能解释的趋势。

第 9 章 多源数据融合理论及应用

井筒探测数据来源多样，维度不一，探测方式与深度差异大，如何将这些数据融合起来是进行准确储层预测与精细评价的关键。本章将从信息融合理论出发，结合井筒数据特点和评价目标，将信息融合分为数据级融合、模型级融合、决策级融合，并分别进行了案例分析。

9.1 信息融合理论

多源数据融合，也称为多源信息融合，是对多个传感器或信息源所提供的关于某一环境特征的不完整信息（互补信息）加以综合，以形成相对完整、一致的感知描述，从而实现更精确的识别和判断。同样，在多源测井信息中，不同测井系统同样是关于某一地层特征的不完整信息，只有相互融合补充，才能对地下储层进行完整、一致的综合评价（图 9.1）。

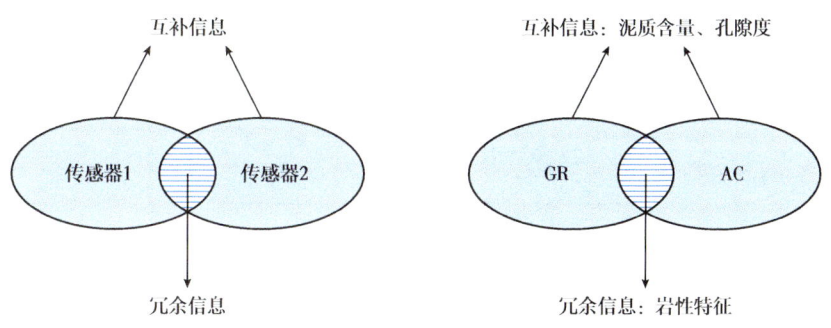

图 9.1 多源（测井）信息中的互补信息和冗余信息

多源信息融合最早于 20 世纪 70 年代在军事领域提出，旨在将多种声呐传感器获得的数据进行融合分析，进行更为准确的敌我目标识别、制导武器目标追踪等。90 年代，多源信息融合技术属于美国国防部重点开发的 20 项关键技术之一，研制了几十个信息融合系统。1997 年，国际信息融合学会（ISIF）在美国成立。1998 年起，ISIF 联合国际电气电子工程协会（IEEE）信号处理学会、IEEE 控制系统学会、IEEE 航空航天和电子系统学会每年召开一次信息融合国际会议（International Conference on Information Fusion），设立期刊《Journal of Advances in Information Fusion》（EI）。我国于 1991 年海湾战争后开始逐渐重视数据融合技术，将其列入 863 计划，作为遥感图像处理、计算机科学和信号传输等高新领域的关键技术之一。

多源信息融合应用场景主要分为军事领域和民事领域。在军事领域中，多源信息融合技术主要利用将来自不同传感器（如雷达、红外、声学等）的数据进行融合，为情报收集、目标追踪、战场态势感知等提供帮助，提高决策的准确性和及时性。在民事领域中，该技术主要在智能机器人、医用（超声波+核磁共振+X光）、自动驾驶、气象预报等领域发展广泛。在地球科学领域中，遥感（高空间分辨率全色图像+多光谱低分辨率图像=高空间分辨率和高光谱分辨率图像）、地球物理联合反演（电法+重力+磁法+地震+放射性=高分辨率、大范围高精度探测）、地震属性融合（均方根振幅+相干+曲率=减少多解性，提高识别能力）、井震联合勘探是该技术的主要应用场景。

多源数据融合的数据特征主要包括多源性、异构性和不完备性。融合方式包括数据级融合、模型级融合和决策级融合。融合算法涉及贝叶斯方法、证据推理、神经网络、模糊理论等。通过信息融合，可以提高信息的全面性和容错性，能够降低探测成本，提高探测覆盖面积。

9.1.1 数据级融合

数据级融合也叫像素级融合（图像处理）或集中式融合（传感器数据），直接在所采集到的原始数据信息层（底层数据）上进行融合（图9.2）。它能够保留丰富的原始信息，但一般要求传感器是同质的（采集同一物理现象信号），且采集数据量庞大。常用的融合方法包括加权平均法、选举决策法、卡尔曼滤波法、小波变换法、主成分分析法、数理统计法等。

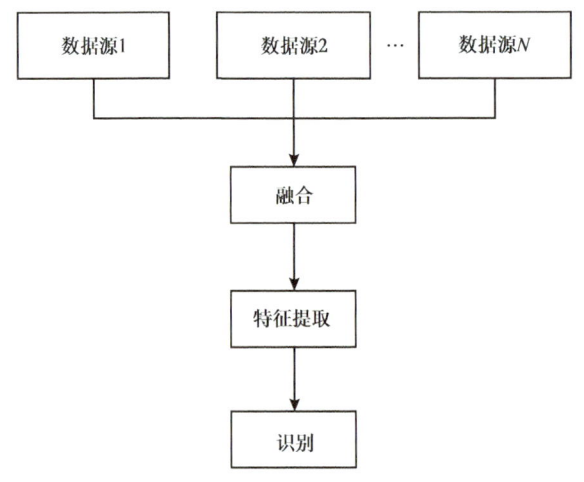

图 9.2 数据级融合流程

9.1.2 模型级融合

模型级融合也叫特征级融合、分布式融合，对各个传感器节点采集到的原始数据信息进行相关特征信息提取，然后对其进行综合性分析和融合处理，最后对融合特征进行决策判决（图9.3）。它能够压缩原始数据信息，提高传输速度和处理效率。对现有特征的综合处理可能会得到复合特征，有利于提高目标检测的准确性。常用的融合方法包括卡尔曼滤波法、模糊推理法、神经网络法、产生式规则法、聚类方法、贝叶斯理论等。

9.1.3 决策级融合

对于决策级融合，局部传感器根据采集到的数据信息进行检测目标存在与否的判决，将判决信息进行信息化后传递至融合中心（0或1决策），融合中心根据设定的融合规则整合全局判决信息，进行整体的综合分析与判决（图9.4）。它具有好的抗干扰能力和容错能力，但信息丢失程度高，结果不准确，无法得到隐含信息。常用的融合方法包括贝叶斯概率推理法、模糊理论、逻辑理论、Dempster-Shafer证据推理法（D-S方法）、专家论证法等。

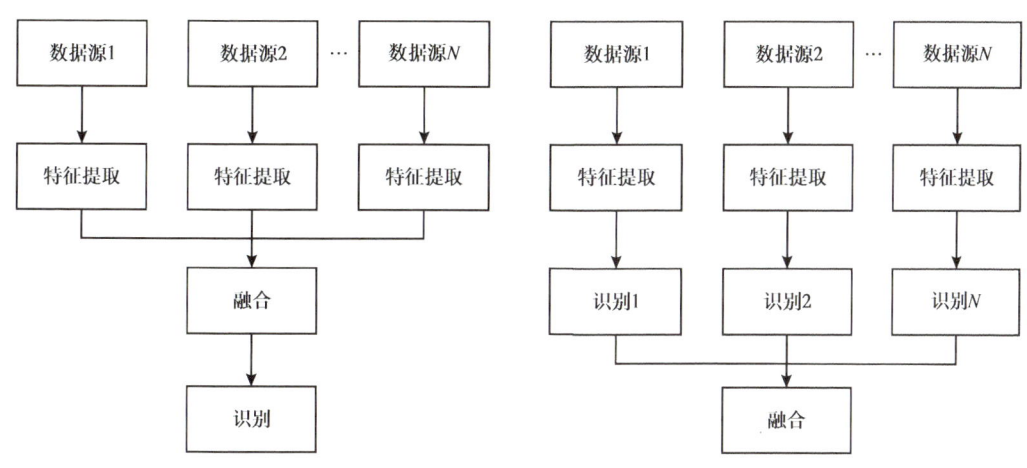

图9.3 模型级融合流程　　　　　图9.4 决策级融合流程

9.2 井筒数据融合方法

井筒数据融合算法主要包括图像融合算法、降维融合算法及神经网络融合算法等。这些算法的目的是将不同数据源、不同类型数据的信息进行有效整合和利用，以提高数据的质量和价值。其中，图像融合算法是将各种类型的数据，以图像像素叠加或RGB通道叠加的方式实现融合；降维融合算法是将高维度数据投影到低维度空间，保留关键共性信息，实现数据的压缩和融合；神经网络融合算法是一种特殊的降维融合技术，是依靠神经网络的特征提取和转化能力，在隐空间中实现数据的融合。

9.2.1 图像融合算法

图像融合是医学图像分析、自动驾驶图像感知、遥感图像处理、地震属性数据分析等领域中重要的数据融合手段。利用图像融合，可以综合不同传感器、不同时空、不同分辨率图像的信息，获得兼容更多信息、更强目标识别能力的综合图像。

对于井筒数据的图像融合，通常以电阻率、声波成像测井数据为基础，再叠加常规测井等低维数据，实现多源井筒数据的融合。首先，在图像融合中，常规测井、电成像测井、声波成像测井等数据在深度域中具有不同的尺度（不同的取值间隔），需要通过插值或抽稀的方式设定一致的取值间隔。例如，声波远探测成像测井数据深度取值间隔为0.1524m，可以通过插值方法获得0.1524m间隔的常规测井数据，通过抽稀取样方法获得0.1524m间隔的电成像缝洞特征数据。

此外，由于不同来源的数据像素维度不同，需要以高维数据（如二维井旁远探测测井数据或二维井壁成像测井数据）为主体，将一维井壁电成像缝洞信息、一维井周常规测井等低维信息叠加在上面，实现多源数据的融合。由于不同来源数据的幅度值存在较大差异，需要采用带约束的最大最小归一化公式分别将三种来源数据归一化处理，公式如下：

$$y = \frac{\lambda(x - x_{\min})}{x_{\max} - x_{\min}} \tag{9.1}$$

式中，归一化约束因子 λ 为融合比例，λ 越大，表示数据融合所占比重越大。

图9.5展示了缝洞碳酸盐岩储层常规测井数据、电成像测井数据和声波远探测成像测井数据的图像融合案例。该案例中，根据井旁远探测数据与其他叠加数据的属性个数，常规测井数据被归一化在0~0.04之间，电成像数据通过缝洞提取、缝洞特征提取后的一维数据被归一化在0~0.04之间，远探测图像空白裁剪后的二维数据被归一化在0~0.4之间。依次将叠加数据的不同属性数据累加在远探测归一化数据体上，最终得到多源融合图像，该图像的数值范围在0~0.8之间。叠加而成的多源融合图像以二维数据体的方式综合了常规测井、电成像测井、声波远探测测井数据中所蕴含的缝洞特征，利用智能算法等数据驱动算法，能够最大限度地进行多源信息挖掘，对储层进行综合、全面、立体的智能评价。

基于图像融合的多源数据融合方法兼容了一维、二维数据体，可以根据具体问题调整不同源数据的融合比例，具有简单高效的优点。另外，叠加方法也可以根据待融合数据特征和研究目标，采用图像融合技术中的加权平均、金字塔融合、梯度域融合、结构变形等方法。

9.2.2 降维融合算法

勘探数据包括一维、二维、三维数据，数据维度差异大。如果直接以数据拼接的方式构建数据集，高维度数据中的噪声、稀疏信号会掩盖低维度数据特征，不利于后续分析。因此，通过降维的方式，将高维数据重构到低维空间中进行分析或可视化，能够以较为均衡的维度将多种数据组合在一起。

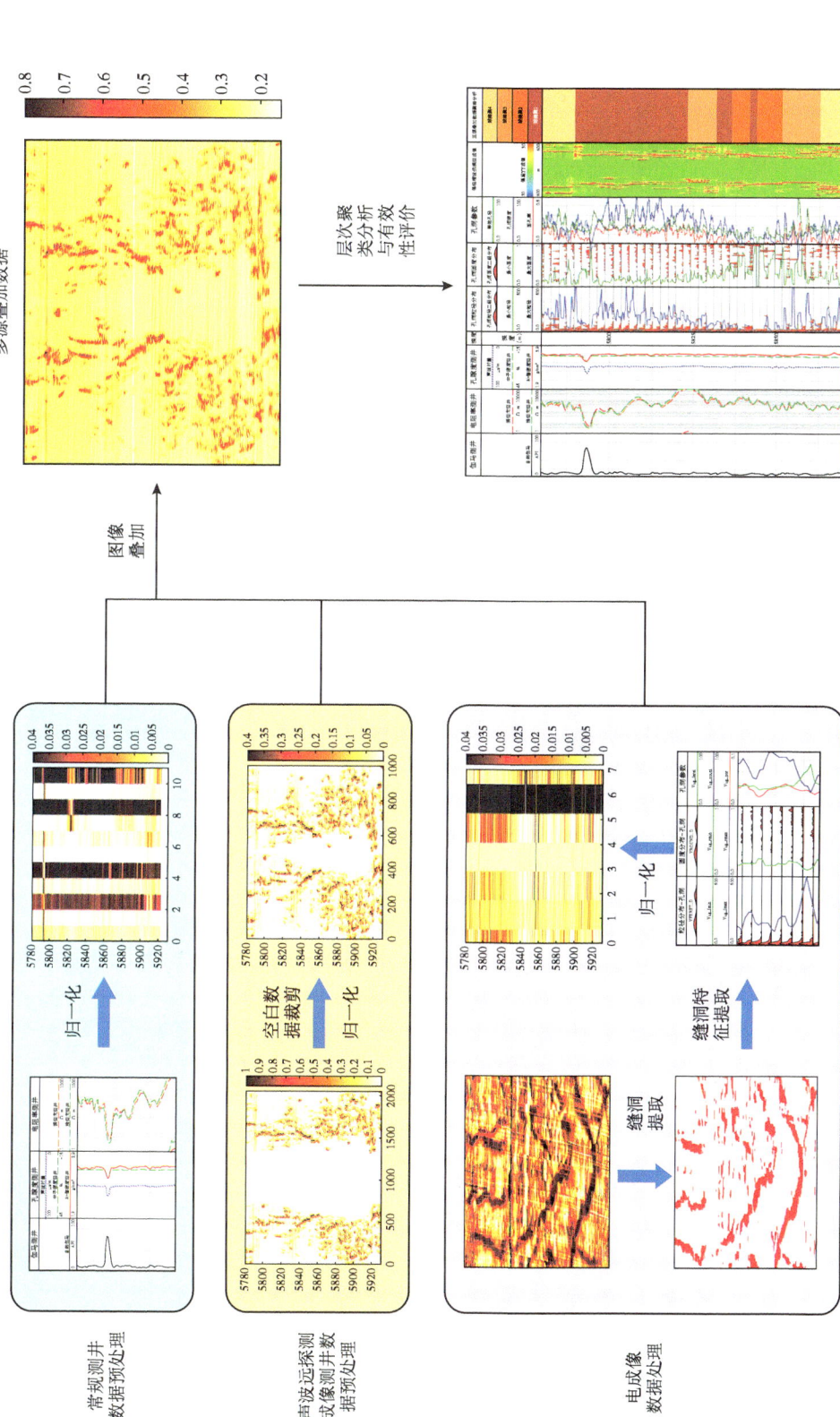

图 9.5 多源测井数据的图像融合方法

图 9.6 展示了一种基于主成分分析的多源数据降维与融合方法。一维测井数据包括常规测井信息和提取的成像测井一维信息，二维测井数据包括井壁成像信息（原始静动态图像、粒度谱、圆度谱等）和井旁声波远探测成像测井信息，三维数据主要指地震道数据和地震属性数据。在这些数据中，一维测井数据的数据维度最小，最易被高维数据中的噪声和稀疏信息压制。因此，从井壁声、电成像测井数据或井旁地震数据中挖掘隐含的储层参数信息，或直接利用主成分分析等数学算法重构稀疏矩阵，可以在保留绝大多数地层信息的情况下压缩数据维度。

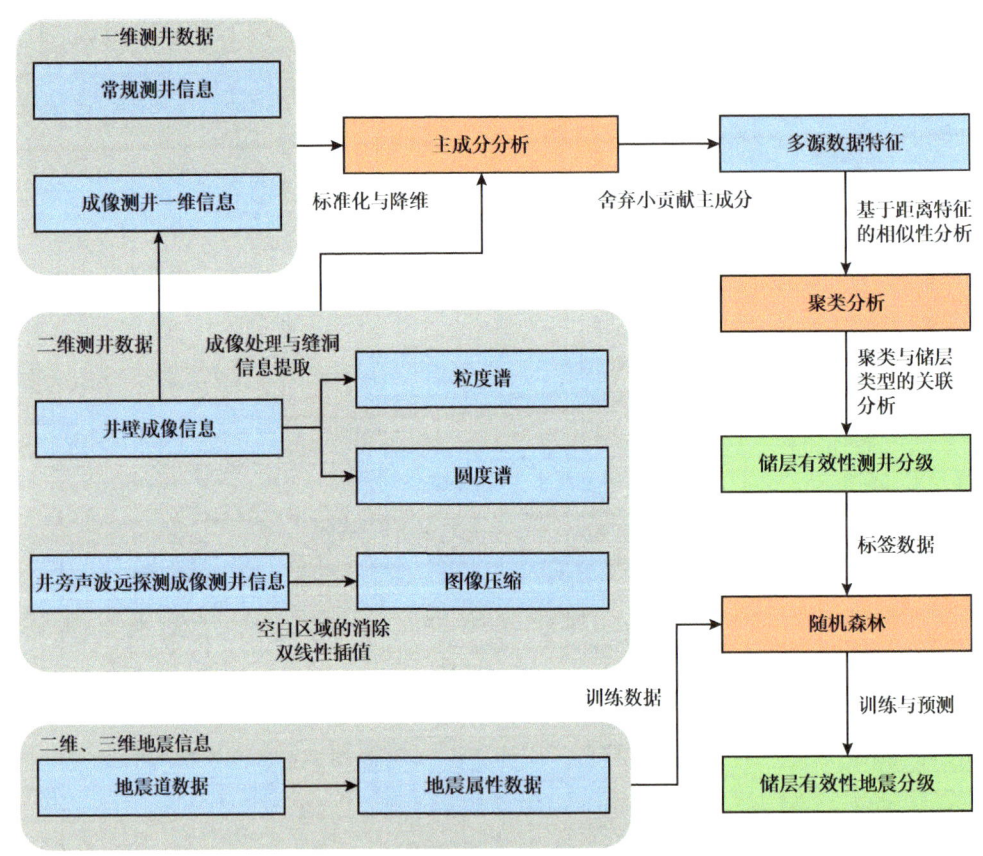

图 9.6　多源数据的降维与融合分析

通过特征提取和降维分析，可以帮助减少数据维度，保留关键信息和特征，使得不同维度的数据可以在同一低维空间中进行比较和分析，也有助于降低计算复杂度和数据的冗余性。具体来说，除了如图 9.6 所示的主成分分析法外，降维方法还可以采用奇异值分解、Fisher 线性判别、局部线性嵌入、拉普拉斯特征图、自动编码器等，这些方法均能够实现数据特征变换。

9.2.3　神经网络融合算法

神经网络具有良好的自适应建模能力，能够根据输入与输出自动构建最优的映射关系。因此，当把不同来源、不同结构的数据输入神经网络中，它会将多源数据作为一个整体与目标构建一种隐式的融合关系。

多模态神经网络融合主要分为两个部分：多模态特征编码和多模态特征融合。其中，多模态特征编码是将不同模态的数据（如一维数据、图像、文本等）转换为可供神经网络处理的特征表示。这个过程涉及对原始数据进行预处理、特征提取或特征学习，以便将其转化为能够被神经网络理解和处理的形式。多模态特征融合是指将不同模态的特征表示进行合并或融合，以形成一个综合的特征表示。通过融合不同模态的特征，可以捕捉到不同模态之间的关系和交互，从而提高模型的性能和泛化能力。

在实际应用中，根据具体的任务和数据类型，神经网络多模态融合可能会采用不同的技术和方法来实现。例如，在地震智能评价中，能够将地震道数据和多种类型的地震属性视为多通道数据，利用三维卷积层进行多模态特征编码，再输入全连接神经网络中进行特征融合，实现模式识别、地震相分类、储层预测等。在一维数据与图像的融合中，可以使用循环神经网络进行一维测井数据的编码，使用卷积神经网络进行图像特征的编码，然后通过 Add、Concatenate 等操作将两者进行合并处理和后续分析。

9.3 井震多源信息融合与储层智能评价

在油气勘探过程中，测井和地震数据是两种主要的勘探信息。对于测井数据，常规测井和成像测井具有很高的分辨率，但是探测径向深度浅。阵列声波成像技术通过反射声波成像能够探测井旁数十米范围的地层信息，但受直达波干扰，难以对井周地层准确成像。这些多源测井信息包含井壁—井周—井旁互补信息，如何克服不同测井数据间的维度差异、过滤冗余和噪声信息，是有效提取并融合这些多源异构的互补信息、实现地层综合评价的关键。除测井数据外，地震勘探可以探测大范围地层结构和构造，但只能得到大尺度地层信息，分辨率低。融合这些测井和地震信息，是一个更为复杂的难题。

9.3.1 井震关系与数据特征

地球物理测井和地震勘探均为对地层物理特性进行间接探测的手段，采集的数据能够通过数据预处理、处理与成像等手段定性或定量提取地层参数，结合岩石物理实验和解释工作实现地层岩性、储集性、含油性等性质的评价（图 9.7）。

但是，两者在探测方法、探测范围、地层分辨率等方面存在较大差异。一般而言，测井利用电、声、核（核磁共振）等多种物理手段，或温度、井径、井斜等技术手段来获取井筒周围的地层信息。这些信息包括井壁成像测井探测得到的井壁图像或参数（井筒径向范围数毫米）、常规测井探测得到的井周地层参数（井筒径向范围数厘米）、声波远探测成像得到的井旁缝洞图像（井筒径向范围数十米）等。地震则通过探测地层的弹性性质来对地层进行研究，探测对象是数公里乃至数百公里地下岩性、构造、油气分布等，但其分辨率远低于测井技术（数十米到数百米）。

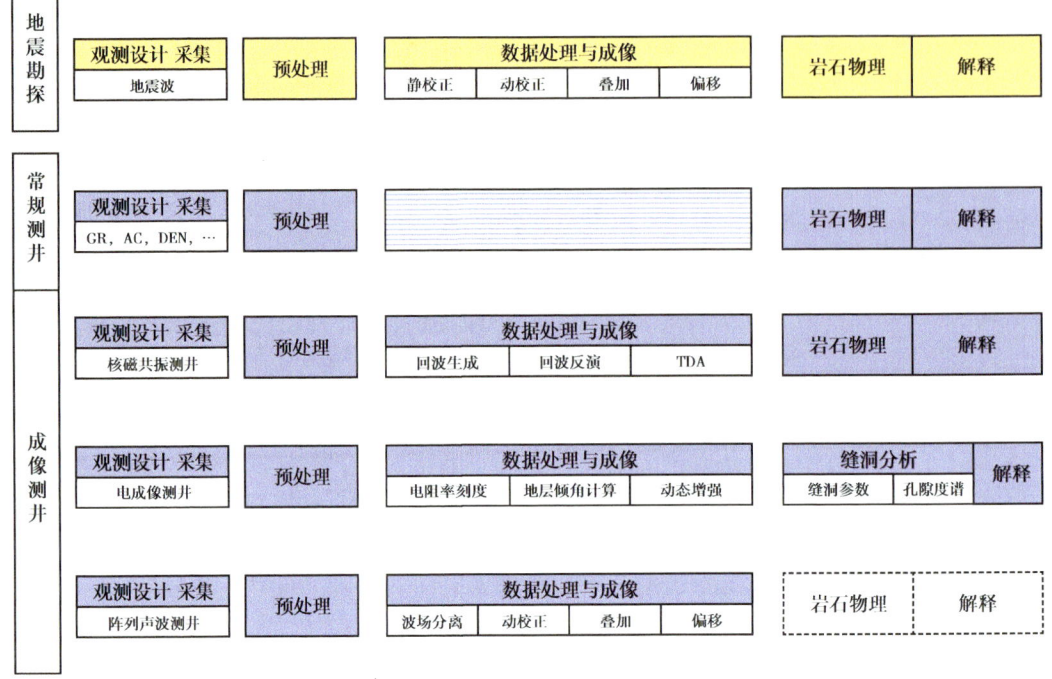

图 9.7 地震勘探与测井技术对比

由测井、地震数据的不同特征可以看出，测井、地震数据能够在探测范围、地层分辨率等方面提供互补信息，使地球物理和地质学家较为全面地掌握地层结构、构造和流体赋存状态等信息。但是，目前井震联合的地层评价方法存在很多难点：(1)井震数据结构不同，分辨率差异大，信息量不匹配；(2)井震联合分析一般依托于专家经验，工作量大，人为因素较强，缺乏系统、科学的分析手段；(3)在信息融合理论中，人工井震联合分析多属于决策级融合，信息丢失严重，难以提取隐含信息。

9.3.2 基于数据级融合的碳酸盐岩有效性智能分级

本节以碳酸盐岩储层有效性智能分级为例，发展了一种多源探测信息降维融合分析方法。采用的测井数据包括常规测井、微电阻率扫描成像测井和阵列声波成像测井数据。井旁地震数据包括地震道数据和最大似然、相干体等地震属性数据。

对于常规测井、井壁成像测井和阵列声波成像测井数据，分别对它们进行层次聚类分析，分析结果如图 9.8 所示。图中 1~9 道为不同类别的测井数据和储层评价参数，10~12 道为三种类型测井数据的层次聚类结果。对于常规测井数据的聚类结果，虽然能够较好地将高泥质含量地层与其他地层区分开，但结果显示为一大段同类型储层，分辨能力低，且解释结论与录井记录存在矛盾。例如，5942~5950m 和 5964~5972m 处的录井记录均显示未填充的孔洞发育，但两个深度段的聚类结果是不一致的。对于井壁成像测井数据，由于成像测井的高分辨率特征，聚类结果过于精细，储层评价非常困难。对于阵列声波成像测井数据，聚类结果显示高角度裂缝和孔洞地层与其他地层具有较好的

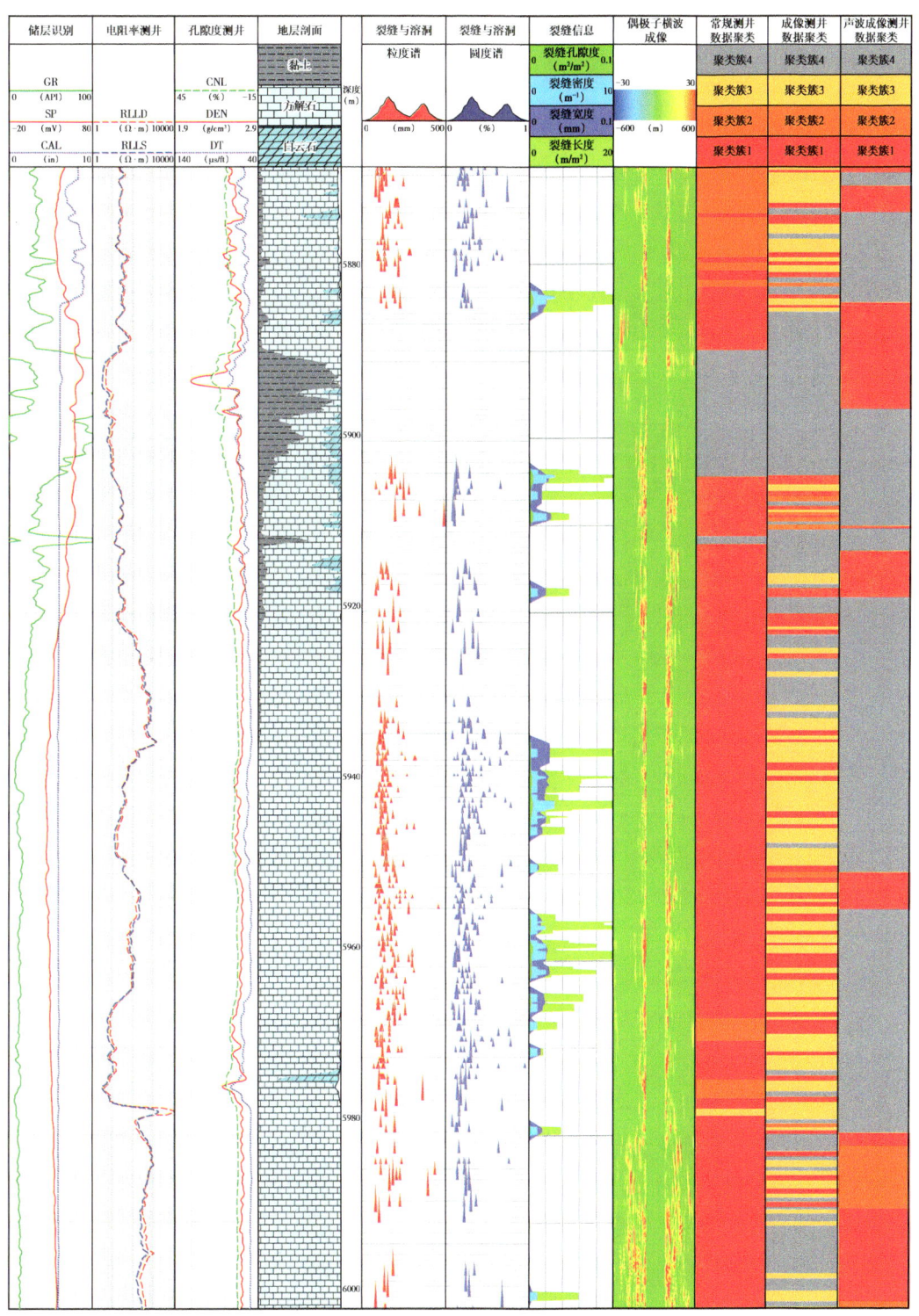

图9.8 常规测井、井壁成像测井和声波远探测成像测井数据层次聚类结果

区分度，但由于探测距离不同，与其他测井数据的聚类结果难以兼容。所以，不同探测深度的不同类型测井数据的聚类结果差异较大，直接依托三种不同类型数据的解释结果进行储层有效性综合分级非常困难。

因此，为了综合这些探测信息对储层有效性进行分级，提出了一种基于深度域和维度域变换的数据降维与融合方法。对于前者，通过等间隔取样和线性插值进行深度域变换，统一不同类型数据的取值间隔。对于后者，采用主成分分析进行降维，且保证数据特征损失最小。此外，考虑到远探测信息维度过高，采用切除和双线性插值的方法，将声波远探测成像数据的属性数量压缩至100（图9.9）。图9.9（a）是原始声波远探测成像数据，图9.9（b）是切掉井轴附近空白区域的图像，图9.9（c）是通过双线性插值方法计算2×2邻域中像素的加权平均值，最终将远探测成像数据压缩为100个横向像素。

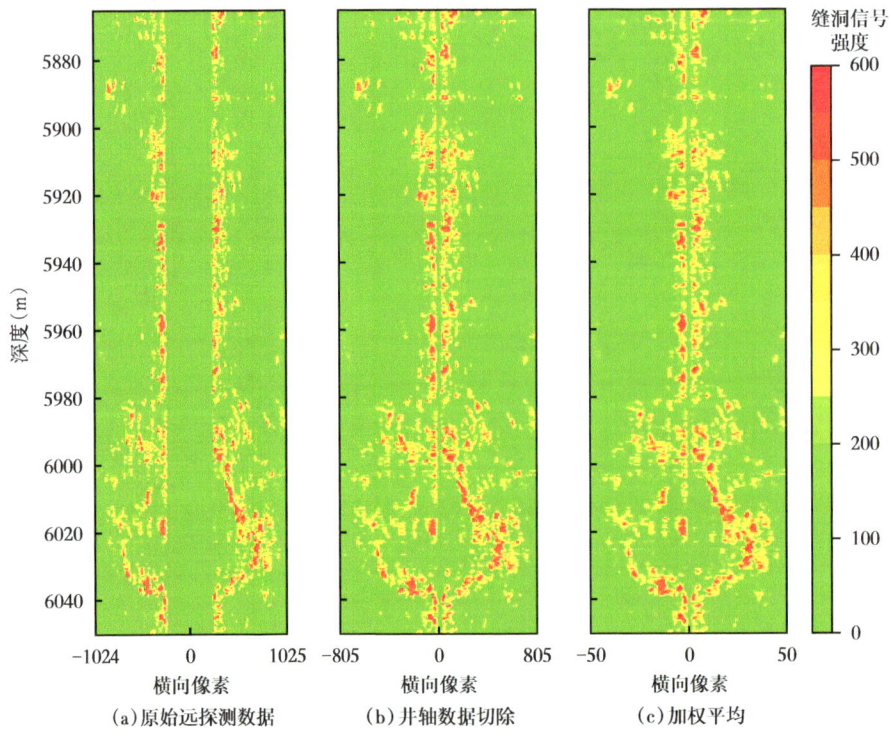

图9.9 声波远探测成像数据压缩方法

然后，对上述一维常规测井和成像缝洞分析数据、二维成像分析粒度谱和圆度谱、声波远探测成像数据进行主成分分析。图9.10展示了各主成分的累计贡献程度。一维常规测井和成像缝洞信息的前3个主成分的累计贡献率分别达到81.21%和87.32%，成像粒度谱和圆度谱则分别需要12个和15个主成分，累计贡献率才能达到81.60%和81.71%。压缩后的远探测成像的前16个主成分的累计贡献率达到80.47%，而未采用双线性插值压缩的远探测成像则需要超过20个主成分才能使累计贡献率达到80%以上。

第 9 章 多源数据融合理论及应用

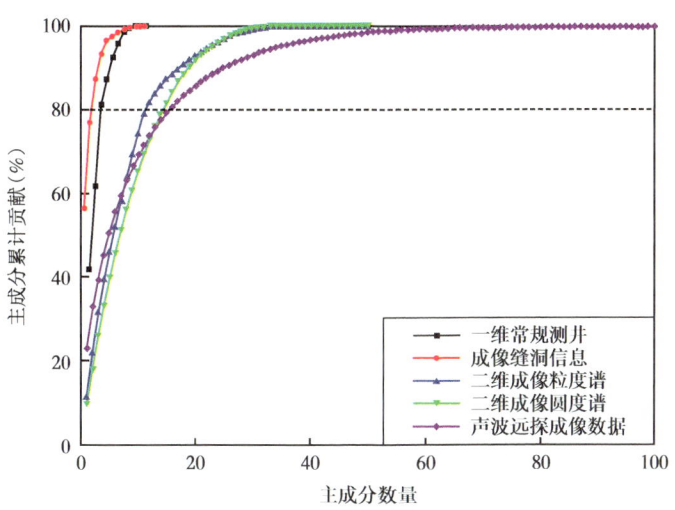

图 9.10 一维常规测井与成像缝洞信息、二维成像粒度谱和圆度谱、远探测主成分贡献率

将上述得到的测井信息主成分进行组合得到融合特征谱,如图 9.11 所示。该数据体从左到右包含 3 个一维常规测井数据主成分(CLI)、3 个一维成像缝洞信息主成分(FVI)、12 个成像分析粒度谱主成分(DDI)、15 个成像圆度谱主成分(RDI)和 16 个远探测成像主成分(RDII)。该多源信息融合特征谱极大压缩了数据维度,且继承了原始数据 80% 以上的特征。以降维融合得到的地层特征谱作为输入,对融合数据体进行凝聚层次聚类,可以得到 4 个聚类簇。

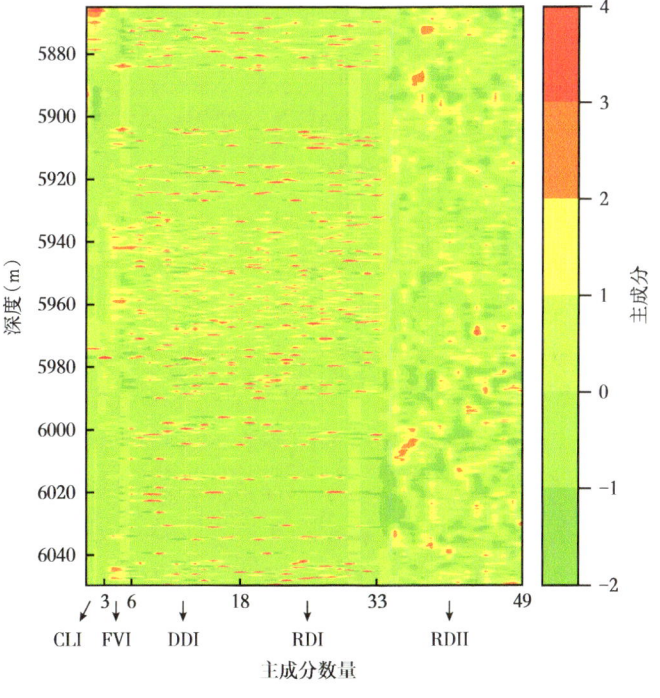

图 9.11 多源、多维及不同探测深度融合特征谱

185

对于碳酸盐岩储层有效性分级，按照储层产能可以将研究区域储层分为四种类型：Ⅰ类储层、Ⅱ类储层、Ⅲ类储层和干层。其中，Ⅰ类储层和Ⅱ类储层一般认为是有效储层，Ⅲ类储层、干层是无效储层。对碳酸盐岩缝洞储集体进行测井响应分析，能够建立聚类簇与储层类型间的对应关系。具体来说，对于常规测井，缝洞地层一般具有低GR、低电阻率、低DEN、高CNL、高AC的响应特征。对于成像测井，缝洞地层通常对应较高的裂缝和孔洞发育参数。对于声波远探测成像测井，通常在中—高角度裂缝和孔洞发育地层具有高值。表9.1展示了不同聚类簇对应的测井响应平均值。根据不同聚类簇各属性值平均相对大小及二维成像信息，将聚类簇1对应为Ⅰ类储层，聚类簇2对应为Ⅱ类储层，聚类簇3对应为Ⅲ类储层，聚类簇4对应为干层。

表9.1 不同聚类簇测井响应平均值和计算参数

聚类簇号	AC (μs/ft)	CNL (%)	DEN (g/cm^3)	GR (API)	PERM (mD)	POR (%)	RLLS (Ω·m)	RLLD (Ω·m)	$\Delta R_{D,S}$ (Ω·m)	SH (%)
1	53.139	2.416	2.663	17.676	0.011	1.121	101.369	107.196	−5.827	2.402
2	52.322	1.873	2.667	14.713	0.011	1.014	819.894	200.139	619.755	1.732
3	51.135	1.168	2.672	14.765	0.019	0.709	180.634	169.936	10.698	1.686
4	60.798	7.981	2.626	68.064	0.001	0.432	23.520	21.053	2.468	29.848

聚类簇号	孔洞数量	孔洞半径 (mm)	面孔率 (m^2/m^2)	孔洞圆度 (%)	裂缝长度 (μm)	裂缝密度 (m^{-1})	裂缝孔隙度 (%)
1	2.737	158.687	0.058	0.251	0.858	0.501	0.136
2	1.275	93.438	0.017	0.419	0.311	0.202	0.050
3	0.097	4.938	0.002	0.012	0.104	0.023	0.014
4	0	0	0	0	0.203	0.044	0.029

图9.12为准噶尔盆地塔河油田A井碳酸盐岩地层多源信息储层有效性测井分级结果。第1~9道为不同类别的测井数据和储层评价参数，最后一道为储层有效性测井分级评价结果。其中，Ⅰ类储层主要为低伽马、低电阻率井段，且井壁成像可见缝洞发育，远探测成像部分井段显示高角度裂缝发育。而且，在5909.55~5911.55m处，钻井记录显示发生过钻井液漏失。5912.50~5925.00m处为产油段，累计产油54600t。5942~5950m和5964~5972m处的录井记录显示未填充孔洞发育，填充程度小于5%。这些信息说明，将这些层段被划分为Ⅰ类储层是合理的。Ⅱ类储层电阻率测井为高值，计算孔隙度低。电成像测井显示井壁缝洞不发育，但声波远探测测井显示部分井段存在高角度裂缝和串珠状孔洞特征，表明井旁地层可能存在缝洞，但未与井轴相交。因此，对于这种井旁存在大量裂缝但需要进一步进行人工改造作业的储层，将其划分为Ⅱ类储层是合理的。Ⅲ类储层在该井段中无大段显示，在层次聚类中倾向于与干层合并。一般来说，Ⅲ类储层具有较弱的常规测井和井壁成像测井响应，具有较弱的声波远探测缝洞信号。干层位于

第9章 多源数据融合理论及应用

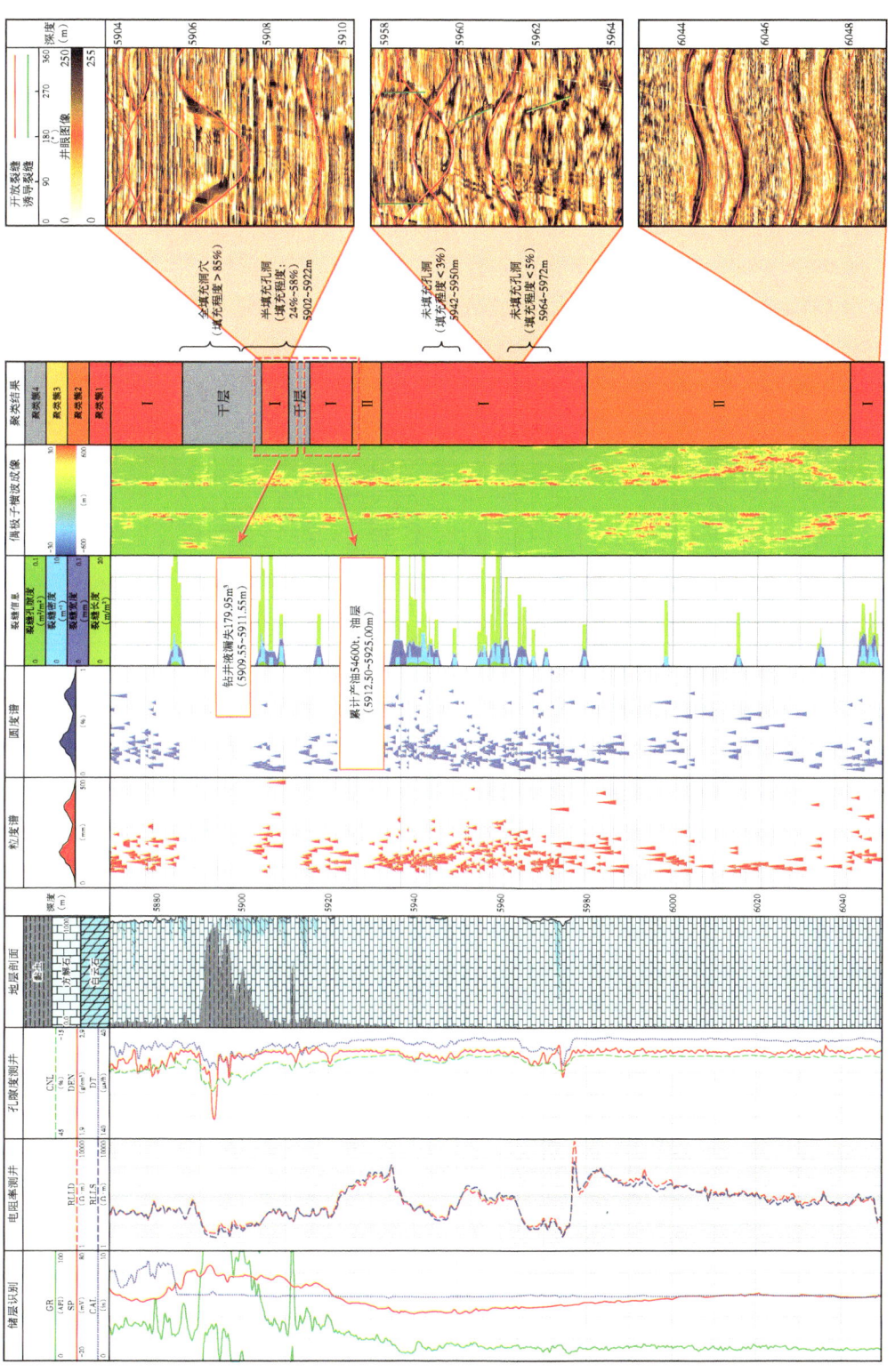

图 9.12 A井碳酸盐岩地层多源信息储层有效性测井分级成果图

井壁成像和声波远探测成像缝洞不发育井段，存在低电阻、高伽马特征，计算得到的地层剖面显示大段泥岩层发育。录井显示，5885~5902m 处为全填充洞穴，填充程度大于85%。5902~5922m 处为 I 类储层和干层的过渡段，为半填充洞穴，填充程度在24%~58%之间。这些储层特征显示，将该井段储层评价为干层是合理的。

为了充分利用到井旁地震数据，将上述结果推广到地震剖面上，以储层有效性测井分级结果为标签数据，结合井旁地震道及最大似然、最小负曲率、最大正曲率、相干体属性构建训练集。这些井旁地震数据如图9.13所示。每道间隔为15m。同时，考虑到 I、II、III 类储层和干层标签数据不均衡，采用井旁地震数据多道取值的上采样方法扩大数据集，得到类别均衡的训练数据。以这些训练数据作为输入，采用由50棵决策树构成的随机森林算法进行训练，建立关于地震数据与储层有效性测井分级结果的推广模型。训练结果的平均准确率为89.01%。最后，输入井旁地震数据，实现大范围储层的有效性分级。

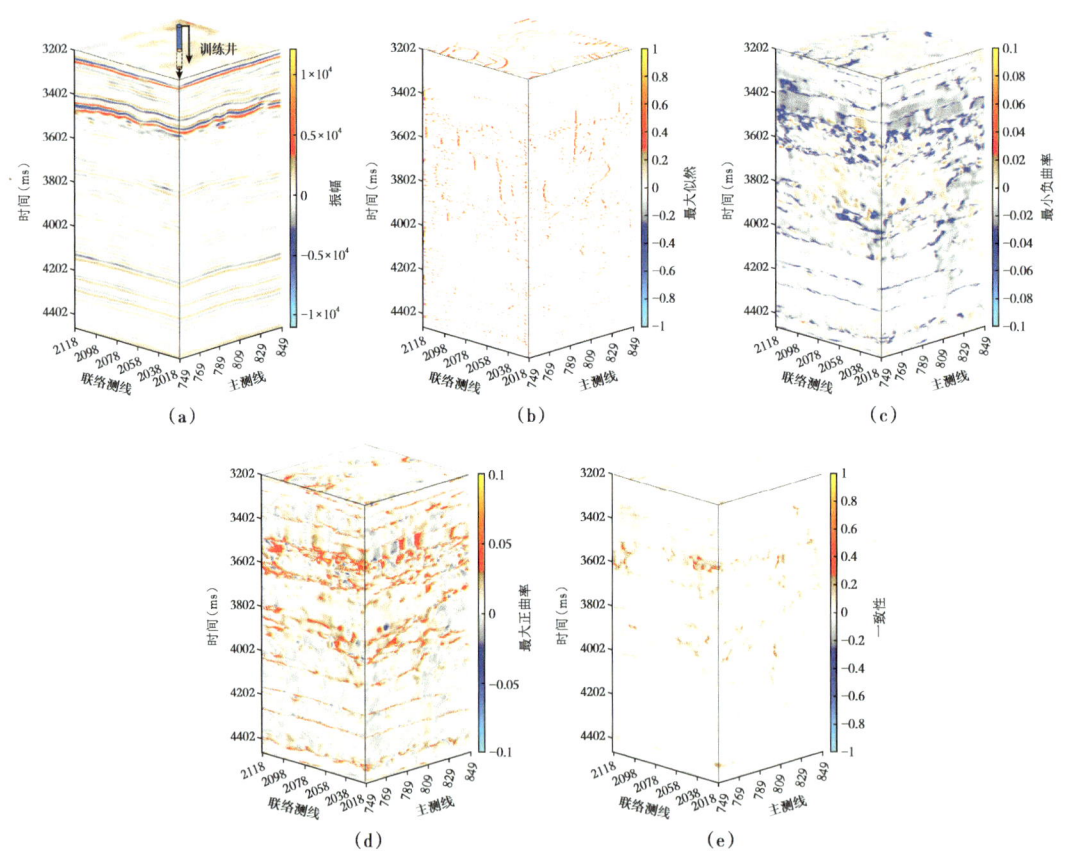

图9.13 描述碳酸盐岩地层缝洞发育的井旁地震数据（a）、蚂蚁体属性（b）、
最小负曲率（c）、最大正曲率（d）、相干体属性（e）

图9.14为不同探测深度测井数据与井旁地震道数据融合的储层有效性智能分级结果。图9.14（a）为碳酸盐岩储层类别切片，I 类储层为红色，II 类储层为蓝色，III 类储层为青色，干层为灰色。图9.14（b）为 I 类储层的立体分布，其主要集中分布在3200~3400ms 范

围内。图 9.14（c）为Ⅱ类储层的立体分布，其较为分散地分布在 3200~3600ms 范围内，储集空间连通性差。图 9.14（d）为Ⅲ类储层的立体分布，同样集中分布在 3200~3600ms 范围内，相对更为发育。图 9.14（e）为干层和非储层的立体分布。与井旁地震数据相比，各类储层的分布范围与地震断层和裂缝存在较好的一致性，表明有效性智能分级结果是可靠的。

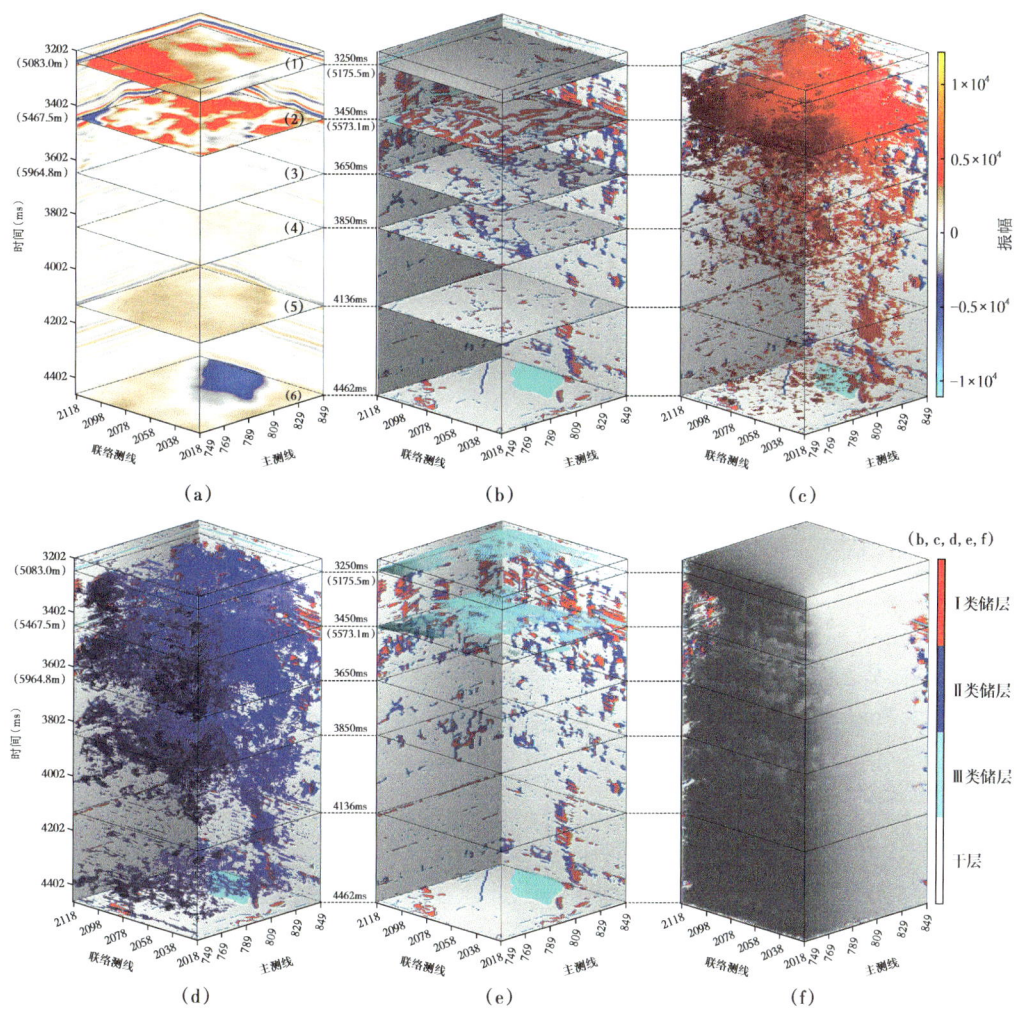

图 9.14　不同探测深度测井数据与井旁地震道数据融合的储层有效性智能分级结果

9.3.3　基于模型级融合的地震属性融合方法

模型级融合是针对数据或工作流的中间层特征进行融合。在地震数据处理与解释中，地震属性是对地震振幅数据经过特定的数学变换，从而得到用于表征地震资料的动力学、运动学、几何学和统计学等度量特征的参数值，是一种典型的中间层特征。这些特征参数可以从地震数据体中直接得到，也可以通过数学变换对地震数据体间接得到。根据 Brown 于 1996 年提出的分类方法，地震属性主要分为四类，主要包括振幅类、频率类、时间类及吸收衰减类属性。在地震数据采集处理过程中，各参数因素的影响使得地震记录上噪声较多，单一属性分析效果欠佳。而且，由于地震属性提取方法种类繁多、效果不一，单一地震属性对实际地层特点的描述往往不确定、不完整。因此，结合数据融合算法融合多种地震属性能够兼顾多属性互补特征、提高储层预测细节刻画能力。根据多源信息融合理论，地震属性融合是对原始数据信息进行相关特征信息提取，然后再对其进行综合性分析和融合处理，属于模型级融合。

9.3.3.1 多属性融合的碳酸盐岩储层沉积相预测

本研究案例选取苏里格气田苏东 41-33 区块下奥陶统马家沟组马五段碳酸盐岩岩性数据，采用半监督模糊 C 均值聚类算法（FCM）开展复杂岩性进行识别。测井和录井数据分析表明，该区主要发育石灰岩、白云岩、白云质灰岩、灰质白云岩、泥质白云岩、泥质灰岩和泥岩 7 种岩性，选取对岩性比较敏感的自然伽马、密度等 4 种测井参数，采用半监督 FCM 方法进行聚类。

半监督 FCM 方法是在传统 FCM 方法的基础上加入半监督思想发展起来的。传统的聚类分析过程中，聚类方法并不考虑先验的地质信息，但在实际应用过程中，会有一部分钻井信息作为先验信息。而半监督 FCM 方法是一种介于监督学习和无监督学习之间的聚类方法，聚类过程中利用先验信息训练初始的模型，进而用大量未标记样本改进初始模型的性能，引导 FCM 方法的聚类过程，有效地解决了传统聚类过程中随机选择聚类中心而导致聚类结果局部收敛的问题。根据半监督聚类的思想，使用 FCM 聚类过程中，加入一个辅助变量作为先验信息影响聚类过程，迭代过程和传统 FCM 方法类似。半监督 FCM 算法的目标函数如下：

$$J_s = (1-\alpha)\sum_{j=1}^{C}\sum_{i=1}^{n_u} u_{ij}^m d^2(x_i, v_j) + \alpha\sum_{j=1}^{C}\sum_{i=1}^{n_l} f_{ij}^m d^2(x_i, v_j) \tag{9.2}$$

式中，C 和 n 分别为聚类中心和样本的数量；u_{ij} 表示第 i 个样本属于第 j 种类型的隶属度；$d(x_i, v_j)$ 是从特征点 x_i 到聚类中心 v_j 的距离；$m \in (1, \infty)$ 是加权指数，控制分区的模糊性；α 为平衡因子，用于调节目标函数中无监督成分和有监督成分之间的平衡，与无标记样本和有标记样本的比值成正比例关系，是半监督思想的重要体现；f_{ij} 表示有标记数据的隶属度矩阵，当样本点 x_i 属于第 j 类时，$f_{ij}=1$，否则 $f_{ij}=0$；n_l 和 n_u 表示已知标签数据和未知标记样本点个数。

为了引导半监督聚类过程，发挥有标记数据点的作用，该方法在迭代过程中修改对应的迭代公式为：

$$u_{ij} = \frac{\left[\dfrac{1}{d^2(x_i, v_j)}\right]^{\frac{1}{m-1}}}{\sum_{q=1}^{c}\left[\dfrac{1}{d^2(x_i, v_q)}\right]^{\frac{1}{m-1}}}, i=1,2,\cdots,n; j=1,2,\cdots,C \tag{9.3}$$

$$v_j = (1-\alpha)\frac{\sum_{i=1}^{n_u} u_{ij}^m x_i}{\sum_{i=1}^{n_u} u_{ij}^m} + \alpha \frac{\sum_{i=1}^{n_l} f_{ij}^m x_i}{\sum_{i=1}^{n_l} f_{ij}^m}, j=1,2,\cdots,C \tag{9.4}$$

为了验证标记数据的重要性，在聚类过程中选取的控制半监督比例参数分别为5%、10%、15%、20%、25%和30%，计算不同α的识别正确率。图9.15描述了α和识别正确率之间的关系，随着α的增加，分类正确率不断提高，同时参数α增加到一定比例时，识别正确率的增速变慢。上述分析表明，半监督FCM方法是可行的，且有标记数据对聚类过程有着明显的指导作用。

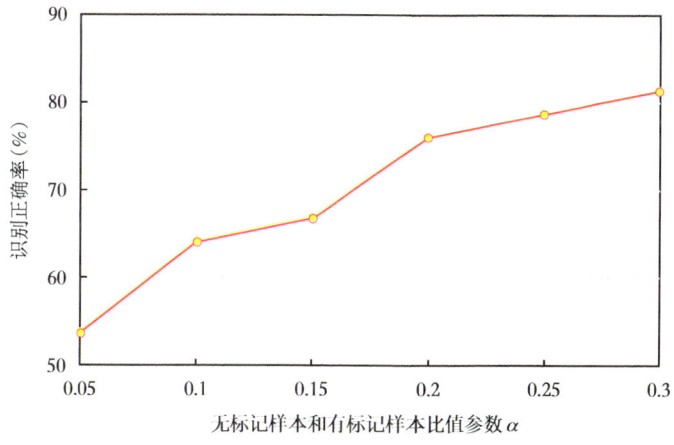

图9.15 半监督平衡因子α对识别正确率的影响

然后，基于均方根振幅、平均瞬时频率和有效带宽等地震属性，采用半监督FCM方法开展沉积相的研究。通过统计聚类中心和方差，选择α=30%时聚类效果最好（图9.16）。

9.3.3.2 多属性融合的碳酸盐岩储层气层展布预测

通过上述分析，选择α为30%，开展叠前属性的半监督FCM分析，研究气层展布特征。不同的地震属性对储层有着不同的预测结果，为了分析不同地震属性组合聚类结果的差异性，设计了四种地震属性组合模式（表9.2）。分别从不同偏移距的均方根振幅属性、平均瞬时频率属性到AVO截距和梯度属性，再到叠后属性的加入对含气性预测过程中的影响，使用半监督方法进行含气性的分析。

利用半监督FCM方法对表中的四种组合方案进行聚类，分析砂体中的含气性分布情况，从而分析气层厚度的展布特征（图9.17）。从整体上看，四种方案得到的聚类结果与先验地质认识一致，但是存在一定的差异。组合方案一和组合方案二得到的聚类结果趋势和其属性分布较为一致，受地震属性影响较大，使其在部分区域出现相反的类型，组合方案一聚类得到河道间类型分布范围较广，而组合方案二得到心滩类型分布范围较广。

将两种属性组合方案结合到一起进行聚类时,得到组合方案三聚类结果,和前两种结果相比差异较大,受两类属性同时影响,每种类型的分布都较为均匀,得到一定改善。对于组合方案四,是在叠前属性中加入叠后属性,通过叠后属性影响叠前属性的聚类过程。分析表明,组合方案四得到的结果更符合实际地质认识,对于细节的刻画更明显,同时也说明了叠前叠后多属性预测的必要性和使用半监督方法的重要性。FCM 聚类过程中,当已知标记数据和地震属性信息一致时,已知标记数据能够改善聚类结果,否则就会出现与已知标记数据相反的结论。这从另一方面说明了基于半监督 FCM 地震属性分析方法的敏感性。

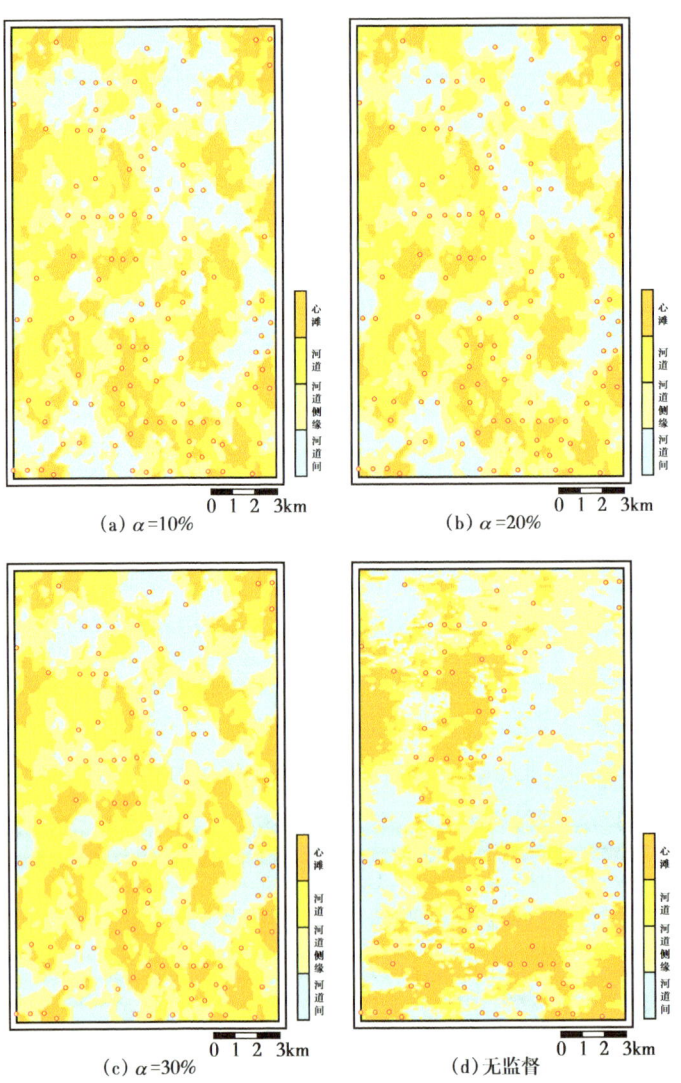

图 9.16 半监督 FCM 及传统无监督聚类结果

表 9.2 地震属性组合方案表

方案	地震属性
方案 1	中近道均方根振幅比值、中近道平均瞬时频率比值
方案 2	AVO 截距、AVO 梯度
方案 3	中近道均方根振幅比值、中近道平均瞬时频率比值、AVO 截距、AVO 梯度
方案 4	均方根振幅、平均瞬时频率、有效带宽、中近道均方根振幅比值、中近道平均瞬时频率比值、AVO 截距、AVO 梯度

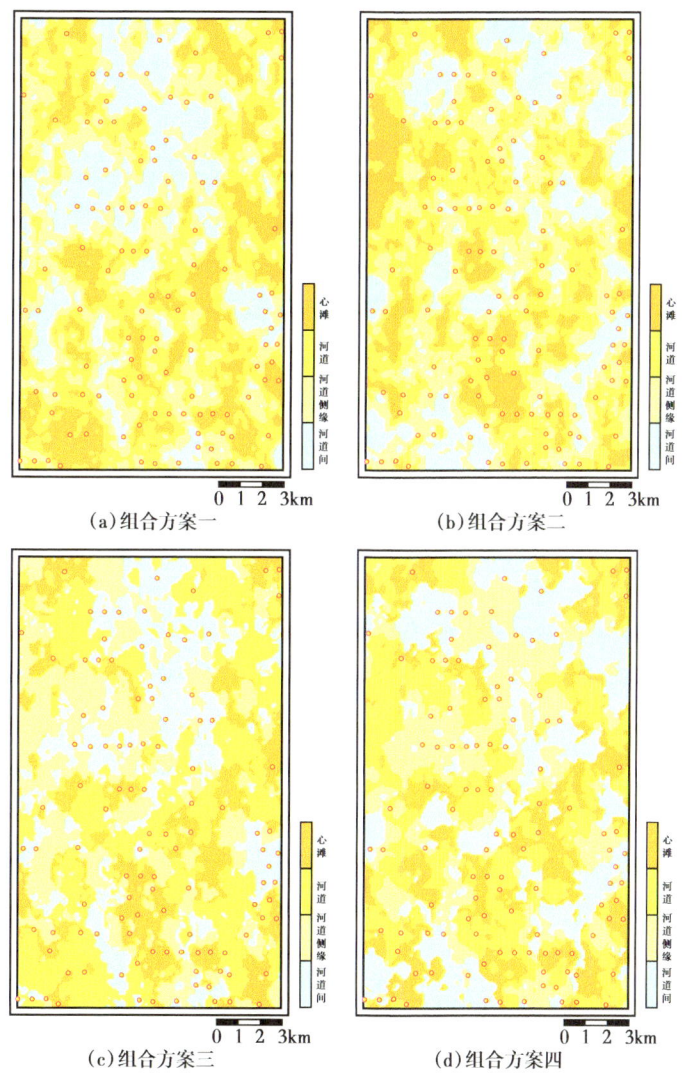

图 9.17 不同地震属性组合方案半监督 FCM 聚类结果图

通过上述分析，组合方案四得到的结果与地质认识更加相符。根据该聚类的结果，以井点气层信息为约束，得到盒 8 段的气层厚度分布规律（图 9.18）。结果表明，气层分布在研究范围内分布较为连续，受河道控制作用较为明显。含气性较好的区域主要分布在中部和南部区域，并且在东部无井区域也得到了不同厚度的含气性信息。这也充分说明了已知钻井信息在半监督聚类过程中有一定的引导作用，能够改善未知区域的空间分布特征。

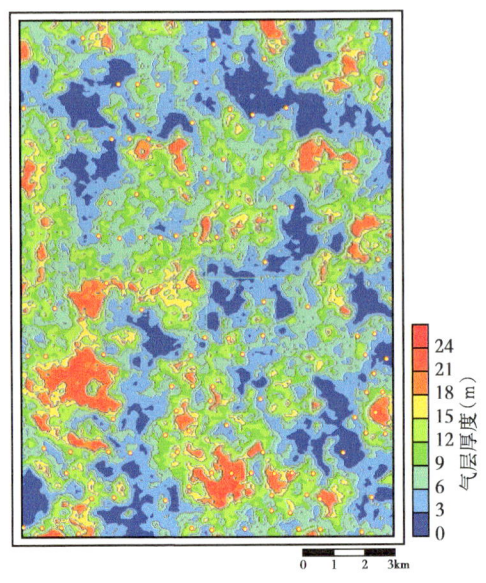

图 9.18　半监督 FCM 聚类方法约束下的气层厚度分布图

上述研究融合了均方根振幅、平均瞬时频率、有效带宽等多种地震属性，再利用改进的半监督聚类方法对融合数据进行分析。结果表明，模型级融合可以有效融合采集数据的中间层特征，比数据级融合具有更好的定向分析能力，比决策级融合具有更优的特征提取能力。

9.3.4　基于决策级融合的测井流体识别方法

储层类型、泥质含量、储集空间大小等都是影响流体性质判别的重要因素。采用单一测井信息进行流体类型判别，容易受到数据采集误差、环境因素等多方面影响，导致判别结果出错。如果采用决策级融合方法，例如多参数综合判别方法，综合多种因素，分别构建多种指示参数，总结不同流体类型的划分标准，更有助于提高复杂储层流体类型识别准确度和可靠性。此外，前面所述的各类异质集成委员会机器方法也是一种典型的决策级融合方法。该类方法中，在数据输入之后，由构成委员会机器的各专家分别进行预测和判别，依据一定的组合策略把各个专家的结果汇总在一起，得到最终结果。组合策略实际上就是一种决策级融合策略。对于分类委员会机器，通常采用绝对多数投票法或相对多数投票法来融合；对于回归委员会机器，通常采用加权平均的方法来融合。

9.3.4.1　多参数综合判别方法与应用

1）多流体指示参数计算

（1）含油饱和度指标 P_1。由于钻井液的侵入，洞穴和大裂缝的饱和度参数无效。但是在理论上，计算裂缝—孔洞型储层的饱和度仍然可以用来判别储层的流体类型。含油饱和度指标 P_1 定义如下：

$$P_1 = 1 - S_w \tag{9.5}$$

其中，含水饱和度 S_w 采用阿尔奇公式计算：

$$S_w = \left[a \times R_w / \left(R_t \times \phi^m \right) \right]^{1/n} \tag{9.6}$$

式中，a 为岩性系数；m 为孔隙度指数；n 为饱和度指数；R_w 为地层水电阻率；R_t 为深侧向电阻率。

（2）储层产出率指标 P_2。储层产出率的指标 P_2 定义如下：

$$P_2 = S_{ws} \times \phi_{ND} \tag{9.7}$$

用中子与密度测井值计算孔隙度 ϕ_{ND}，用声波时差计算孔隙度，代入阿尔奇公式计算含水饱和度。P_2 的判别条件为：$P_2 \leq 0.02$ 为油层，$0.02 < P_2 < 0.04$ 为油水同层，$P_2 > 0.04$ 为水层。

（3）可动油指标 P_3。可动油指标 P_3 定义如下：

$$P_3 = 1 - S_w / S_{xo} \tag{9.8}$$

如果 P_3 接近 1，则表示含有可动油气，而且数值越接近 1，可动油气含量越多。P_3 越接近 0，说明越无可动油气。

（4）相对含水百分比指标 P_4：

$$P_4 = \frac{\phi_w}{\phi_t} \tag{9.9}$$

$$\phi_w = \sqrt[m]{\frac{aR_w}{R_D}} \tag{9.10}$$

式中，R_w 为地层水电阻率；a、m 分别为岩性系数、胶结指数，值与计算 P_1 时相同；R_D 为实际地层电阻率；ϕ_t 为地层总孔隙度。

（5）视地层水电阻率指标 P_5：

$$P_5 = R_{wa} = R_t \times \phi^m \tag{9.11}$$

式中，R_t 为深侧向电阻率；ϕ 为孔隙度；m 为孔隙度指数。

在油层，该值相对较高，水层则较低。

（6）电阻率侵入校正差比指标 P_6：

$$P_6 = 1 - \frac{R_S}{R_D} \tag{9.12}$$

R_D 与 R_S 的差异越大，P_6 就越接近 1，反之 P_6 接近 0。石英岩和白云岩的油层表现出低阻、低无铀伽马、高电阻率比值、高孔隙度。所以，如果 P_6 接近 1，说明 R_D 和 R_S 差异越大，可能是油层。

2）多参数综合判别实例分析

基于上述方法，形成多参数流体类型综合识别方法。输入测井数据为孔隙度、深浅电阻率和含水饱和度，需要预设的参数为岩电参数 a、b、m、n，输出判别参数为 P_1、P_2、P_3、P_4、P_5、P_6 共 6 个。判别参数的指示意义与流体判别准则如下：P_1 接近 1 为油层，接近 0 为水层；P_2＜0.02 为油层，P_2＞0.04 为水层；P_3 接近 1 为油层，接近 0 为水层；水层 P_4＞油层 P_4；油层 P_5＞水层 P_5；P_6 接近 1 为油层，接近 0 为水层。

图 9.19 为 TK745 井综合判别结果。计算的含油饱和度指标 P_1 接近 100%，储层产出率指标 P_2＜0.02，相对含水百分比指标 P_4 较小，视地层水电阻率指标 P_5 较大，电阻率侵入校正差比指标 P_6 接近 1，显示为油层特征。在 5627.3~5638.6m 试油，结果为油层。流体判别结果与测试结果吻合。

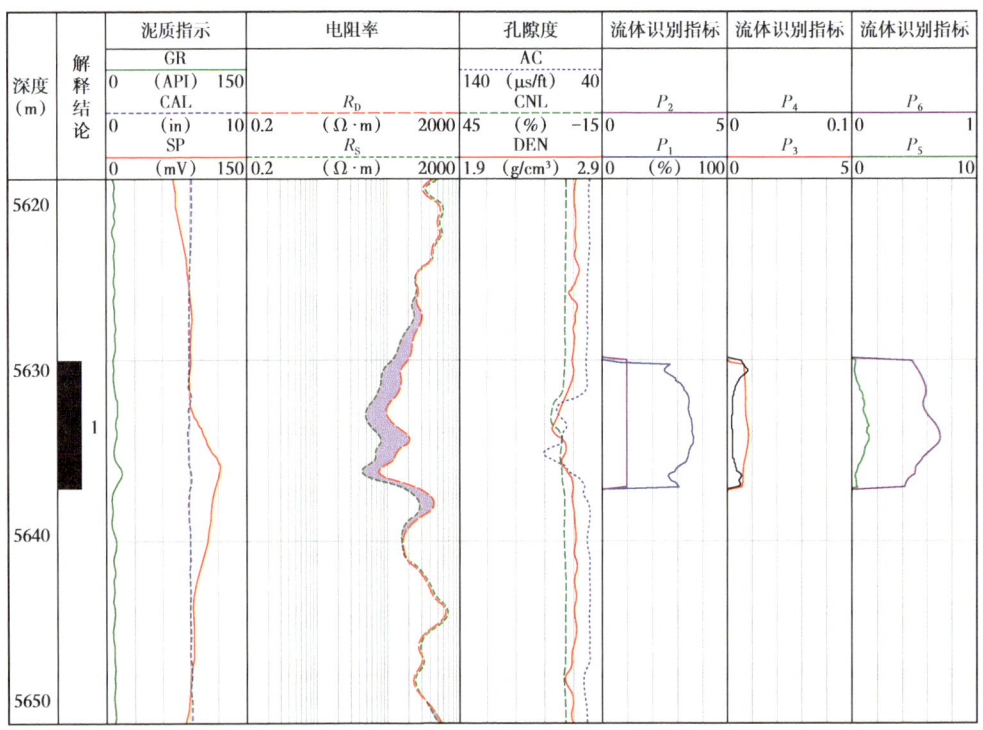

图 9.19　TK745 井流体判别测井解释成果图（油层实例）

图 9.20 为 T615 井综合判别结果。计算的含油饱和度指标 P_1 接近 0%，可动油指标 P_3 接近 0，相对含水百分比指标 P_4 较大、视地层水电阻率指标 P_5 很小，显示为水层特征。在 5669.5~5675m 试油，结果为水层。流体判别结果与测试结果吻合。

图 9.21 为 TK730 井综合判别结果。各个判别参数数值均在油层与水层之间，显示出油水同层特征。在 5519~5560.8m 试油，含水饱和度为 13%，为油水同层。流体判别结果与测试结果吻合。

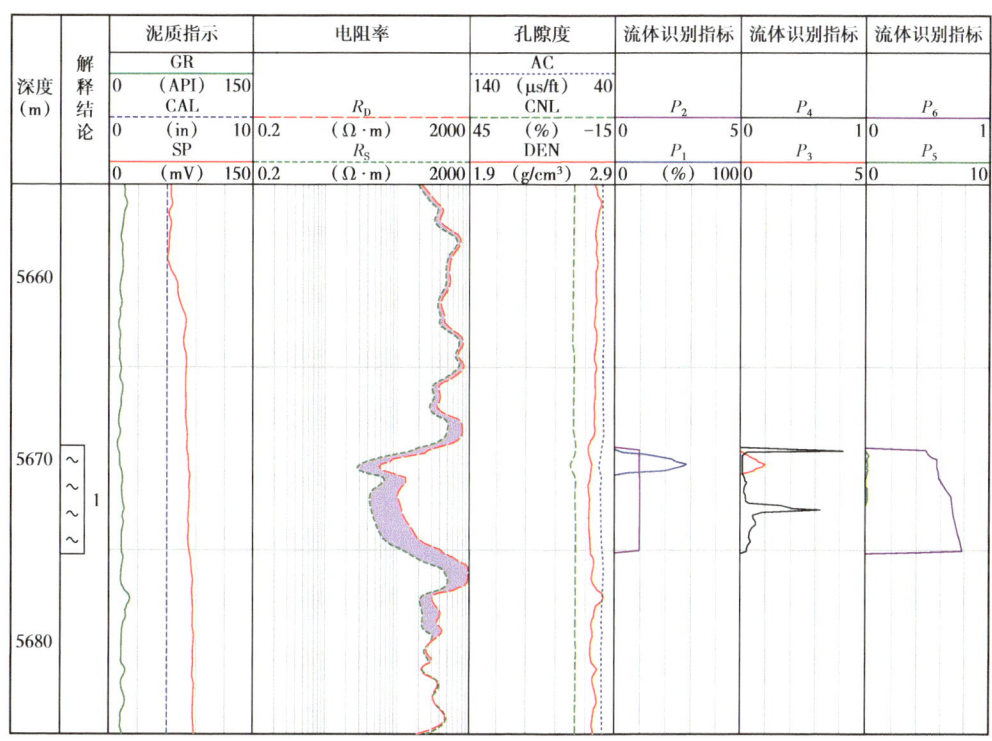

图 9.20 T615 井流体判别测井解释成果图（水层实例）

利用上述方法及模块，对研究区有测试结果的井进行数据处理，计算各敏感参数，计算结果如表 9.3 所示。

表 9.3 各井综合判别参数计算表

井名	生产层段（m）	P_1	P_2	P_3	P_4	P_5	P_6	试油含油（%）	解释结论
TK625	5545~5600	0.545	0.007	0.268	0.011	0.331	0.171	100	油层
TK626	5497~5565	0.860	0.004	0.540	0.062	0.297	0.152	100	油层
TK642	5573.5~5610	0.524	0.003	0.257	0.004	1.682	0.279	100	油层
TK712	5648~5676	0.345	0.004	0.144	0.010	0.668	−0.100	86.2	油层
TK713	5539.45~5730	0.578	0.009	0.439	0.012	0.183	0.611	87.6	油层
TK715	5629.7~5634.5	0.759	0.003	0.431	0.004	1.754	0.354	100	油层
	5658~5690	0.601	0.004	0.329	0.008	0.495	0.403	100	油层
TK716	5529~5595	0.579	0.003	0.373	0.014	0.700	0.097	100	油层
TK729	5521~5635	0.516	0.005	0.070	0.008	0.645	0.068	100	油层
TK744	5650~5675	0.880	0.005	0.012	0.001	1352.0	−0.510	99.9	油层
TK745	5627.3~5638.6	0.637	0.008	0.355	0.007	0.721	0.575	100	油层

续表

井名	生产层段（m）	P_1	P_2	P_3	P_4	P_5	P_6	试油含油（%）	解释结论
TK631	5518~5530	0.637	0.003	0.363	0.007	1.128	0.320	100	油层
	5561~5598	0.653	0.002	0.366	0.175	0.680	−0.054	100	油层
TK632	5514.13~5552.8	0.689	0.001	−0.077	0.005	1.129	−0.154	91.6	油层
TK730	5519~5560.8	0.632	0.012	0.200	0.011	1.366	0.178	13	油水同层

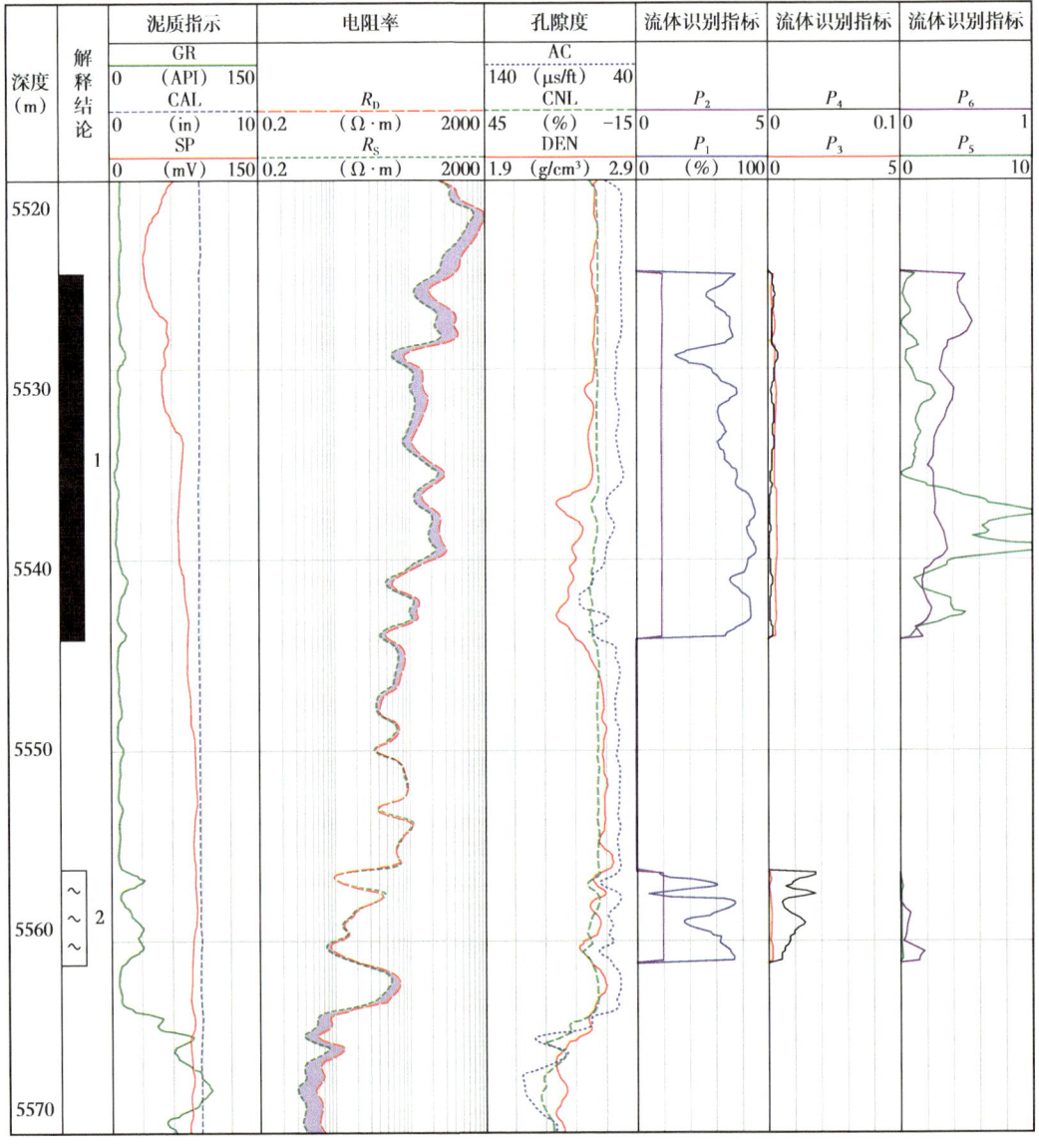

图 9.21 TK730 井流体判别测井解释成果图（油水同层实例）

分析以上结果发现，六个指示流体类型的指标中，含油饱和度指标 P_1、储层产出率指标 P_2、相对含水百分比指标 P_4、视地层水电阻率指标 P_5 在油层和水层差别明显，判别准确度高。可动油指标 P_3 与电阻率侵入校正差比指标 P_6 判别效果不是很好，可能是由井眼环境不好、深浅侧向电阻率测井主要探测的是钻井液电阻率导致。

为此，构建 P_1-P_2-P_3 与 P_2-P_4-P_5 交会图，如图 9.22 所示，验证了优选的判别指标应用效果。

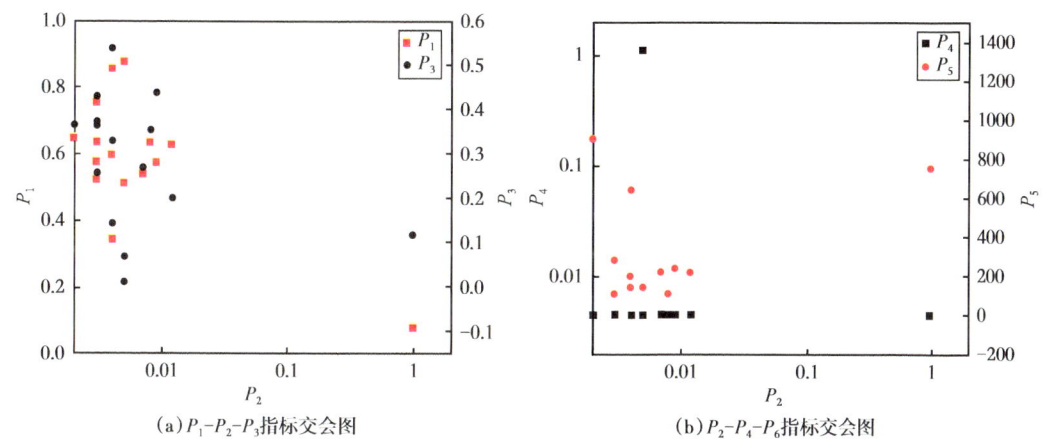

图 9.22　多指标交会图进行流体识别

9.3.4.2　综合图版流体识别方法与应用

本例提出了一种综合图版流体识别方法。该方法针对低阻、低对比度油层以及深层致密气藏流体识别难题，优选敏感测井系列，构建了一系列有效的识别图版。这些图版各有优势，为了把这些图版和方法有效地利用起来，构建了综合图版方法，提出了图版符合率的概念。在图版中，在不同流体的区域和范围内的点子数量除以总点子的数量的百分数，称为图版符合率 V_R：

$$V_R = \frac{\sum_{i=1}^{n} i}{\sum_{i=1}^{N} i} \times 100\% \qquad (9.13)$$

式中，n 代表流体识别图版中与试油结论一致的点；N 表示流体识别图版中总点子个数。

在综合图版流体识别方法中，分别利用选定的图版进行判别。当判断结果一致时，储层解释结果就是判断结果。当各个图版判断结果不一致时，采用投票的思想，进行决策。如果每个图版的判别结果都不一样，就以符合率高的图版的判断结果作为解释结论。

1）低对比度油藏综合图版流体识别流程

双视地层水电阻率曲线重叠法、分区图版法、全烃录井—测井信息联合法、正态分布法是通过分析储层物性、水性以及流体对电阻率测井信息的影响规律建立的流体识别图版。表9.4展示了这几种流体判别方法在研究区的适用条件和应用效果。

表9.4 流体识别方法适用性分析

序号	方法	适用条件	符合率（%）
1	双视地层水电阻率曲线重叠法	对地层水矿化度高造成的低阻油层识别效果好，但油水同层与水层的识别效果差	85.2
2	分区图版法	低地层水矿化度地区流体识别效果好，高地层水矿化度地区的油层和油水同层区分效果差	83.6
3	全烃录井—测井信息联合法	有全烃录井资料的井区，且要保证全烃录井信息准确	88.5
4	正态分布法	高阻油层识别效果好，低阻油层和油水同层的识别效果不好	69.2

可以看到，双地层水电阻率差异法、分区图版法和全烃录井—测井信息联合法的图版流体识别符合率都在80%以上。其中，全烃录井—测井信息联合法的图版流体符合率最高，流体识别效果最好。其次是双地层水电阻率差异法和分区图版法，而正态分布法并不适用于低电阻率油层发育的地区，流体识别符合率最低。

通过对比每种方法的流体识别效果可以看出，每种方法在低电阻率油层的识别过程中都有各自的适用条件和局限性，为此提出综合流体判别方法。具体的思路是从构建的几种流体识别方法中优选出三种图版符合率较高的方法，当对研究区新井进行流体识别时，先利用优选的三种有效流体识别方法对新井进行流体识别，识别结果用数字表示，"2"代表油层，"1"代表油水同层，"-2"代表水层，"-1"代表干层。判断储层最终流体类型时，将这几种图版的判别结果通过投票机制进行决策。当三种流体识别方法中有两个或全部解释结果一致时，选择大多数方法共同的判别结果作为最终解释结果。当这三种图版的判别结果各不相同时，以符合率最高的识别图版的判别结果为准，具体的流程图如图9.23所示。

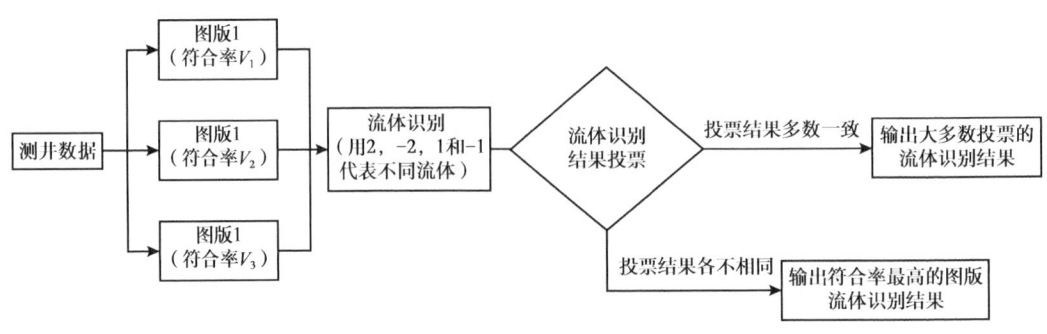

图9.23 综合流体判别法流程图

2）深层致密气藏流体识别图版构建

超低孔渗致密砂岩储层孔隙度低，流体对测井响应贡献小。原有的测井流体识别方法尤其是电阻率识别效果不好，限制了测井资料在该类气藏的应用。为此，一方面，拟针对天然气藏核磁共振测井响应机理出发，通过核磁共振孔隙度和可动流体 T_2 分布特征构建流体识别方法；另一方面，结合声波、密度、中子测井在气层和水层的响应差异，构建有效的流体敏感因子，实现气层识别。通过多种流体敏感因子构建多个交会图版，利用绝对多数投票法实现储层流体的准确判别。

（1）三孔隙度测井联合法。在天然气藏中，由于气层与水层的声波、密度、中子测井的响应特征是不同的，为了分析它们的差异，构建了孔隙度差值和孔隙度比值两个参数。具体方法是：把视中子孔隙度减去视声波孔隙度得到孔隙度差，记为 $\Delta\phi_{NA}$，用视中子孔隙度减去视密度孔隙度得到的孔隙度差，记为 $\Delta\phi_{ND}$，即

$$\begin{cases} \Delta\phi_{NA} = \phi_D - \phi_S \\ \Delta\phi_{ND} = \phi_N - \phi_D \end{cases} \quad (9.14)$$

式中，ϕ_S、ϕ_D、ϕ_N 分别为声波孔隙度、密度孔隙度、中子孔隙度。

从测井理论上说，在水层中，两个孔隙度差值均接近或等于零；在气层中，两个孔隙度差值皆小于零，含气饱和度越高，两个孔隙度差值均越大。如果将这两个差值曲线对称显示，可以更加直观地识别气层。此外，为了进一步放大含气信息，构建孔隙度比值参数进行指示。为此，定义一个孔隙度比值参数，记为

$$I_{SND} = \frac{\phi_S \phi_D}{\phi_N^2} \quad (9.15)$$

根据式（9.15），在水层中，I_{SND} 小于或等于 1；在气层中，由于计算的 ϕ_S、ϕ_D 数值偏大，而测量的 ϕ_N 结果偏小，I_{SND} 会大于 1。

因此，两个孔隙度差值及差比值 I_{SND} 均是对气层敏感的参数。为此，基于上述敏感参数构建了一系列孔隙度差值与比值的流体识别图版，如图 9.24 所示。在图 9.24(a)中，当中子孔隙度与声波孔隙度差值均接近或小于零时，储层判断为油层。在图 9.24(b)中，当中子密度孔隙度差小于 0% 且 $I_{SND} > 1$ 时，储层判断为气层。

（2）密度核磁共振孔隙度差的构建。在测井解释理论中，当地层含气时，核磁共振孔隙度偏小，计算的密度孔隙度偏大。为了清楚地指示流体类型，计算两孔隙度之差 $\Delta\phi_{DMR}$，作为流体指示敏感指示参数：

$$\Delta\phi_{DMR} = \phi_D - \phi_{NMR} \quad (9.16)$$

$\Delta\phi_{DMR}$ 数值越大，说明储层含气性越好。

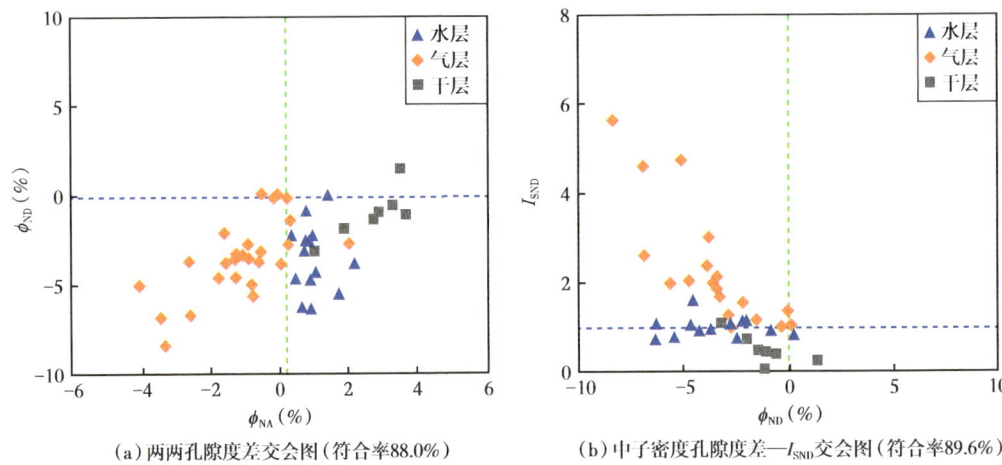

(a) 两两孔隙度差交会图（符合率88.0%）　　　(b) 中子密度孔隙度差—I_{SND}交会图（符合率89.6%）

图9.24　三孔隙度差值及比值法识别流体图版

（3）核磁共振可动流体 T_2 几何均值的计算。根据核磁共振弛豫机理，由于油气水具有不同的体弛豫（T_{2bulk}）与扩散系数（D），当饱含不同流体时，核磁共振测井 T_2 分布是不同的，其 T_2 几何均值（$T_{2L,M}$）也是不同的。因此，核磁共振测井 T_2 几何均值是对流体敏感的参数，可用来进行流体识别。天然气的体弛豫约为40ms，其扩散系数明显比油和水的扩散系数大。此外，由于饱和流体岩石的区别主要在核磁共振 T_2 分布的可动流体部分，因此，针对 T_2 分布可动流体部分计算几何均值更能反映不同流体的差异。核磁共振可动流体部分 T_2 几何平均值 $T_{2L,M}$ 计算公式为：

$$T_{2L,M} = \left(T_{2c}^{A_j} \cdots T_{2j}^{A_j} \cdots T_{2n}^{A_n} \right)^{\frac{1}{\sum_{j=c}^{n} A_j}} \tag{9.17}$$

式中，$T_{2L,M}$ 为可动流体的 T_2 几何平均值；T_{2j} 为第 j 种弛豫组分的 T_2 弛豫时间常数；A_j 为对应 T_{2j} 的组分孔隙度；T_{2c} 为束缚流体和可动流体的 T_2 截止值；c 为 T_2 截止值的对应 T_{2j} 的序数。

核磁共振测井可以将储层孔隙度分为束缚流体体积和可动流体体积。束缚流体饱和度计算方法为：

$$S_{BVI} = \frac{\phi_{BVI}}{\phi_{NMR}} \tag{9.18}$$

式中，ϕ_{BVI} 为束缚流体体积。

为此，分别构建核磁共振可动流体 $T_{2L,M}$ 与 S_{BVI}、$\Delta\phi_{DMR}$ 交会图，如图9.25所示。图9.25（a）为 $T_{2L,M}$—S_{BVI} 交会图，图9.25（b）为 $T_{2L,M}$—$\Delta\phi_{DMR}$ 交会图，两个交会图均可准确区分气层和水层。在图9.25（a）中，当 $T_{2L,M}$ 介于20~125ms之间时，储层为气层；

当 $T_{2L,M} < 20{\rm ms}$ 且 $S_{BVI} > 60\%$ 时，储层为干层。图 9.25（b）为 $T_{2L,M}$—$\Delta\phi_{DMR}$ 交会图，当 $\Delta\phi_{DMR} \geq 3$ 且 $T_{2L,M}$ 介于 20~125ms 之间时，储层为气层。

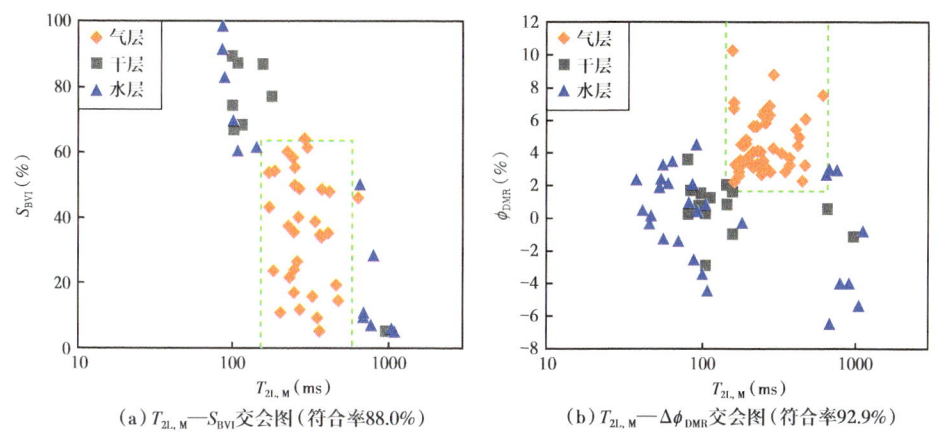

(a) $T_{2L,M}$—S_{BVI} 交会图（符合率88.0%）　　(b) $T_{2L,M}$—$\Delta\phi_{DMR}$ 交会图（符合率92.9%）

图 9.25　核磁共振测井信息流体识别交会图

可以看出，在上述核磁共振有关的识别方法中，$T_{2L,M}$—$\Delta\phi_{DMR}$ 交会图 $T_{2L,M}$—束缚水饱和度交会图识别结果好，能够很好地把气层识别出来。在三孔隙度测井综合流体识别方法中，$\Delta\phi_{NA}$—I_{SND} 交会图与两孔隙度差交会图的识别效果比较好，而声波孔隙度—I_{SND} 交会图能够较好地把干层与水层分开。总体上说，$T_{2L,M}$—$\Delta\phi_{DMR}$ 交会图的图版符合率比孔隙度测井 $\Delta\phi_{NA}$—I_{SND} 交会图版符合率高，反映了核磁共振测井在气层识别上的优越性（表 9.5）。

表 9.5　不同流体识别方法及其图版的流体判别符合率

序号	方法名称	图版名称	图版符合率(%)
1	核磁共振流体识别方法	$\Delta\phi_{DMR}$—RT 交会图	84.20
2		$\Delta\phi_{DMR}$—ϕ_e 交会图	84.16
3		$T_{2L,M}$—S_{WB} 交会图	88.89
4		$T_{2L,M}$—$\Delta\phi_{DMR}$ 交会图	92.90
5	孔隙度差值与比值法	两孔隙度差交会图	87.96
6		ϕ_s—I_{SND} 交会图	85.67
7		$\Delta\phi_{NA}$—I_{SND} 交会图	89.58
8		$\Delta\phi_{DN}$—I_{SND} 交会图	85.41

密度核磁共振孔隙度差值 $\Delta\phi_{DMR}$ 与三孔隙度差值比值 I_{SND} 是构建的两个流体敏感参数，这两个参数放大了气层对孔隙度测井的影响，使得它们在气层的数值明显地比在水层数值大，这是针对超低孔隙度致密砂岩进行流体识别的创新策略。而且，考虑到气层对核磁共振测井的响应，针对可动流体部分而不是对全部的 T_2 分布计算的 T_2 几何均值显示出了气层的水层的区别。

3) 深层致密气藏流体识别实例分析

在实际数据处理与解释时，首先用 $T_{2L,M}$—$\Delta\phi_{DMR}$ 交会图或 $\Delta\phi_{NA}$—I_{SND} 交会图识别出气层，然后利用声波孔隙度—I_{SND} 交会图进行干层和水层的识别。当没有核磁共振测井时，利用三孔隙度差值比值系列交会图可以实现气层、水层和干层的测井解释。

DB204 井为研究区内的一口探井，除了常规测井外，该井还进行了核磁共振测井，数据由 CMR 型仪器测量得到。根据前面介绍的方法，对测井数据进行了数据处理。首先，计算密度孔隙度和核磁共振孔隙度差 $\Delta\phi_{DMR}$。根据岩心离心前后核磁共振实验得知，该地区的核磁共振截止值为 16ms，计算得到可动流体的 T_2 几何平均值（$T_{2L,M}$）。然后，计算得到密度孔隙度—声波孔隙度差、中子—密度孔隙度差及三孔隙度差比值 I_{SND}。图 9.26 为该井核磁共振测井处理解释成果图。第 3 道为电阻率测井，第 4 道为核磁共振 T_2 分布与可动流体几何均值，第 5 道为密度孔隙度与核磁共振孔隙度差值，第 6 道为计算的声波孔隙度和三孔隙度差比值。分别根据 $\Delta\phi_{DMR}$—$T_{2L,M}$ 图版、差比值流体识别图版进行综合流体识别，如图中第 7 道所示。在该井 6770~6775m 深度段，自然伽马较低，核磁共振孔隙度和密度孔隙度分别为 5% 和 12%，是一个储层。计算的可动流体 T_2 几何均值约为 300ms，判断为气层。计算的声波孔隙度约为 10%，三孔隙度差比值约为 4%，判断为气层。综合判别，层段 6770~6775m 为气层。

在研究区，5 口井具有核磁共振测井数据，共解释 28 个层，与测试结果对比，解释符合率为 90%。16 口没有核磁共振测井数据，解释 74 个层，解释符合率为 87.32%。应用表明，结合 $T_{2L,M}$—$\Delta\phi_{DMR}$ 交会图法、孔隙度差值比值法的综合判别方法（决策级融合）在库车凹陷储层流体识别中应用效果较好。

表 9.6 综合图版法在库车深层应用情况

井名	深度（m）	试油结果					解释层数（个）	正确（个）	错误（个）	单井符合率（%）
		工作制度（mm）	日产油（m³）	日产气（m³）	日产水（m³）	试油结论				
BZ104	6757~6850	7	0	514527	0	气层	8	8	0	100
DB205	5787.5~5941	7	0	467706	0	气层	8	8	0	100
DB207	5746~5888	8	0	541344	0	气层	7	7	0	100
KS14	7100~7115	6	0	412088	0	气层	8	8	0	100
KS134	7586~7651	6	0	377070	0	气层	17	17	0	100
KS242	6435~6529	5	0	262539	8	气层	13	13	0	100
DB208	5755~5830	6	0	375768	0	气层	5	5	0	100
KS17	7376.5~7390	6	0	374598	0	气层	2	2	0	100
KS241	6650~6690	4	0	112408	0	气层	1	1	0	100
	6496~6650	7	0	443118	0	气层	10	10	0	100

续表

井名	深度（m）	试油结果					解释层数（个）	正确（个）	错误（个）	单井符合率（%）
		工作制度（mm）	日产油（m³）	日产气（m³）	日产水（m³）	试油结论				
BZ21	6195~6392	5	0		19.4	含气水层	5	0	5	0
	6392~6445	1	0	0	0	干层	2	1	1	50
BZ22	6267~6387		12	7588	48	含气水层	6	0	6	0
BZ9	7677~7760	8	0	705408	0	气层	8	8	0	100
	7830~7842	8	0			气水同层	2	1	1	50

注：解释102层/12口，其中正确解释89层，符合率为87.25%。

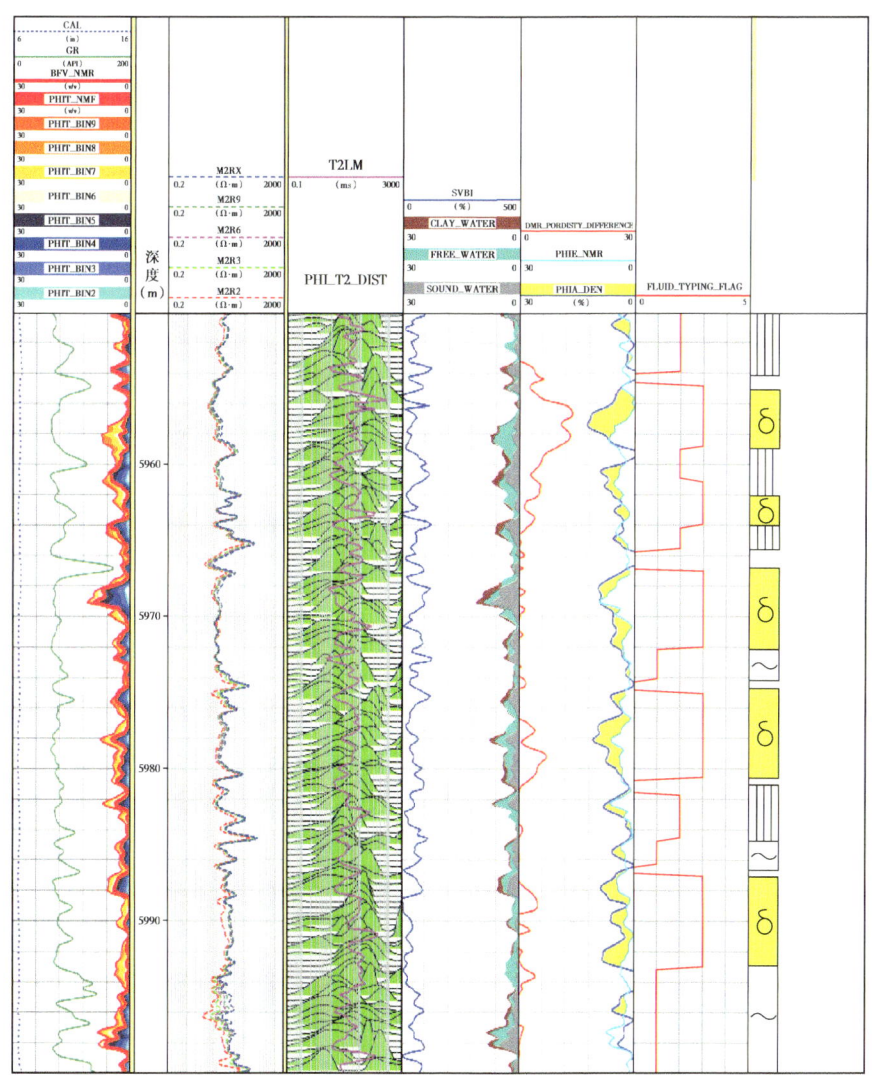

图9.26 DB204核磁共振测井解释成果图

本章小结

本章聚焦多源数据融合的基本理论和应用实例，结合多尺度遥感融合方法，提出了多源井震探测信息融合理论，兼顾了井震尺度与分辨率。结合数据级融合、模型级融合、决策级融合方法，更有条理地研究多种地球物理方法的融合，提高地下储层解释与评价的精度和效率。

本章实例分别结合数据级融合、模型级融合以及决策级融合方法，围绕测井数据、地震数据、图版资料等，开展了多源数据融合分析研究。其中，数据级融合方法既能解决多源数据兼容问题，又可以通过高维稀疏矩阵降维分析，实现融合测井信息的储层智能评价。模型级融合方法以地震属性融合分析为例，是建立在初步的数据分析基础上，在中间特征层级的基础上进行融合，既可以融合多种模态的探测信息，又避免了数据端直接融合的偶然性。决策级融合是储层综合评价中应用最广泛的融合手段，本例采用的多流体指示参数和综合图版法有效结合了不同方法的优势，在应用中展现出显著优势。

参 考 文 献

敖代钦,周箩鱼,罗明璋,等,2023.基于注意力机制和卷积神经网络的测井图像裂缝分割方法[J].石油物探,62(2):236-244.

白洋,谭茂金,肖承文,等,2021.致密砂岩气藏动态分类委员会机器测井流体识别方法[J].地球物理学报,64(5):1745-1758.

曹俊兴,薛雅娟,田仁飞,等,2019.深层碳酸盐岩储层含气性检测方法技术研究[J].石油物探,58(1):9-16.

曹志民,阳璨,陈树民,等,2023.基于集成聚类均质度与储层地质边界度联合的测井曲线自动分层[J].地球物理学进展,38(2):641-653.

柴明锐,程丹,张昌民,等,2017.机器学习方法对砂砾岩岩屑成分的预测:以西北缘X723井百口泉组为例[J].西安石油大学学报(自然科学版),32(5):22-28,61.

陈钢花,董维武,2011.遗传神经网络在煤质测井评价中的应用[J].测井技术,(2):171-175.

陈钢花,梁莎莎,王军,等,2019.卷积神经网络在岩性识别中的应用[J].测井技术,43(2):129-134.

陈华,范宜仁,邓少贵,2010.一种动态加速因子的自适应微粒群优化算法[J].中国石油大学学报(自然科学版)(6):173-176,184.

陈义祥,任小锋,牟瑜,等,2020.基于电成像测井的致密碳酸盐岩储层有效性评价方法[J].测井技术,44(1):49-54.

程国建,李碧,万晓龙,等,2021.基于SqueezeNet卷积神经网络的岩石薄片图像分类研究[J].矿物岩石,41(4):94-101.

付超,林年添,张栋,等,2018.多波地震深度学习的油气储层分布预测案例[J].地球物理学报,61(1):293-303.

龚仁彬,杨燕子,任义丽,等,2021.知识图谱在石油勘探开发领域的应用现状及发展趋势[J].信息系统工程(9):16-18.

谷宇峰,张道勇,鲍志东,2021.测井资料PSO-XGBoost渗透率预测[J].石油地球物理勘探,56(1):26-37,4-5.

何贤宏,李可赛,许家铖,等,2023.基于聚类—支持向量机算法的碳酸盐岩测井岩相识别模型与应用[J].测井技术,47(2):129-137.

匡立春,刘合,任义丽,等,2021.人工智能在石油勘探开发领域的应用现状与发展趋势[J].石油勘探与开发,48(1):1-11.

李宁,王克文,武宏亮,等,2023.渗透率测井评价:现状及发展方向[J].石油科学通报,8(4):432-444.

李宁,王祖纲,2022.学科大发展 方有大作为:专访中国工程院院士、地球物理测井专家李宁[J].世界石油工业,29(3):7-13.

李宁,肖承文,伍丽红,等,2014.复杂碳酸盐岩储层测井评价:中国的创新与发展[J].测井技术(1):1-10.

李宁,徐彬森,武宏亮,等,2021.人工智能在测井地层评价中的应用现状及前景[J].石油学报,42:508-522.

李宁,闫伟林,武宏亮,等,2020.松辽盆地古龙页岩油测井评价技术现状、问题及对策[J].大庆石油地质与开发,39(3):117-128.

李琼,陈政,何建军,等,2020.利用全卷积神经网络(FCN)建立三维数字岩心[J].应用地球物理(英文版),17(3):401-410,476-477.

李雄炎, 周金昱, 李洪奇, 等, 2012. 复杂岩性及多相流体智能识别方法 [J]. 石油勘探与开发, 39 (2): 243-248.

廖广志, 李远征, 肖立志, 等, 2020. 利用卷积神经网络模型预测致密储层微观孔隙结构 [J]. 石油科学通报, 5 (1): 26-38.

林年添, 张栋, 张凯, 等, 2018. 地震油气储层的小样本卷积神经网络学习与预测 [J]. 地球物理学报, 61 (10): 4110-4125.

陆文凯, 张善文, 2004. 基于频率搬移的地震资料约束测井资料外推 [J]. 地球物理学报 (2): 354-358.

毛永强, 李宁, 田军, 等, 2019. 利用测井曲线图论多分辨率聚类识别松南地区火山岩岩性 [J]. 测井技术, 43 (6): 642-646.

潘保芝, 段亚男, 张海涛, 等, 2016. BFA-CM 最优化测井解释方法 [J]. 地球物理学报, 59 (1): 391-398.

潘保芝, 蒋必辞, 刘文斌, 等, 2016. 致密砂岩储层含气测井特征及定量评价 [J]. 吉林大学学报 (地球科学版), 46 (3): 930-937.

任义丽, 梁佳, 杨燕子, 等, 2021. 综合考虑岩心图像和测井曲线的岩性智能化识别技术 [J]. 信息系统工程, (3): 78-80.

邵才瑞, 李洪奇, 张福明, 等, 2000. 人工智能地层对比专家系统原理 [J]. 石油物探, (1): 77-84.

邵蓉波, 肖立志, 廖广志, 等, 2022. 基于多任务学习的测井储层参数预测方法 [J]. 地球物理学报, 65 (5): 1883-1895.

邵蓉波, 肖立志, 廖广志, 等, 2022. 基于迁移学习的地球物理测井储层参数预测方法研究 [J]. 地球物理学报, 65 (2): 796-808.

邵蓉波, 肖立志, 廖广志, 等, 2022. 基于迁移学习的地球物理测井储层参数预测方法研究 [J]. 地球物理学报, 65 (2): 796-808.

石玉江, 杨林, 2022. 复杂与非常规油气层测井技术及应用 [M]. 北京: 石油工业出版社.

石玉江, 周金昱, 钟吉彬, 等, 2018. 重构电阻率曲线识别水淹层的方法及应用 [J]. 测井技术 (1): 42-48.

石玉江, 2023. 油田公司与中油测井一体化工作模式构建与思考 [J]. 石油科技论坛, 42 (5): 30-36.

孙茹雪, 潘保芝, 石玉江, 等, 2017. 人工蜂群最优化测井解释方法在致密砂岩储层评价中的应用 [J]. 测井技术, 41 (3): 320-324.

汪炳柱, 王硕儒, 1994. 神经网络法在测井曲线对比中的应用 [J]. 石油地球物理勘探 (增刊1): 80-85.

王华, 王雨顺, 2021. 测井资料人工智能处理解释的现状及展望 [J]. 测井技术, 45 (4): 345-356.

王磊, 范宜仁, 操应长, 等, 2020. 大斜度井/水平井随钻方位电磁波测井资料实时反演方法 [J]. 地球物理学报, 63 (4): 1715-1724.

王宵宇, 谢然红, 毛治国, 等, 2022. 基于集成学习的烃源岩总有机碳含量测井评价方法研究 [J]. 地球物理学进展, 37 (2): 684-694.

王晓畅, 张军, 李军, 等, 2017. 基于交会图决策树的缝洞体类型常规测井识别方法: 以塔河油田奥陶系为例 [J]. 石油与天然气地质, 38 (4): 805-812.

武宏亮, 王晨, 冯周, 等, 2020. 一种自适应多分辨率图聚类测井相分析方法 [J]. Applied Geophysics, 17 (1): 13-25, 167.

肖立志, 2022. 机器学习数据驱动与机理模型融合及可解释性问题 [J]. 石油物探, 61 (2): 205-212.

徐彬森, 李宁, 肖立志, 等, 2022. 串行结构多任务学习的储层参数预测方法 [J]. Applied Geophysics (4): 513-527, 604.

徐朝晖, 刘钰铭, 周新茂, 等, 2019. 基于卷积神经网络算法的自动地层对比实验 [J]. 石油科学通报, 4 (1): 1-10.

许建华，1993. 反向传播神经网络模型及其在测井资料岩性自动识别中的应用[J]. 石油物探（3）：53-59.

闫建平，蔡进功，首祥云，等，2009. 成像测井图像中的裂缝信息智能拾取方法[J]. 天然气工业（3）：51-53, 136.

杨斌，匡立春，施泽进，等，2005. 一种基于核学习的储集层渗透率预测新方法[J]. 物探化探计算技术（2）：119-123.

袁照威，2017. 基于机器学习与多信息融合的致密砂岩储层井震解释方法研究[D]. 北京：中国地质大学（北京）.

张鹏云，孙建孟，邓志文，等，2022. 滩坝砂储集体测井产能等级划分与地震属性横向预测[J]. 石油物探，61（2）：339-347, 363.

张莹，潘保芝，2009. 基于主成分分析的SOM神经网络在火山岩岩性识别中的应用[J]. 测井技术（6）：550-554.

周军，石玉江，张娟，等，2022. 统一测井数据库建设与应用[J]. 测井技术，46（6）：757-761.

周欣，曹俊兴，王兴建，等，2022. 基于双向门控循环单元神经网络的声波测井曲线重构技术[J]. 地球物理学进展，37（1）：357-366.

Abdulaziz M M, Hameeda A S, Mohamed H, 2019. Prediction of reservoir quality using well logs and seismic attributes analysis with an artificial neural network: A case study from Farrud Reservoir, Al-Ghani Field, Libya[J]. Journal of Applied Geophysics, 161: 239-254.

Aghli G, Soleimani B, Tabatabai S S, et al, 2017. Calculation of fracture parameters and their effect on porosity and permeability using image logs and petrophysical data in carbonate Asmari reservoir, SW Iran[J]. Arabian Journal of Geosciences, 10（12）: 265.

Al Moqbel A, Wang Y, 2011. Carbonate reservoir characterization with lithofacies clustering and porosity prediction[J]. Journal of Geophysics and Engineering, 8（4）: 592.

Arthur Dempster, Natalie Laird Rubin, D B, 1977. Maximum Likelihood from Incomplete Data via the EM Algorithm[J]. Journal of the Royal Statistical Society, Series B: Methodological, 39（1）: 1-38.

Bai Yang, Tan Maojin, 2021. Dynamic committee machine with fuzzy-c-means clustering for total organic carbon content prediction from wireline logs[J]. Computers & Geosciences, 146: 104626.

Bai Yang, Tan Maojin, Cao Huilan, et al, 2022. Intelligent Classification of Carbonate Reservoir Quality Using Multisource Geophysical Logging and Seismic Data[J]. IEEE Transactions on Geoscience & Remote Sensing, 60: 1-12.

Bezdek J C, 1981. Pattern recognition with fuzzy objective function algorithms[J]. New York: Plenum Press.

Bom C R, Valent M B, Fraga B M, et al, 2021. Bayesian deep networks for absolute permeability and porosity uncertainty prediction from image borehole logs from brazilian carbonate reservoirs[J]. Journal of Petroleum Science & Engineering, 201: 108361.

Che Xiaohua, Zhao Teng, Qiao Wenxiao, et al, 2020. Fracture identification and evaluation based on multi-pole acoustic logging（Article）[J]. Oil and Gas Geology, 41（6）: 1263-1272.

Chehrazi, A, Rezaee R, 2012. A systematic method for permeability prediction, a Petro-Facies approach（Article）[J]. Journal of Petroleum Science and Engineering, 82-83: 1-16.

Dunn J C, 1973. A Fuzzy Relative of the ISODATA Process and Its Use in Detecting Compact Well-Separated Clusters[J]. Journal of Cybernetics, 3（3）: 32-57.

Fan X Q, Wang G W, Dai Q Q, et al., 2019. Using image logs to identify fluid types in tight carbonate reservoirs via apparent formation water resistivity spectrum[J]. Journal of Petroleum Science &

Engineering, 178: 937-947.

Ferrari A L, Neves I A, Rodrigues Z J, et al, 2019. Unsupervised seismic facies classification applied to a presalt carbonate reservoir, Santos Basin, offshore Brazil (Article) [J]. AAPG Bulletin, 103 (4): 997-1012.

Hammad T J, Ahmed M A S, Mumtaz M S, et al, 2017. Quantitative interpretation of carbonate reservoir rock using wireline logs: a case study from Central Luconia, offshore Sarawak, Malaysia[J]. Carbonates and Evaporites, 32 (4): 591-607.

Hinton G E, Osindero S, Teh Y-W, 2006. A Fast Learning Algorithm for Deep Belief Nets[J]. Neural Computation, 18 (7): 1527-1554.

Hosseini M, Riahi M A, 2019. Detecting a gas injection front using a 3D seismic data: case of an Asmari carbonate reservoir in the Zagros basin[J]. Carbonates & Evaporites, 34 (4): 1657-1668.

Iturrarán-Viveros U, Parra J O, 2014. Artificial Neural Networks applied to estimate permeability, porosity and intrinsic attenuation using seismic attributes and well-log data[J]. JOURNAL OF APPLIED GEOPHYSICS, 107: 45-54.

Lai J, Pang, X J, Xiao, Q Y. et al., 2019. Prediction of reservoir quality in carbonates via porosity spectrum from image logs (Article) [J]. Journal of Petroleum Science and Engineering, 173: 197-208.

Maryam S M, Abdolrahim J, Hossein H, et al, 2020. Quantitative pore-type characterization from well logs based on the seismic petrophysics in a carbonate reservoir[J]. Geophysical Prospecting, 68 (7): 2195-2216.

Meacutendez J N, Jin Qiang, Zhang, Xudong, et al, 2021. Rock type prediction and 3D modeling of clastic paleokarst fillings in deeply-buried carbonates using the Democratic Neural Networks Association technique[J]. Marine & Petroleum Geology, 127: 104987.

Min Tian, Maojin Tan, Min Wang, 2023. Identification of Shale Lithofacies from FMI Images and ECS Logs Using Machine Learning with GLCM Features[J]. Processes, 11 (10): 2982.

Najib F M, Ismail R M, Badr N L, et al, 2020. Incomplete high dimensional data streams clustering.[J]. Journal of Intelligent & Fuzzy Systems, 39 (3): 4227-4243.

Qinrun Yang, Maojin Tan, Fulai Zhang, et al, 2021. Wireline Logs Constraint Borehole-to-Surface Resistivity Inversion Method and Water Injection Monitoring Analysis[J]. Pure and Applied Geophysics, 178 (3): 939-957.

Rui Yuan, Lei Zhang, Qinghai Xu, et al, 2020. Utilizing borehole electrical image and conventional logs to characterize petrology of mixed volcanic and sedimentary rocks in Jiamuhe Formation at JL2 Wellfield, Zhongguai Uplift, Junggar Basin, NW China[J]. Arabian Journal of Geosciences, 13 (22).

Rummelhart D E, 1986. Learning representations by back-propagation errors[J]. Nature, 323 (6088): 533-536.

Schmidhuber J, Manno-Lugano, 2015. Deep learning in neural networks: An overview[J]. Neural Networks, 61: 85-117.

Tan Maojin, Bai Yang, Zhang Haitao, et al, 2020. Fluid typing in tight sandstone from wireline logs using classification committee machine[J]. Fuel, 271: 117601.

Tan M J, Liu Q, Zhang S Y, 2013. A dynamic adaptive radial basis function approach for total organic carbon content prediction in organic shale[J]. Geophysics, 78 (6): D445-D459.

Tan M J, Song X D, Yang X, et al, 2015. Support-vector-regression machine technology for total organic carbon content prediction from wireline logs in organic shale: A comparative study (Article) [J]. Journal of Natural Gas Science and Engineering, 26: 792-802.

Wang D G, Li Y, Hu Y L, et al, 2016. Integrated dynamic evaluation of depletion-drive performance in naturally fractured-vuggy carbonate reservoirs using DPSO-FCM clustering[J]. Fuel, 181: 996-1010.

Wenwei Xu, Lizhi Xiao, He Liu, 2022. Industrial Application of Artificial Intelligence in China: Current Status and Challenges[J]. Strategic Study of Chinese Academy of Engineering, 24 (6): 173-183.

Yang Bai, Maojin Tan, Yujiang Shi, et al, 2022. Regression Committee Machine and Petrophysical Model Jointly Driven Parameters Prediction From Wireline Logs in Tight Sandstone Reservoirs[J]. IEEE Transactions on Geoscience and Remote Sensing, 60: 1-9.

Yang-Hu Li, Xiao-Ming Tang, Huan-Ran Li, et al, 2021. Characterizing the borehole response for single-well shear-wave reflection imaging[J]. Geophysics, 86 (1): D15-D26.

Yarmohammadi S, Kadkhodaie A, Hosseinzadeh S, 2020. An integrated approach for heterogeneity analysis of carbonate reservoirs by using image log based porosity distributions, NMR T_2 curves, velocity deviation log and petrographic studies: A case study from the South Pars gas field, Persian Gulf Basin[J]. Journal of Petroleum Science & Engineering, 192.

Yuanda Su, Xinding Fang, Xiaoming Tang, 2020. Measurement of the shear slowness of slow formations from monopole logging-while-drilling sonic logs[J]. Geophysics, 85 (1): D45-D52.

Zhang Y, Wen X, Jiang L, et al, 2020. Prediction of high-quality reservoirs using the reservoir fluid mobility attribute computed from seismic data (Article)[J]. Journal of Petroleum Science and Engineering, 190: 107007.

Zhou Xiaoxiao, Luuml X, Quan H, et al, 2019. Influence factors and an evaluation method about breakthrough pressure of carbonate rocks: An experimental study on the Ordovician of carbonate rock from the Kalpin area, Tarim Basin, China[J]. Marine & Petroleum Geology, 104: 313-330.